城镇供热产品系列标准应用实施指南
APPLICATION GUIDELINES FOR
URBAN HEATING PRODUCT STANDARDS

住房和城乡建设部标准定额研究所　编著

中国建筑工业出版社

图书在版编目（CIP）数据

城镇供热产品系列标准应用实施指南＝APPLICATION
GUIDELINES FOR URBAN HEATING PRODUCT STANDARDS/
住房和城乡建设部标准定额研究所编著. —北京：中国
建筑工业出版社，2021.11
ISBN 978-7-112-26665-4

Ⅰ．①城… Ⅱ．①住… Ⅲ．①城市供热-产品标准-
中国-指南 Ⅳ．①TU995-62

中国版本图书馆 CIP 数据核字（2021）第 198170 号

责任编辑：石枫华
文字编辑：刘诗楠 郑 琳
责任校对：张 颖

城镇供热产品系列标准应用实施指南
APPLICATION GUIDELINES FOR
URBAN HEATING PRODUCT STANDARDS
住房和城乡建设部标准定额研究所 编著

＊

中国建筑工业出版社出版、发行（北京海淀三里河路 9 号）
各地新华书店、建筑书店经销
北京科地亚盟排版公司制版
北京建筑工业印刷厂印刷

＊

开本：787 毫米×1092 毫米 1/16 印张：15¼ 字数：379 千字
2021 年 10 月第一版 2021 年 10 月第一次印刷
定价：68.00 元
ISBN 978-7-112-26665-4
（38149）

《城镇供热产品系列标准应用实施指南》
编委会

主任委员：展　磊

编制组组长：张惠锋　　罗　琤

编制组成员：冯继蓓　　王　淮　　周抗冰　　杨　健　　贾　震
　　　　　　贾丽华　　白冬军　　方修睦　　曹慧哲　　王　芃
　　　　　　王随林　　付　涛　　王建国　　钱　琦　　张　涛
　　　　　　李　想　　王蔚蔚　　贾　博　　穆连波　　黄家文
　　　　　　燕勇鹏　　邵慧发　　山海峰　　赵　霞　　程小珂
　　　　　　毕敏娜　　周京京　　张红莲　　李　岩　　沈　旭
　　　　　　杨良仲　　史登峰　　李　琳　　曲　径

评审组成员：段洁仪　　廖荣平　　董乐意　　许文发　　刘　荣
　　　　　　李春林　　石枫华

编 制 单 位

住房和城乡建设部标准定额研究所
中国城市建设研究院有限公司
北京市煤气热力工程设计院有限公司
中国市政工程华北设计研究总院有限公司
北京市建设工程质量第四检测所
北京市公用事业科学研究所
哈尔滨工业大学
北京建筑大学
北京热力装备制造有限公司
北京百世通管道科技有限公司

中国建筑科学研究院有限公司
四川鑫中泰新材料有限公司
威海市天罡仪表股份有限公司
大连益多管道有限公司
睿能太宇（沈阳）能源技术有限公司

前　言

在我国北方城镇，由供热基础设施交织的网络保障了正常的工业生产和居民生活，是城镇重要的"生命线"。随着社会经济水平的提高，供热需求范围不断向南方扩展，供热基础设施也逐渐成为城镇现代化发展的标志性公共服务系统。

在我国供热从业人员70多年的努力下，供热基础设施建设实现了快速发展，城镇供热领域标准（指供热管网部分，不含热源、热用户）也在近20年形成了涵盖基础标准、通用标准和专用标准三个层次的标准体系。但是，既有供热产品标准仍然存在与工程建设标准不协调、技术研究缺乏、执行力不足等问题。为了提高我国供热产品标准的执行力，促进产品与工程建设标准的相互协调，我所组织有关单位编写了《城镇供热产品系列标准应用实施指南》（以下简称《指南》），用于指导供热系统产品设计、使用和管理维护人员准确理解供热产品标准，并在实际工程中结合工程建设标准合理应用。

《指南》共分9章，主要对城镇供热产品标准进行了归纳和梳理，总结了城镇供热系统产品设计、选型、使用和管理维护等环节的应用经验，对于城镇供热产品标准的应用实施具有重要的指导作用。第1章介绍我国供热行业的发展、供热系统的组成和分类、供热产品的重要性；第2章概述国内外供热产品标准的发展现状；第3章至第8章结合相关产品标准分别介绍管道及附件、阀门、设备及装置、补偿器和保温材料等产品的结构、材料、性能要求、现场检测、设备选用要求，使用、管理及维护要求，总结分析标准应用和产品使用中的主要问题；第9章展望供热产品的未来技术发展、标准化需求与机遇。

《指南》编写及应用有关事项说明：

（1）本《指南》以目前颁布的供热产品标准为立足点，以其在工程中的合理应用为目的编写；

（2）本《指南》重点介绍供热产品系列标准的应用，对标准本身的内容仅作简要说明，详细内容可参阅标准全文，本《指南》不能替代标准条文；

（3）本《指南》对涉及的相关标准的状态进行了说明，也参考了部分即将颁布的标准，相关内容仅供参考，使用中仍应以最终发布的标准文本为准；

（4）本《指南》及内容均不能作为使用者规避或免除相关义务与责任的依据。

标准定额研究所作为住房和城乡建设领域标准技术管理机构，在长期标准化研究与管理经验的基础上，结合工程建设标准化改革实践，组织相关领域的权威机构和专家，通过严谨的研究与编制程序，陆续推出各专业领域的系列标准应用实施指南，以作为指导广大工程技术与管理人员建设实践活动的重要参考，推进建设科技新成果的实际应用，引导工程技术发展方向，促进工程建设标准的准确实施。

由于城镇供热系统涵盖内容广泛，书中选材、论述、引用等难免存在缺点和不妥之处，恳请读者批评指正，对本书的意见和建议，及时联系作者加以修正，以期在后续出版中不断完善。

住房和城乡建设部标准定额研究所

2021 年 3 月

目　录

第 1 章 概述

1.1 我国供热发展概述

我国城镇供热事业始于第一个五年计划，源于苏联援建的热电厂和配套供热管网等基础设施。改革开放后，随着我国经济实力的增强，人民生活水平的提高，节约能源和保护环境的意识不断提高，城镇供热事业开始以较快的速度发展。"十五"至"十三五"以来，我国城市供热事业取得了长足的进步。截至 2019 年底，我国集中供热总面积 92.51 亿平方米，管道总长 39.29 万公里。供热系统逐渐由大城市扩张至中小城市和县镇等区域，由"三北"地区延伸至黄淮地区、长江流域和云贵高原等地。

在集中供热规模快速增长的同时，供热新技术、新材料、新设备、新工艺不断得到推广应用。供热热源从单一的燃煤锅炉房，发展到热电联产、燃气锅炉房、冷热电三联供等多种热源形式；地热、热泵、垃圾焚烧等新热源的开发利用日益得到重视，促进了供热能源结构的调整，环保效益和经济效益显著；供热管网从管沟敷设，到目前广泛采用直埋敷设，已运行的直埋管道的最大管径达到 DN1600mm。"十一五"期间，我国开始进行供热改革，推动了我国供热计量技术的发展，热计量设备的技术水平大幅提高，相应的管网控制调节水平逐步提升。

我国城镇供热产品制造也经历了从无到有、从国外引进到自主创新的过程，逐渐形成了类目繁多的供热产品，见证了供热事业的显著成绩。供热产品的技术更迭推动着供热行业不断追求更高的经济性。20 世纪 80 年代我国开始引进预制直埋保温管道生产工艺，1984 年建成了第一条预制直埋保温管线，避免了保温层现浇、填充、缠绕等方式易变形、易吸水、易腐蚀和热损失大等缺点，改变了直埋敷设节能效果差的局面。时至今日，国产预制直埋保温管道的生产工艺日趋完善，而便捷、可靠、投资低的直埋敷设已成为城市供热管网的首选敷设方式。如硬质聚氨酯喷涂聚乙烯缠绕预制直埋保温管改善了传统"管中管"工艺制造的性能指标，提高了保温管保温层的均匀性；复合塑料管和钢塑复合管提高了管道在腐蚀环境中的耐用程度，同时由于较低的粗糙度降低了系统阻力。供热管道的丰富产品线为供热管网的设计提供了多样化的选择，可以适应不同的敷设环境和运行要求。

随着供热行业的快速发展，阀门的生产制造也得到了快速发展，阀门市场的成套率、成套水平和成套能力都有了较大的提高。借助地区优势和国内外大型企业的投资，逐步形成了完整的阀门制造生产产业链，使我国阀门产品朝着高参数、高性能、大型化、自动化、专业化、规模化、精品化的方向发展，技术与国际水平保持高度一致。

作为供热系统热费贸易结算的计量器具，热量表在推进供热计量改革中发挥了重要作用。然而，在激烈的市场竞争中的供热行业绝不仅依靠热量表，提高供热效率、改善供热质量才是生存的根本。伴随着供热介质从蒸汽过渡到热水，换热器一改往昔笨重、低效的形象。板式换热器结构紧凑、传热效率高，成为现代供热系统中热水换热器的首选。在此基础上，体积更小的换热机组应运而生，供热系统的设计中二次网的规模趋于小型化，控制更加灵活，适应性更强。各类手动、自力式和电动调节阀为实现水力平衡、改善供热质量提供了多样的产品，在供热计量中也占据着重要的地位。隔绝式气体加压膨胀装置和燃气锅炉烟气冷凝热能回收装置等供热产品也为供热系统的高效运行贡献着其独具特色的功能。

1.2 供热系统的组成

供热系统是由供热设施和控制软件等组成的具备供热功能的有机整体。供热系统设施由供热热源（简称热源）、供热管网和热用户组成，通过热媒（蒸汽或热水）的流动将热量从供热热源经由供热管网送至热用户。

（1）热源

热源是将天然或人造的能源形态转化为符合供热要求的热能形态的设施。常见热源的形式可分为热电厂、锅炉房和其他热源。

热电厂是同时生产电能和热能的热源。根据燃料种类可分为燃煤热电厂、燃气热电厂、生物质热电厂、垃圾焚烧热电厂和核能热电厂等。

与热电厂不同，锅炉房仅生产热能。根据热媒种类可分为蒸汽锅炉房和热水锅炉房。根据燃料种类可分为燃煤锅炉房、燃气锅炉房和生物质锅炉房等。

其他热源包括利用各类低位热能的热泵站、地热能供热站、工业余热供热站、核供热堆和太阳能集热器等。

（2）供热管网

供热管网是由热源向热用户输送和分配供热介质的管道系统。在蒸汽供热系统中，供热管网可由单一的蒸汽管网构成，也可由蒸汽管网和凝结水管网共同组成。在闭式热水供热系统中，供热管网由供水管网和回水管网组成。

根据热媒、系统压力和敷设环境等因素，供热管网可选用的工作管道包括钢管、塑料管和复合材料管道。供热管网的管路附件包括弯头、三通、异径管、阀门、补偿器、支座（架）和疏水设备等，沿线设有检查室和（或）操作平台等设施。

（3）热用户

热用户是从供热系统获得热能的用热系统。根据热能应用类型，热用户分为供暖、热水供应、通风、空调和生产工艺热用户。

（4）热力站

除了热源、供热管网和热用户，热力站也是组成供热系统的重要设施。它用来转换供热介质种类、改变供热介质参数和分配、控制及计量供给热用户热量的综合体。根据功能不同，热力站分为换热站和混水站。换热站中换热器将一次侧较高温度的蒸汽或热水转换为较低温度的热水再送至二次侧的供热管网中。在大规模供热系统的长输管网中，为建立不同的压力系统而设置隔压换热站。混水站通过混水泵和水喷射器等混水装置将较高温度的供水与回水混合，从而满足热用户的需求。

（5）中继泵站

中继泵站为在一定压力范围内增加输送距离而设置，并非供热系统的必需设施。但是，在地形复杂的供热区域和供热长输管网中，中继泵站至关重要。根据需要，中继泵站中的循环水泵可安装在供水管、回水管或同时在供水管和回水管上，供热系统中可设置一个或多个中继泵站。

1.3 供热系统的分类与特点

供热系统类型多样，可根据热媒种类、热用户与供热管网的连接方式以及热媒利用形式、管道制式、供热管网的拓扑结构和热源数量等情形进行分类。

(1) 蒸汽供热系统和热水供热系统

根据热媒种类，分为蒸汽供热系统和热水供热系统。蒸汽供热系统主要向生产工艺热用户供热，其适应性高，在满足生产工艺热用户的同时，还可兼顾其他不同用热需求的热用户。但是蒸汽供热系统存在热损失大、凝结水回收率低、元件易腐蚀、管理复杂和不易调节等缺点。热水供热系统主要向供暖、通风、空调和热水供应热用户供热，是我国北方城镇供热系统的主要形式。热水供热系统供热品位相对较低、适应性低，但是具有热损失小、管理相对简单、易于调节、元件使用寿命长等优点。

(2) 直接连接供热系统和间接连接供热系统

根据热用户与供热管网的连接方式，分为直接连接供热系统和间接连接供热系统。直接连接供热系统中热媒从热源经供热管网直接进入热用户。直接连接热水供热系统又可分为简单直接连接热水供热系统和混水连接热水供热系统。简单直接连接热水供热系统中供热管网的供水温度和热用户供水温度相同；混水连接热水供热系统中热用户采用混水装置与供热管网连接，利用热用户的回水降低供热管网的供水温度。直接连接供热系统形式简单，但是热媒的损耗率不易监测，主要用于中小规模的系统。间接连接供热系统中热用户通过表面式换热器与供热管网相连接。其中，热源至换热站的供热管网为一级供热管网，换热站至热用户的供热管网为二级供热管网。间接连接供热系统的热媒损耗率易监测、便于分区域管理，但是其结构较复杂、造价高，主要用于中大规模的供热系统。

(3) 蒸汽供热系统：单制式、双制式和多制式蒸汽供热系统

热水供热系统：双管制热水供热系统和多管制热水供热系统。

根据管道制式，蒸汽供热系统分为单制式、双制式和多制式蒸汽供热系统。单制式蒸汽供热系统中热源仅向供热管网输出一种参数的蒸汽；双制式蒸汽供热系统中热源分别向两个供热管网输出不同参数的蒸汽；多制式蒸汽供热系统中热源向两个以上供热管网输出多种参数的蒸汽。蒸汽供热系统的制式越多，能同时提供的蒸汽参数越多，可有针对性地适应需求不同的热用户，但是造价也随之增加。

根据管道制式，热水供热系统分为双管制热水供热系统和多管制热水供热系统。双管制热水供热系统包含供水管网和回水管网；多管制热水供热系统由多个供水管网和一个（或多个）回水管网构成，供水管网可提供不同参数的热水。双管制热水供热系统是应用最普遍的供热系统。

(4) 枝状管网供热系统和环状管网供热系统

根据供热管网的拓扑结构，分为枝状管网供热系统和环状管网供热系统。枝状管网供热系统中供水管网（回水管网）呈树枝状布置，结构相对简单，造价低，但是可靠性低，

适用于中小规模供热系统；环状管网供热系统中供水管网（回水管网）构成至少一个回路，结构复杂，造价高，但是可靠性高，适用于大规模供热系统。

(5) 单热源供热系统和多热源供热系统

根据热源数量，分为单热源供热系统和多热源供热系统。单热源供热系统仅有一个热源，其运行管理简单，但可靠性低，适用于中小规模供热系统；多热源供热系统由两个或两个以上的热源向系统输送热量，其运行调度复杂，但可得到较高的可靠性，还可通过合理分配热源负荷提高经济性，适用于中大规模供热系统。在现代城市中，灵活性、安全性更高的多热源环状管网供热系统成为发展趋势。

1.4 供热产品的重要性

2016年，国家发改委、能源局、工信部印发《关于推进"互联网＋"智慧能源发展的指导意见》以提高能源绿色、低碳、智能发展水平，走出一条清洁、高效、安全、可持续的能源发展之路。安全、清洁、高效、低碳和智能的供热发展路线已然清晰。

(1) 以产品可靠性为基础的安全供热

大规模供热系统覆盖供热面积可达1亿平方米，主干线可延绵几十公里，承载着千家万户的供暖和其他供热任务。庞大系统的安全运行与气象条件、管网敷设环境、人员操作等因素密切有关，更受制于组成系统的元部件可靠性。供热元部件故障的致因主要有先天缺陷、腐蚀、高参数运行、水击、人为因素和第三方破坏等。

1) 元部件的先天缺陷是生产制造过程中产生的，有些缺陷隐蔽性高，难于筛查。

2) 腐蚀是元部件故障的主要致因，腐蚀本身的成因亦错综复杂。由于热媒经过软化和除氧等预处理，内腐蚀相对外腐蚀的严重性较低，而在高地下水位、腐蚀性土壤、雨水和绿化灌溉水的浸润、杂散电流围绕等室外恶劣环境中，外腐蚀极易发生在管道和管路附件的焊接接口、保护层破损处和穿过构筑物的管道接口等位置。

3) 即使在设计范围内的运行温度和压力，如元部件长期处于较高水平的运行参数下，易加速元部件老化、提前暴露缺陷。

4) 水击产生的压强可能是管道中正常压强的几十倍甚至几百倍，且变化频率很高，尤其在大规模供热系统中水击的发生概率较高，破坏力也更大。

5) 人为失误包括但不限于工作人员的认知缺乏和认知错误，从而做出违背操作守则的行为。自动化控制帮助供热系统降低了运行阶段的人为失误，但是无法回避设备维护和维修过程中的人为因素。

6) 第三方破坏主要指第三方施工直接或间接导致的供热元部件故障，尤见于室外敷设的供热管网。

在我国供热系统从无到有的发展历程中，受限于生产材料和工艺水平等因素，初期建设的供热系统故障并不鲜见。某些设备的故障可能引发局部区域的停热事故，并导致负面的社会影响以及难以挽回的直接和间接经济损失，甚至在某些特定环境下造成人员伤害。随着技术、材料、设计和维护管理等方面的进步，针对多发的故障原因，现代的供热产品提供了诸多主动和被动防护措施，逐步提高产品的可靠性，为供热安全奠定稳固基础。

（2）以产品技术革新支撑的可持续供热

供热已不仅是各级政府需要高度重视的基本民生保障问题，在新型城镇化建设不断加速的过程中，城镇供热向商品化、市场化转变，成为调节城市能源结构、资源利用、环境建设、安全保障和实现经济可持续发展的重大战略问题。

在诸多供热产品中，供热管道当之无愧为城镇供热的标志性产品，其每一次技术革新已经或将成为供热发展的里程碑。预制直埋保温管道的出现改变了管道的敷设方式，使快速经济的直埋敷设在世界范围内普及。欧洲甚至以预制直埋保温管道作为第三代供热技术的标志。如今，喷涂和缠绕工艺进一步改善了预制直埋保温管道的性能，削弱了管径对生产模具的依赖；高性能塑料管道的出现解决了用户侧严重的锈蚀问题，延长了系统使用寿命。在新技术、新设备迸发的今天，供热管道的技术革新很难独领乾坤，但是也必将成为新一代供热技术的代名词之一。

《关于推进"互联网＋"智慧能源发展的指导意见》预示着新一代供热技术或将由"智慧"领衔。随着智慧城市的加速发展，基于 CIM（城市信息模型）平台的市政基础设施智能化管理平台作为智慧城市的基础平台，迫切要求供热基础设施的信息接入，供热仪表与监控系统的创新发展迫在眉睫。从人工调节到自动化、从有人值守厂站到无人值守、从就地控制到云平台，仪表与监控系统的每一次革新都历历在目。在信息通信技术高速发展的今天，多元化的通信网络和协议、物联网、大数据、数字孪生等新兴技术不断冲击并融入供热行业，提升了仪表的功能性，亦为监控系统赋予了更多的"智慧"内涵。

除了供热管道、仪表与监控系统，本书内容所涵盖的各类管路附件、设备与装置的技术革新同为供热行业的低碳环保、节能减排、安全保障提供重要的支撑作用。每一件供热产品、每一项技术指标的提升都为供热系统的安全性和经济性做出了重要贡献，是供热行业可持续性发展之路上铺就的层层基石。

第2章 国内外供热标准

2.1 我国供热标准

2.1.1 我国供热产品标准体系

2002年，为适应标准体制改革和加入WTO的需要，住房和城乡建设部全面部署编制了《工程建设标准体系》（城乡规划、城镇建设、房屋建筑部分）（建标〔2003〕1号），其中包括"城镇供热专业"，自2003年1月2日起实施。体系分为基础标准、通用标准、专用标准3个层次。2005年，为促进城镇供热事业的发展，确保供热安全生产、输送和使用，建设部（建标函〔2005〕84号）下达了修订"工程建设标准体系（城乡规划、城镇建设、房屋建筑部分）"的计划，进一步修订完善既有工程标准体系。2007年，建设部（建标〔2007〕127号）下达了"城镇建设产品标准体系"的制定计划，对城镇供热产品标准体系进行了系统制定。

2012年，根据住房和城乡建设部城镇建设产品标准体系要求，对城镇供热产品标准体系进行了优化和完善。体系纵向划分为基础标准、通用标准和专用标准三个层次，横向划分为供热系统、供热热源、供热管网和供热换热站四个门类。其中，基础标准是指城镇供热专业范围内具有广泛指导意义的共性标准，如术语、分类、标志标识等。通用标准是针对城镇供热专业或某一门类标准化对象制定的共性标准，如通用的产品设计、制造要求，通用的检测、试验验收要求以及通用的管理要求等。专用标准是指在某一门类下的对某一具体标准化对象制定的个性标准，包括该门类中具体的产品、检测、服务及管理标准。在城镇供热标准体系中，城乡建设领域标准共92项（含现行、在编、规划），其中强制性标准2项、基础标准14项、通用标准14项、专用标准19项、产品标准43项，此体系表为开放式。近两年，随着《中华人民共和国标准化法》（新修订版）的实施，我国供热行业陆续制定了一批团体标准，成为我国供热行业国家标准、行业标准的有效补充。

2.1.2 我国现行供热标准

我国供热标准经过二十多年的发展，从设计、施工、验收到运行维护等环节标准已基本配套完成，同时还制定了一批供热工程急需的产品标准，为供热管网技术在我国高效、节能应用的推广提供了技术支持。城镇供热领域现行工程标准详见表2-1、产品标准详见表2-2。

城镇供热领域现行工程标准   表 2-1

序号	标准编号	标准名称
1	GB 55010—2021	供热工程项目规范
2	GB/T 50627—2010	城镇供热系统评价标准

续表

序号	标准编号	标准名称
3	GB/T 50893—2013	供热系统节能改造技术规范
4	GB 51131—2016	燃气冷热电联供工程技术规范
5	CJJ 28—2014	城镇供热管网工程施工及验收规范
6	CJJ 34—2010	城镇供热管网设计规范
7	CJJ 88—2014	城镇供热系统运行维护技术规程
8	CJJ 105—2005	城镇供热管网结构设计规范
9	CJJ 138—2010	城镇地热供热工程技术规程
10	CJJ 200—2014	城市供热管网暗挖工程技术规程
11	CJJ 203—2013	城镇供热系统抢修技术规程
12	CJJ/T 55—2011	供热术语标准
13	CJJ/T 78—2010	供热工程制图标准
14	CJJ/T 81—2013	城镇供热直埋热水管道技术规程
15	CJJ/T 104—2014	城镇供热直埋蒸汽管道技术规程
16	CJJ/T 185—2012	城镇供热系统节能技术规范
17	CJJ/T 220—2014	城镇供热系统标志标准
18	CJJ/T 223—2014	供热计量系统运行技术规程
19	CJJ/T 241—2016	城镇供热监测与调控系统技术规程
20	CJJ/T 247—2016	供热站房噪声与振动控制技术规程
21	CJJ/T 254—2016	城镇供热直埋热水管道泄漏监测系统技术规程
22	CJJ/T 284—2018	热力机械顶管技术标准

城镇供热领域现行产品标准　　　　　　　　　　　　　表 2-2

序号	标准编号	标准名称
1	GB/T 28185—2011	城镇供热用换热机组
2	GB/T 28638—2012	城镇供热管道保温结构散热损失测试与保温效果评定方法
3	GB/T 29046—2012	城镇供热预制直埋保温管道技术指标检测方法
4	GB/T 29047—2021	高密度聚乙烯外护管硬质聚氨酯泡沫塑料预制直埋保温管及管件
5	GB/T 32224—2020	热量表
6	GB/T 33833—2017	城镇供热服务
7	GB/T 34187—2017	城镇供热用单位和符号
8	GB/T 34611—2017	硬质聚氨酯喷涂聚乙烯缠绕预制直埋保温管
9	GB/T 34617—2017	城镇供热系统能耗计算方法
10	GB/T 35842—2018	城镇供热预制直埋保温阀门技术要求
11	GB/T 37261—2018	城镇供热管道用球型补偿器
12	GB/T 37263—2018	高密度聚乙烯外护管聚氨酯发泡预制直埋保温钢塑复合管
13	GB/T 37827—2019	城镇供热用焊接球阀
14	GB/T 37828—2019	城镇供热用双向金属硬密封蝶阀
15	GB/T 38097—2019	城镇供热　玻璃纤维增强塑料外护层聚氨酯泡沫塑料预制直埋保温管及管件
16	GB/T 38105—2019	城镇供热　钢外护管真空复合保温预制直埋管及管件
17	GB/T 38536—2020	热水热力网热力站设备技术条件

序号	标准编号	标准名称
18	GB/T 38585—2020	城镇供热直埋管道接头保温技术条件
19	GB/T 38588—2020	城镇供热保温管网系统散热损失现场检测方法
20	GB/T 38705—2020	城镇供热设施运行安全信息分类与基本要求
21	GB/T 39246—2020	高密度聚乙烯无缝外护管预制直埋保温管件
22	GB/T 39802—2021	城镇供热保温材料技术条件
23	GB/T 40402—2021	聚乙烯外护管预制保温复合塑料管
24	GB/T 40068—2021	保温管道用电热熔套（带）
25	CJ/T 25—2018	供热用手动流量调节阀
26	CJ/T 129—2000	玻璃纤维增强塑料外护层聚氨酯泡沫塑料预制直埋保温管
27	CJ/T 179—2018	自力式流量控制阀
28	CJ/T 246—2018	城镇供热预制直埋蒸汽保温管及管路附件
29	CJ/T 357—2010	热量表检定装置
30	CJ/T 402—2012	城市供热管道用波纹管补偿器
31	CJ/T 480—2015	高密度聚乙烯外护管聚氨酯发泡预制直埋保温复合塑料管
32	CJ/T 487—2015	城镇供热管道用焊制套筒补偿器
33	CJ/T 501—2016	隔绝式气体定压装置
34	CJ/T 515—2018	燃气锅炉烟气冷凝热能回收装置

2.1.3 产品标准与工程标准应用的关系

产品质量是工程质量的重要基础。一项供热工程应用了众多产品，设计是按产品的功能、性能确定参数，只要产品质量出现问题，整项工程质量则无从谈起。在供热工程中，因保温管道、补偿器、阀门的产品质量影响工程质量的事故时有发生。产品的集中专业生产和质量控制，有益于保证产品质量，进而保证工程质量。现场加工因受气候、场地、加工设备、检验手段、人员素质等因素影响，其质量远不如在工厂预制易得到保障，蒸汽直埋管道就是典型的一类产品。工程建设使用预制产品能降低施工难度、减少工程周期。预制产品不但大大节约了现场产品加工的时间，而且节省了验收的时间，在保证产品质量的同时，缩短项目整体建设周期。

产品标准是市场竞争的基础性文件。产品标准就是控制、统一质量的文件。目前，在工程招投标中，出现价格过低，甚至低于产品成本价的情况，基本上可以判定在招投标中，其产品质量达不到申明的质量控制使用的标准。产品价格要建立在达到统一的质量要求的基础上进行计算。产品标准同时也有利于工程的维护管理。产品的型号、规格、基本结构和加工要求达成一致，是产品标准的主要内容之一。该部分内容制定的目的，除保证产品的性能外，也考虑产品的维护、更新。不同的产品结构和加工方法，其维护所需工具和方法不尽相同，如型号、规格不统一，可能增加维护难度或更换难度，甚至只能更换同一生产厂的产品。

应用产品标准应注意其与工程标准之间的关系：

（1）相辅相成，配套使用。在工程标准中，或多或少都会提及工程中所使用的产品标准。工程设计标准，对材料和设备的功能、性能要求一般直接引用产品标准；工程施工及验收标准，对材料和设备的进场质量验收也引用其相对应的产品标准。某些产品标准，特别是专业性较强的设备会制定相应的安装要求，也会由工程施工标准直接引用。一项工程是许多产品合理的有机组合，最终达到其功能、性能要求，因此产品标准是编制工程标准的重要基础性文件，在实际应用时应注意将产品标准和工程标准相结合。

（2）产品标准可减少工程标准体量，使得工程标准更专注于对整体性能的要求。缺少相应产品标准时，工程中使用的某些管道、设备产品的质量控制则都写入工程标准中。较典型如蒸汽保温管道，在其产品标准发布实施前，蒸汽保温管道现场安装及施工包括管道预处理、保温、外护管安装等内容，在工程标准进行了规定，而且检验要求多达十余项，虽然这些要求关系到工程整体质量，但不是工程标准的重点内容。从另一方面看，蒸汽保温管道的加工，只能作为工程标准的一个附录，如把这个附录单独编写为一项产品标准，则可减少工程标准体量。

（3）产品标准和工程标准的制定目标不同。工程标准的编写重点在集成和总体功能、性能要求及验收，不再规定使用的材料设备的生产加工过程和质量控制，不但符合现代工业分工，也使工程标准的结构清晰合理、重点突出，便于使用。产品标准在产品质量检验方面制定精细合理的要求，可操作性强，提高标准质量的同时也与国际标准相近。

2.2　国外供热标准

我国供热工程设计、施工和运行管理基于苏联技术基础而发展起来，俄罗斯供热行业主要应用以下几项标准：《供暖、通风和空调》СНиП41-01-2003；《热力网》СНиП41-02-2003；《设备和管道的隔热层》СНиП41-03-2003。国外供热产品标准以欧洲标准（EN）应用范围最广，主要供热标准详见表 2-3。

欧洲供热标准汇总　　　　　　　　　　　　　　　　　表 2-3

序号	标准编号	标准名称
1	DS/EN 253：2009＋A2：2015	供热管道-直埋热水管网预制保温管道系统-钢管，聚氨酯保温层及聚乙烯外护管
2	DS/EN 448：2015	供热管道-直埋热水管网预制保温管道系统-钢管接头组件，聚氨酯保温层及聚乙烯外护管
3	DS/EN 488：2015	供热管道-直埋热水管网预制保温管道系统
4	DS/EN 489：2009	供热管道-直埋热水管网预制保温管道系统-钢管接口组件，聚氨酯保温层及聚乙烯外护管
5	DS/EN 593＋A1：2011	工业阀门-金属蝶阀
6	DS/EN 835：1995	热分配表 确定室内采暖散热器的热耗-设备不用供电，只靠蒸发原理
7	DS/EN 1074-2：2000	供水阀门-第二部分：截止阀
8	DS/EN 1074-4：2000	供水阀门-第四部分：排空阀
9	DS/EN 1074-5：2001	供水阀门-第五部分：控制阀
10	DS/EN 1148/A1：2005	换热器-集中供热水-水换热器-性能数据测试程序（附录）
11	DS/EN 1983：2013	工业阀门-钢制球阀
12	DS/EN 1993-4-3/AC：2009	欧洲规范 3-钢结构设计-第 4-3 部分：管道（增补页）
13	DS/EN 12266-1：2012	工业阀门-金属阀门测试-第一部分：压力测试，测试程序及验收标准-强制要求

序号	标准编号	标准名称
14	DS/EN 12266-2：2012	工业阀门-金属阀门测试-第一部分：压力测试，测试程序及验收标准-补充要求
15	DS/EN 13941＋A1：2010	集中供热保温管道设计及安装
16	DS/EN 14152：2013	加油站用埋地的热塑性和柔性金属管道
17	DS/EN 14313：2002	建筑和工业用保温产品-聚乙烯发泡产品-规范
18	DS/EN 14419：2009	集中供热管道-直埋热水预制保温管道系统-监控系统
19	DS/EN 14707：2005	建筑和工业用保温产品-管道保温最大使用温度的确定
20	DS/EN 14917＋A1：2012	承压金属波纹管补偿器
21	DS/EN 15632-1：2009＋A1：2015	集中供热管道-预制保温柔性管道系统-第一部分：分类，一般要求及测试方法
22	DS/EN 15632-2：2010＋A1：2015	集中供热管道-预制保温柔性管道系统-第二部分：复合塑料管道-要求及测试方法
23	DS/EN 15632-3：2010＋A1：2015	集中供热管道-预制柔性管道系统-第三部分：普通塑料管；要求和测试方法
24	DS/EN 15632-4：2010＋A1：2009	集中供热管道-预制柔性管道系统 - 第四部分：金属管；要求和测试方法
25	DS/EN 15698-1：2009	集中供热管道-直埋热水管网预制双管保温管道-第一部分：钢管双管组件，聚氨酯保温层及聚乙烯外护管
26	DS/EN 15698-2：2015	集中供热管道-热水直埋预制双管系统-第二部分：钢管接头及阀门组件，聚氨酯保温层及聚乙烯外护管
27	DS/CEN/TR 16911：2015	热表-工业及供热循环水系统以及运行建议报告
28	DS/CWA 16975：2015	生态高效换热站
29	ISO 5208：2015	工业阀门-金属阀门压力测试
30	ISO 10631：2013	通用金属蝶阀
31	ISO 21003-1：2008	建筑物内冷热水装置用多层管道系统　第1部分：总则
32	ISO 21003-2：2008	建筑物内冷热水装置用多层管道系统　第2部分：管材
33	ISO 21003-3：2008	建筑物内冷热水装置用多层管道系统　第3部分：管件
34	ISO 21003-5：2008	建筑物内冷热水装置用多层管道系统　第5部分：系统适用性
35	ISO 21003-7：2008	建筑物内部热水和冷水装置用多层管道系统　第7部分：一致性评定用指南

2.3 国内外供热产品标准关联性

2.3.1 管道及附件

国家标准《高密度聚乙烯外护管硬质聚氨酯泡沫塑料预制直埋保温管及管件》GB/T 29047—2021 于 2022 年 3 月 1 日实施。本标准部分参考了欧洲标准《供热管道-直埋热水管网预制保温管道系统-钢管，聚氨酯保温层及聚乙烯外护管》EN 253 和《供热管道-直埋热水管网预制保温管道系统-钢管接头组件，聚氨酯保温层及聚乙烯外护管》EN 448。根据我国热水管网的发展需要和工程实践经验，本标准于 2018 年启动修订，将保温管规格从原 DN1400 提高到 DN1600，外护管壁厚减薄，与 EN 253 标准保持一致。吸收国外的先进技术经验并结合我国直埋热水管道发展情况，经修订后标准中针对各项技术指标更具操作性与可执行性，对提高直埋保温管道的质量，提高管网的节能效果与安全性，提升管网的预期寿命具有指导意义。

国家标准《城镇供热直埋管道接头保温技术条件》GB/T 38585—2020 于 2020 年 3 月 31 日发布。本标准涉及接头保温、外护材料、接头现场加工工艺、设备及检验等多个环节技术要求，直埋热水保温接头部分参照了欧洲标准《供热管道-直埋热水管网预制保温管道系统-钢管接口组件，聚氨酯保温层及聚乙烯外护管》EN 489。

2.3.2 设备及装置

国家标准《热量表》GB/T 32224—2020 于 2020 年 11 月 19 日发布，正式实施日期为 2021 年 10 月 1 日。本标准与国际法制计量组织（OIML）2002 年颁布的 OMIL R75：Heat meters 第一部分通用要求有对应关系，并与欧洲标准 EN1434 Heat meters 中第一部分通用要求、第二部分结构要求、第三部分数据接口与交换有部分对应关系。热量表作为城市供热系统热费贸易结算必备的计量器具，标准的修订对更好地满足市场需求、促进热量表行业的发展、推进供热计量改革具有重要意义。

我国现行城镇建设行业标准《燃气锅炉烟气冷凝热能回收装置》CJ/T 515—2018 自 2018 年 12 月 1 日实施，为该类产品国内外首部标准。本标准结合我国实际情况，参考国外相关标准，产品的主要性能指标达到国际领先水平。该标准适用于燃气锅炉烟气冷凝热能回收装置的制造与检验，关键条文制定考虑了耐腐蚀性能、烟气阻力、烟气冷凝水回收利用、燃气利用热效率、烟气余热回收率和节能量，可为直燃机及其他天然气燃烧设备烟气冷凝热能回收装置、其他类似成分烟气的燃气热源设备烟气冷凝热能回收装置提供参考。国外仅有家用或小型燃气冷凝锅炉标准，主要为欧盟标准，相关法规和标准见表 2-4。

国外家用或小型燃气冷凝锅炉法规和标准　　　　　　　　表 2-4

序号	标准/指令编号	名称	备注
1	92/42/EEC	关于使用液体或气体燃料燃烧的新热水锅炉效率要求	适用于液体或气体燃料燃烧的新热水锅炉（额定输出功率 4kW 至 400kW），规定了标准锅炉、低温锅炉和冷凝式锅炉最低热效率限制；给出锅炉能效的四个星级标记体系
2	2009/125/EC	欧盟能源相关产品生态设计指令（ErP 指令）	ErP 法规范围包括了电器、燃气、照明等各种耗能产品，强调产品的生态与产品全系统能源效率的提升，针对燃气采暖热水炉的热效率评价，考核燃气采暖热水炉及其相关设备与系统，在多个工况条件下能源系统总效率。不局限于某工况条件下的单一燃气采暖热水炉热效率
3	BS EN 677—1998	燃气集中供热锅炉——额定热负荷不超过 70kW 冷凝式锅炉的具体要求	适用于 B 类（不带鼓风机）和 C 类锅炉，且额定热负荷不超过 70kW，并对冷凝式锅炉的材料和热效率限值及修正进行了规定
4	BS EN 13836—2006	燃气集中供热锅炉——额定热负荷大于 300kW、但不超过 1000kW 的 B 型锅炉	适用于 B 类锅炉，额定热负荷大于 300kW 且不超过 1000kW，包括模块式锅炉

续表

序号	标准/指令编号	名称	备注
5	BS EN 15417—2006	燃气集中供热锅炉——额定热负荷大于 70kW、但不超过 1000kW 的冷凝锅炉的具体要求	适用于 B 类和 C 类（不带鼓风机）锅炉，额定热负荷大于 70kW 且不超过 1000kW，并对冷凝式锅炉的材料和低热值热效率进行了规定，以及不同水温测试条件下热效率修正方法
6	BS EN 483：1999＋A4：2007	燃气集中供热锅炉——额定热负荷不超过 70kW 的 C 型锅炉	适用于 C 类燃气锅炉，额定热负荷不超过 70kW
7	DIN EN 15034—2007	加热锅炉．燃油用冷凝式加热锅炉	规定了冷凝式燃油锅炉的热效率限值和热效率的计算以及修正方法
8	BS EN 15420—2010	燃气集中供热锅炉——额定热负荷大于 70kW、但不超过 1000kW 的 C 型锅炉	适用于 C 类燃气锅炉，额定热负荷大于 70kW 且不超过 1000kW，并规定了燃气集中供热锅炉的结构、安全、适用性和合理使用能源的要求和试验方法
9	BS 6798—2014	额定输入功率不超过 70kW 的燃气锅炉的选择、安装、检查、调试、维修和保养	涵盖了额定输入功率不超过 70kW 的燃气锅炉的安装、检查、调试、维修和保养，并对烟气冷凝水水管管材、清除和排放位置进行了规定
10	BS EN 15502-1：2012＋A1：2015	燃气采暖热水炉 第 1 部分：一般要求和试验	为符合（EU）NO 813/2013（生态设计法规）和（EU）NO 811/2013（能效标识法规）的具体技术要求，该标准增加与生态设计和能效标识相关的技术要求，主要体现在 NOx 排放、声功率等级和能源效率三个方面

2.3.3　试验方法

经过近二十年对国外先进试验方法标准的不断引进、消化、吸收、验证，城镇供热领域试验方法标准方面已取得长足的进步，逐渐形成相对完整的标准体系，技术水平向国外发达国家看齐，并根据我国的具体发展需求不断地补充和完善。目前，所有供热产品、设备、材料所涉及的试验方法均可找到对应的国家标准或行业标准。

国家标准《城镇供热预制直埋保温管道技术指标检测方法》GB/T 29046 中的直埋保温管道高温蠕变性能测试评定方法、长期耐高温热老化性能测试评定方法对应于《供热管道-直埋热水管网预制保温管道系统-钢管，聚氨酯保温层及聚乙烯外护管》EN 253。该标准中关于保温管道接头土壤应力（砂箱）试验则对应于 EN 489；外护管耐环境应力开裂及长期机械性能试验方法对应于《塑料-聚乙烯环境应力断裂（ESC）的测定——全切口蠕变试验（FNCT）》ISO 16770。因国内聚氨酯保温管的外护层除 PE 外还有玻璃钢、聚丙烯等结构，所以保温接头补口用电热熔套/带与外护管一样也需做这种检测评定，在国家标准《城镇供热预制直埋保温管道技术指标检测方法》GB/T 29046 中针对不同外护材料和不同用途分别规定了试验拉应力、试验时间、样品制备等技术要求。

在现行国家标准《城镇供热预制直埋保温阀门技术要求》GB/T 35842，《城镇供热用焊接球阀》GB/T 37827、《城镇供热用双向金属硬密封蝶阀》GB/T 37828 中，依据《供热管道-直埋热水管网预制保温管道系统》EN 488 对供热用阀门轴向应力/弯矩的受力分析验算理论，根据供热系统运行参数、主要使用的钢质管道材料类型、壁厚、管径等要求，制定了供热系统用阀门对轴向应力、弯矩的具体技术要求。

涉及供热产品、设备、材料等的常规性能检测如尺寸及规格偏差、常规力学性能、密度、吸水率、闭孔率、热稳定性、粘结性能、透湿系数、熔体流动速率、热荷重收缩温度等，因开展相应工作的时间较久，均可找到对应的国家标准、行业标准，且与 ISO、ASTM、EN 等标准提供的方法具有良好的一致性。其中部分标准根据国内供热行业的具体情况和使用要求，对原国外标准的试验方法进行了一定的补充和完善。

2.4　国内外供热标准化状况对比

结合国内外供热标准化情况进行对比，主要存在以下差异：

（1）欧洲供热标准一般以单项产品划分，制定其安装施工要求标准。例如热量表有热量表安装规范，管接头有接头安装施工标准等。我国供热标准中安装与施工多体现于现行工程标准中。欧洲标准化技术委员会由单个技术委员会（TC）负责专项产品标准的制修订，如 CEN/TC 176 热量表技术委员会仅归口管理欧洲标准《热量表》EN 1434，并对标准进行及时的实施跟踪和修订。

（2）欧洲供热标准更注重科研开发协调统一、紧密结合。标准按专业分类很细，标准的制定从通用或混用，逐步走向专用。仅阀门一类产品，供热专业就有自己的专业标准，如 EN 12266、EN 488 等，按供热专业特性（如高温）制定技术标准。欧洲标准编制注重理论研究和试验数据，技术参数依据充分、可靠，技术要求、试验规则从理论到实践具备大量充分研究基础。如供热直埋管道的相关标准，其计算公式中的相关参数都通过试验确定。我国供热标准技术水平虽与国外先进标准同步，但在技术理论研究方面略显薄弱。

（3）国外供热法律法规及标准体系构架相对完善，标准执行力度普遍较强。以俄罗斯为典型，以"《供热法》＋技术法规＋标准"构成了整个供热法律法规及标准体系。欧盟则以指令为主要的技术法规形式，规定产品投放欧洲市场所需要达到的安全、环保等基本原则性要求，辅以相关协调标准（EN）配合使用。由于欧洲技术标准体系健全，工程建设方普遍主动遵守法规，在协商确定使用推荐性标准后，即相当于是必须执行的强制标准。我国现阶段供热法规尚未建立，技术法规尚不健全，仅以推荐性标准的执行效力较弱，体现在工程建设质量、产品制造、施工及安装水平等方面与国外存在一定差距。

2.5　城镇供热相关标准

本实施指南中涉及的相关标准见表 2-5。

		城镇供热相关标准	表 2-5

序号	标准编号	标准名称
1	GB/T 150—2011	压力容器
2	GB/T 151—2014	热交换器
3	GB/T 191—2008	包装储运图示标志
4	GB/T 699—2015	优质碳素结构钢

序号	标准编号	标准名称
5	GB/T 700—2006	碳素结构钢
6	GB/T 706—2016	热轧型钢
7	GB/T 711—2017	优质碳素结构钢热轧钢板和钢带
8	GB/T 713—2014	锅炉和压力容器用钢板
9	GB/T 1047—2019	管道元件DN（公称尺寸）的定义和选用
10	GB/T 1048—2019	管道元件PN（公称压力）的定义和选用
11	GB/T 1348—2019	球墨铸铁件
12	GB/T 2589—2020	综合能耗计算通则
13	GB/T 2887—2011	电子计算机场地通用规范
14	GB/T 3047.1—1995	高度进制为20mm的面板、架和柜的基本尺寸系列
15	GB/T 3077—2015	合金结构钢
16	GB/T 3274—2017	碳素结构钢和低合金结构钢热轧钢板和钢带
17	GB/T 3625—2007	换热器及冷凝器用钛及钛合金管
18	GB/T 3797—2016	电气控制设备
19	GB 3096—2008	声环境质量标准
20	GB 4208—2017	外壳防护等级（IP代码）
21	GB/T 4237—2015	不锈钢热轧钢板和钢带
22	GB/T 5657—2013	离心泵技术条件（Ⅲ类）
23	GB/T 6146—2010	精密电阻合金电阻率测试方法
24	GB 7251.1—2013	低压成套开关设备和控制设备　第1部分：总则
25	GB 7251.3—2017	低压成套开关设备和控制设备　第3部分：由一般人员操作的配电板（DBO）
26	GB 7251.4—2017	低压成套开关设备和控制设备　第4部分：对建筑工地用成套设备（ACS）的特殊要求
27	GB/T 8163—2018	输送流体用无缝钢管
28	GB/T 8237—2005	纤维增强塑料用液体不饱和聚酯树脂
29	GB 8624—2012	建筑材料及制品燃烧性能分级
30	GB/T 8923.1—2011	涂覆涂料前钢材表面处理 表面清洁度的目视评定 第1部分：未涂覆过的钢材表面和全面清除原有涂层后的钢材表面的锈蚀等级和处理等级
31	GB/T 9124—2019	钢制管法兰
32	GB/T 9711—2017	石油天然气工业 管线输送系统用钢管
33	GB/T 9969—2008	工业产品使用说明书　总则
34	GB/T 10180—2017	工业锅炉热工性能试验规程
35	GB/T 10294—2008	绝热材料稳态热阻及有关特性的测定 防护热板法
36	GB/T 10295—2008	绝热材料稳态热阻及有关特性的测定 热流计法
37	GB/T 10296—2008	绝热层稳态传热性质的测定 圆管法
38	GB/T 10297—2015	非金属固体材料导热系数的测定 热线法
39	GB/T 10303—2015	膨胀珍珠岩绝热制品
40	GB/T 10699—2015	硅酸钙绝热制品
41	GB/T 11828.1—2019	水位测量仪器　第1部分：浮子式水位计
42	GB/T 11828.2—2005	水位测量仪器　第2部分：压力式水位计

序号	标准编号	标准名称
43	GB/T 11835—2016	绝热用岩棉、矿渣棉及其制品
44	GB/T 12220—2015	工业阀门 标志
45	GB/T 12221—2005	金属阀门 结构长度
46	GB/T 12224—2015	钢制阀门 一般要求
47	GB/T 12228—2006	通用阀门 碳素钢锻件技术条件
48	GB/T 12229—2005	通用阀门 碳素钢铸件技术条件
49	GB/T 12230—2016	通用阀门 不锈钢铸件技术条件
50	GB/T 12233—2006	通用阀门 铁制截止阀与升降式止回阀
51	GB/T 12235—2007	石油、石化及相关工业用钢制截止阀和升降式止回阀
52	GB/T 12236—2008	石油、化工及相关工业用的钢制旋启式止回阀
53	GB/T 12237—2007	石油、石化及相关工业用的钢制球阀
54	GB/T 12238—2008	法兰和对夹连接弹性密封蝶阀
55	GB/T 12241—2005	安全阀 一般要求
56	GB/T 12243—2005	弹簧直接载荷式安全阀
57	GB/T 12244—2006	减压阀 一般要求
58	GB/T 12245—2006	减压阀 性能试验方法
59	GB/T 12246—2006	先导式减压阀
60	GB/T 12459—2017	钢制对焊管件 类型与参数
61	GB/T 12668.2—2002	调速电气传动系统 第2部分：一般要求 低压交流变频电气传动系统额定值的规定
62	GB 12706—2020	额定电压 1kV（$U_m=1.2$kV）到 35kV（$U_m=40.5$kV）挤包绝缘电力电缆及附件
63	GB/T 12712—1991	蒸汽供热系统凝结水回收及蒸汽疏水阀技术管理要求
64	GB/T 12777—2019	金属波纹管膨胀节通用技术条件
65	GB/T 13306—2011	标牌
66	GB/T 13350—2017	绝热用玻璃棉及其制品
67	GB/T 13384—2008	机电产品包装通用技术条件
68	GB/T 13401—2017	钢制对焊管件 技术规范
69	GB/T 13927—2008	工业阀门 压力试验
70	GB/T 13934—2006	硫化橡胶或热塑性橡胶 屈挠龟裂和裂口增长的测定（德莫西亚型）
71	GB/T 13969—2008	浮筒式液位仪表
72	GB/T 14549—1993	电能质量 公用电网谐波
73	GB/T 14845—2007	板式换热器用钛板
74	GB/T 14976—2012	流体输送用不锈钢无缝钢管
75	GB/T 16400—2015	绝热用硅酸铝棉及其制品
76	GB/T 17371—2008	硅酸盐复合绝热涂料
77	GB/T 17393—2008	覆盖奥氏体不锈钢用绝热材料规范
78	GB/T 17430—2015	绝热材料最高使用温度的评估方法
79	GB/T 17794—2008	柔性泡沫橡塑绝热制品
80	GB/T 18369—2008	玻璃纤维无捻粗纱
81	GB/T 18370—2014	玻璃纤维无捻粗纱布

序号	标准编号	标准名称
82	GB/T 18475—2001	热塑性塑料压力管材和管件用材料分级和命名 总体使用（设计）系数
83	GB/T 18659—2002	封闭管道中导电液体流量的测量 电磁流量计的性能评定方法
84	GB/T 18660—2002	封闭管道中导电液体流量的测量 电磁流量计的使用方法
85	GB/T 18742.2—2017	冷热水用聚丙烯管道系统 第2部分：管材
86	GB/T 18991—2003	冷热水系统用热塑性塑料管材和管件
87	GB/T 18992.2—2003	冷热水用交联聚乙烯（PE-X）管道系统 第2部分：管材
88	GB/T 18993.2—2003	冷热水用氯化聚氯乙烯（PVC-C）管道系统 第2部分：管材
89	GB/T 19473.2—2004	冷热水用聚丁烯（PB）管道系统 第2部分：管材
90	GB/T 20729—2006	封闭管道中导电液体流量的测量 法兰安装电磁流量计 总长度
91	GB/T 20974—2014	绝热用硬质酚醛泡沫制品（PF）
92	GB/T 21465—2008	阀门 术语
93	GB/T 21558—2008	建筑绝热用硬质聚氨酯泡沫塑料
94	GB/T 22137.1—2008	工业过程控制系统用阀门定位器 第1部分：气动输出阀门定位器性能评定方法
95	GB/T 22137.2—2018	工业过程控制系统用阀门定位器 第2部分：智能阀门定位器性能评定方法
96	GB/T 22652—2019	阀门密封面堆焊工艺评定
97	GB/T 23257—2017	埋地钢质管道聚乙烯防腐层
98	GB/T 24590—2009	高效换热器用特型管
99	GB/T 25862—2010	制冷与空调用同轴套管式换热器
100	GB/T 25922—2010	封闭管道中流体流量的测量 用安装在充满流体的圆形截面管道中的涡街流量计测量流量的方法
101	GB/T 25997—2020	绝热用聚异氰脲酸酯制品
102	GB/T 26480—2011	阀门的检验和试验
103	GB 26640—2011	阀门壳体最小壁厚尺寸要求规范
104	GB/T 28473.1—2012	工业过程测量和控制系统用温度变送器 第1部分：通用技术条件
105	GB/T 28473.2—2012	工业过程测量和控制系统用温度变送器 第2部分：性能评定方法
106	GB/T 28474.1—2012	工业过程测量和控制系统用压力/差压变送器 第1部分：通用技术条件
107	GB/T 28474.2—2012	工业过程测量和控制系统用压力/差压变送器 第2部分：性能评定方法
108	GB/T 28778—2012	先导式安全阀
109	GB/T 28799.2—2012	冷热水用耐热聚乙烯（PE-RT）管道系统 第2部分：管材
110	GB/T 29815—2013	基于HART协议的电磁流量计通用技术条件
111	GB/T 29816—2013	基于HART协议的阀门定位器通用技术条件
112	GB/T 29817—2013	基于HART协议的压力/差压变送器通用技术条件
113	GB/T 30121—2013	工业铂热电阻及铂感温元件
114	GB/T 30832—2014	阀门 流量系数和流阻系数试验方法
115	GB/T 32808—2016	阀门 型号编制方法
116	GB/T 34037—2017	物联网差压变送器规范
117	GB/T 34072—2017	物联网温度变送器规范
118	GB/T 34073—2017	物联网压力变送器规范
119	GB/T 34336—2017	纳米孔气凝胶复合绝热制品

续表

序号	标准编号	标准名称
120	GB/T 38942—2020	压力管道规范　公用管道
121	GB 50015—2019	建筑给水排水设计规范
122	GB 50041—2020	锅炉房设计标准
123	GB 50054—2011	低压配电设计规范
124	GB 50093—2013	自动化仪表工程施工及验收规范
125	GB 50169—2016	电气装置安装工程 接地装置施工及验收规范
126	GB 50174—2017	数据中心设计规范
127	GB 50236—2011	现场设备、工业管道焊接工程施工规范
128	GB 50264—2013	工业设备及管道绝热工程设计规范
129	GB 50404—2017	硬泡聚氨酯保温防水工程技术规范
130	GB 50411—2019	建筑节能工程施工质量验收标准
131	GB 50736—2012	民用建筑供暖通风与空气调节设计规范
132	GB 51131—2016	燃气冷热电联供工程技术规范
133	GB/T 51274—2017	城镇综合管廊监控与报警系统工程技术标准
134	GB/T 40402—2021	聚乙烯外护管预制保温复合塑料管
135	CJ/T 246—2018	城镇供热预制直埋蒸汽保温管及管路附件技术条件
136	CJ/T 402—2012	城市供热管道用波纹管补偿器
137	CJ/T 467—2014	半即热式换热器
138	JGJ 173—2009	供热计量技术规程
139	JC/T 209—2012	膨胀珍珠岩
140	JG/T 409—2013	供冷供暖用辐射板换热器
141	JC/T 647—2014	泡沫玻璃绝热制品
142	JC/T 1019—2006	石棉密封填料
143	JB/T 106—2004	阀门的标志和涂漆
144	JB/T 4711—2003	压力容器涂敷与运输包装
145	JB/T 5299—2013	液控止回蝶阀
146	JB/T 6439—2008	阀门受压件磁粉检测
147	JB/T 6440—2008	阀门受压铸钢件射线照相检测
148	JB/T 6617—2016	柔性石墨填料环技术条件
149	JB/T 6902—2008	阀门液体渗透检测
150	JB/T 6903—2008	阀门锻钢件超声波检测
151	JB/T 7368—2015	工业过程控制系统用阀门定位器
152	JB/T 7370—2014	柔性石墨编织填料
153	JB/T 7758.2—2005	柔性石墨板技术条件
154	JB/T 8701—2018	制冷用板式换热器
155	JB/T 8858—2004	闸阀 静压寿命试验规程
156	JB/T 8859—2004	截止阀 静压寿命试验规程
157	JB/T 8861—2004	球阀 静压寿命试验规程
158	JB/T 8863—2004	蝶阀 静压寿命试验规程
159	JB/T 8937—2010	对夹式止回阀
160	JB/T 9244—1999	玻璃板液位计

序号	标准编号	标准名称
161	JB/T 10379—2002	换热器热工性能和流体阻力特性通用测定方法
162	JB/T 10726—2007	扩散硅式压力变送器
163	JB/T 11132—2011	制冷与空调用套管换热器
164	JB/T 11970—2014	制冷与空调用壳盘管式换热器
165	JB/T 12842—2016	空调系统用辐射换热器
166	HG 20537.2—1992	管壳式换热器用奥氏体不锈钢焊接钢管技术要求
167	HG/T 20701—2000	容器换热器专业工程设计管理规定
168	HG/T 2650—2011	水冷管式换热器
169	HG/T 3706—2014	工业用孔网钢骨架聚乙烯复合管
170	HG/T 5108—2016	不锈钢制小径管束螺旋缠绕式换热器
171	HG/T 5226—2017	浮球液位计
172	JJF 1183—2007	温度变送器校准规范
173	JJF 1789—2019	压力变送器型式评价大纲
174	JJG（化）18—1989	DDZ-Ⅱ系列电动单元组合仪表 浮筒液位变送器检定规程
175	JJG（化）24—1989	DDZ-Ⅱ系列电动单元组合仪表 电气阀门定位器检定规程
176	JJG 52—2013	弹性元件式一般压力表、压力真空表和真空表检定规程
177	JJG 59—2007	活塞式压力计检定规程
178	JJG 225—2001	热能表检定规程
179	JJG 226—2001	双金属温度计检定规程
180	JJG 229—2010	工业铂、铜热电阻检定规程
181	JJG 241—2002	精密杯形和U型液体压力计检定规程
182	JJG 693—2011	可燃气体检测报警器
183	JJG 700—2016	气相色谱仪检定规程
184	JJG 882—2019	压力变送器检定规程
185	JJG 968—2002	烟气分析仪检定规程
186	JJG 971—2019	液位计检定规程
187	JJG 1003—2016	流量积算仪检定规程
188	JJG 1029—2007	涡街流量计检定规程
189	JJG 1030—2007	超声流量计检定规程
190	JJG 1033—2007	电磁流量计检定规程
191	JJG 1055—2009	在线气相色谱仪检定规程
192	JJG 1086—2013	气体活塞式压力计检定规程
193	NB/T 25089—2018	核电厂常规岛闭式冷却水换热器技术条件
194	NB/T 47004.1—2017	板式热交换器 第1部分：可拆卸式板式换热器
195	NB/T 47013.2—2015	承压设备无损检测 第2部分：射线检测
196	NB/T 47013.3—2015	承压设备无损检测 第3部分：超声检测
197	NB/T 47014—2011	承压设备焊接工艺评定
198	NB/T 47015—2011	压力容器焊接规程
199	SY/T 5257—2012	油气输送用钢制感应加热弯管

续表

序号	标准编号	标准名称
200	T/CDHA×××	长输供热热水管网技术标准
201	T/CDHA 501—2019	城镇供热直埋保温塑料管道技术标准
202	TSG 21—2016	固定式压力容器安全技术监察规程
203	CECS 206：2006	钢外护管真空复合保温预制直埋管道技术规程

第3章 管道及附件

3.1 概述

3.1.1 供热管道分类

城镇供热管网是指由热源向热用户输送和分配供热介质的管线系统，包括一级管网、换热站、二级管网，供热管道主要按以下情况分类：

（1）按供热介质分为蒸汽管道和热水管道，技术参数见表3-1。

蒸汽管道和热水管道技术参数 表 3-1

管道种类	工作压力	介质温度
热水管道	≤ 2.5MPa	≤ 200℃
蒸汽管道	≤ 2.5MPa	≤ 350℃

（2）按敷设方式分为直埋敷设、架空敷设、管沟（管廊）敷设。直埋敷设可分为直埋无补偿、直埋有补偿敷设；架空敷设可分为高支架、中支架、低支架敷设；管沟敷设可分为通行、半通行、不通行敷设。

（3）按制造方式分为工厂预制产品和现场制作保温。

工厂预制是指把工作管、保温材料和外保护管提前在工厂制作，预制成组合成品管，再到现场安装的方式。在热水管道里，以聚氨酯为保温材料的预制保温水管占主流；在蒸汽管里，以超细玻璃棉、气凝胶毡为保温结构、硅钙瓦与聚氨酯复合保温结构的预制保温蒸汽管占主流。

现场制作保温是指在工程现场制作管道保温层的形式，这种形式已经在供热行业逐渐淡出，仅在地沟敷设或架空敷设的高温热水或蒸汽的保温管里使用。

直埋敷设的保温管都采用预制保温管道。架空和地沟敷设的管道也逐渐使用预制保温管道。

（4）按工作管管材分为钢质管道和塑料管道。塑料管道应用于工作温度和压力较低的二级管网。

（5）预制保温管从产品结构和材料分类见表3-2。

预制保温管结构和材料分类 表 3-2

名称		工作管	保温层	外护层	标准代号	备注
热水管	高密度聚乙烯聚氨酯预制保温管	钢管	PUR	HDPE	GB/T 29047	灌注工艺
					GB/T 34611	喷涂缠绕工艺
	钢塑复合预制保温管	钢塑复合管	PUR	HDPE	GB/T 37263	
	塑料管复合保温管	塑料管	PUR	聚乙烯	国标在编	
	玻璃钢聚氨酯预制保温管	钢管	PUR	玻璃钢	GB/T 38097	

续表

名称	工作管	保温层	外护层	标准代号	备注
蒸汽管	钢管	玻璃棉等	带防腐层钢管	CJ/T 246	空气层
		高温玻璃棉或气凝胶毡	3PE 防腐的钢管	GB/T 38105	有真空层

3.1.2　供热管道发展历程

预制直埋保温管的生产技术是随着供热管道直埋敷设技术的发展而不断完善的。预制直埋保温管的类型可分为直埋热水管道和直埋蒸汽管道两大类型。

(1) 直埋热水管道

我国自 20 世纪 30 年代就开始研究和应用直埋敷设代替地沟敷设的供热方式。在丹麦、芬兰，90%以上的供热管道采用直埋方式。丹麦、瑞典、芬兰、德国、意大利等国家都有专门生产预制保温管的工厂，理论研究和产品开发进展很快。

我国科研人员早在 20 世纪 50 年代就开始了供热管道直埋敷设的探讨，早期的保温材料采用填充矿渣棉、预制泡沫混凝土瓦块等，但因防水性差、管道外腐蚀严重、使用寿命短等问题，直埋技术一直进展缓慢。

20 世纪 70 年代，我国研制开发了沥青珍珠岩预制保温管，实现了高温热水管道无补偿直埋敷设，形成了直埋热水管道应力分析及工程实施方法，并通过行业标准《城镇直埋供热管道工程技术规程》CJ/T 81-98 得到推广。

20 世纪 80 年代，我国供热技术人员通过考察学习，首次在哈尔滨、牡丹江、天津等城市数公里热网工程中采用从丹麦、瑞典等国家引进的预制保温管进行直埋敷设。同时利用从北欧国家引进的生产设备，先后在哈尔滨和天津建立了预制保温管生产厂。20 世纪 90 年代，国外一些公司先后在我国的北京和大连建立了生产预制保温管的合资企业。

预制直埋保温管采用聚氨酯泡沫塑料保温、高密度聚乙烯外护。聚氨酯泡沫塑料的导热系数和吸水率都很低，高密度聚乙烯又具有良好的防水、防腐性。采用这种保温管进行直埋敷设时，节约投资、占地小、施工周期短、热损失小、使用寿命长和维修量小等优点十分突出，使预制保温管很快在城市集中供热直埋管网上大量使用。结合我国国情又开发了玻璃钢外护管的预制直埋保温管。

为了规范预制保温管的生产和安装，行业标准《聚氨酯泡沫塑料预制保温管》CJ/T 3002—1992 应运而生，由于技术的不断进步，预制直埋热水管的行业标准《高密度聚乙烯外护管聚氨酯泡沫塑料预制直埋保温管》CJ/T 114—2000 和《玻璃纤维增强塑料外护层聚氨酯泡沫塑料预制直埋保温管》CJ/T 129—2000 先后颁布执行，之后上述两个行业标准随后被国家标准《高密度聚乙烯外护管硬质聚氨酯泡沫塑料预制直埋保温管及管件》GB/T 29047—2012 和《城镇供热 玻璃纤维增强塑料外护层聚氨酯泡沫塑料预制直埋保温管及管件》GB/T 38097—2019 所替代。

结合欧洲预制保温管标准 EN 253 有关的内容，制定了国家标准《硬质聚氨酯喷涂聚乙烯缠绕预制直埋保温管》GB/T 34611—2017，增加了一种预制保温管生产制造工艺和产品形式，而采用喷涂聚氨酯和缠绕聚乙烯生产工艺，使聚氨酯预制保温管在架空和管廊敷设的管线上具备更大的性价比优势。目前，欧洲的预制直埋保温管的产品有灌注式和喷涂缠绕式两种，执行的标准都是 EN 253。

国家标准《高密度聚乙烯外护管硬质聚氨酯泡沫塑料预制直埋保温管及管件》GB/T 29047—2012 中预制保温管件的聚乙烯外护管都是切段焊接完成，因此 HDPE 管壳的对焊焊接工艺如果管控不严格，焊缝质量水平会降低，导致在工程现场会出现聚乙烯焊口开裂的情况。工程技术人员开发出了无缝外护聚乙烯保温管件，能减少保温管件上的焊缝数量，减少隐患，同时制定了相应的国家标准《高密度聚乙烯无缝外护管预制直埋保温管件》GB/T 39246—2020。预制保温管件的产品系列多了一个产品选择。

在直埋管道的运行中，很多运行事故都是由于保温接头的质量问题引起的，供热管道的接头保温质量一直是整个供热管道质量的薄弱环节，国家标准《城镇供热直埋管道接头保温技术条件》GB/T 38585—2020 以及《保温管道用电热熔套（带）》GB/T 40068—2021 旨在规范保温接头的质量标准和要求。

塑料管道由于其防腐蚀性好、使用寿命长但受温度限制等特点，早期主要用于给水排水管道，后来又在燃气管道上广泛应用。进入 21 世纪后，随着技术的发展，耐高温塑料管道（小于 90℃）的出现，首先在室内供热管道上大量的应用，随后陆续又在室外不超过 80℃运行的供热管道上应用，为了统一其产品质量要求，参照国家标准《高密度聚乙烯外护管硬质聚氨酯泡沫塑料预制直埋保温管及管件》GB/T 29047—2012 的灌注式聚氨酯发泡工艺加工生产方式，制定了行业标准《高密度聚乙烯外护管聚氨酯发泡预制直埋保温复合塑料管》CJ/T 480—2015 和国家标准《高密度聚乙烯外护管聚氨酯发泡预制直埋保温钢塑复合管》GB/T 37263—2018。为了扩大塑料管道的应用种类，制定了国家标准《聚乙烯外护管预制保温复合塑料管》GB/T 40402—2021。这几项有关塑料预制保温管道的标准，为塑料管道作为工作管在供热工程中的应用起到了很好的推动作用。

为适应预制保温管道在架空和综合管廊中的使用，广大科技人员参照灌注式聚氨酯发泡工艺加工生产方式，开发了使用镀锌钢板做外护层的产品，在团体标准《架空和综合管廊预制热水保温管道及管件》T/CDHA 1—2019 中规范了产品质量要求。

工程应用指导上，为了规范直埋热水管道设计、施工等，于 1998 年发布行业标准《城镇直埋供热管道工程技术规程》CJJ/T 81—1998，当时仅限于小于或等于 DN500 的直埋热水管道。为了适应社会发展的需要，修订后于 2013 年发布行业标准《城镇供热直埋热水管道技术规程》CJJ/T 81—2013，将直埋热水管道的管径扩大到了 DN1200。直埋塑料保温管道设计、施工等技术要求则有相应团体标准《城镇供热直埋保温塑料管道技术标准》T/CDHA 501—2019 规定。

（2）直埋蒸汽管道

美国早在 20 世纪 80 年代开发了耐温 200℃的直埋蒸汽管道；德国于 20 世纪 80 年代初制造了耐温 140℃～160℃的复合保温直埋管，发展到 20 世纪 90 年代制造了耐温 400℃、DN20～DN1000 的高温直埋管；意大利也于 20 世纪 90 年代开发了高中温直埋蒸汽保温管。

我国 20 世纪 50 年代虽曾在富拉尔基对高温蒸汽管道采用过直埋敷设方式，但对蒸汽管道直埋技术研究始于 20 世纪 80 年代，国家在"七五"规划中正式立项了"新疆克拉玛依油田九区蒸汽驱动开采技术研究"（稠油热采高温蒸汽管道保温技术研究），与此同时，城市集中供热直埋蒸汽管道研究也相继开展。1994 年中国城镇供热协会在编制行业"九五科技发展规划"时,将高温蒸汽管道直埋技术的开发与研究列入了重点研究课题之一,1997 年 10 月该项技术在上海通过了技术鉴定。

最早的直埋蒸汽管道采用灌注式聚氨酯发泡工艺加工生产方式,采用聚乙烯和玻璃钢作外护管,只是在蒸汽管外部设置耐高温的保温材料,由于聚乙烯和玻璃钢耐温性能较低,在施工中或地下水较高的地区,很多工程出现了外护管大量爆裂的事故,使人们认识到外护管需要使用钢管。为了规范预制蒸汽保温管的生产和安装,先后编制了行业标准《城镇供热预制直埋蒸汽保温管技术条件》CJ/T 200—2004 和《城镇供热预制直埋蒸汽保温管管路附件技术条件》CJ/T 246—2007。2018 年上述两个标准进行了修订和整合,行业标准《城镇供热预制直埋蒸汽保温管及管路附件》CJ/T 246—2018 颁布执行。

抽真空能有效地降低真空层和保温材料中的含湿量,从而能降低保温结构的导热系数,参照德国的工艺技术,结合国内的实际情况,编制了国家标准《城镇供热　钢外护管真空复合保温预制直埋管及管件》GB/T 38105—2019。

为了适应预制保温管道在架空和综合管廊中的使用,参照灌注式聚氨酯发泡工艺加工生产方式,结合《城镇供热预制直埋蒸汽保温管及管路附件》CJ/T 246—2018,开发了使用镀锌钢板做外护层的产品,在团体标准《架空和综合管廊预制蒸汽保温管及管件》T/CDHA 2—2019 中规范了产品质量要求。

工程应用指导上,为了规范直埋蒸汽管道设计、施工等,先后发布行业标准《城镇供热直埋蒸汽管道技术规程》CJJ 104—2005 和团体标准《钢外护管真空复合保温预制直埋管道技术规程》CECS 206—2006,2014 年修订了行业标准《城镇供热直埋蒸汽管道技术规程》CJJ/T 104—2014。

经历了三十余年的发展,无论是在预制保温管的生产和安装技术上,还是在直埋供热管网的设计理论和方法上,我国的供热管道直埋技术都得到了飞速发展,直埋敷设已成为我国城市热网的主要敷设方式。我国的预制保温管道产品可以达到国际先进水平,相关产品标准和工程标准的制定和完善为我国预制直埋保温管道技术的发展奠定了坚实的基础。

3.2　供热管道标准

3.2.1　供热管道相关标准

供热管道相关标准见表 3-3。

<table>
<tr><td colspan="3">供热管道相关标准</td><td>表 3-3</td></tr>
<tr><td colspan="4">工程标准</td></tr>
<tr><td>序号</td><td>标准编号</td><td colspan="2">标准名称</td></tr>
<tr><td>1</td><td>GB 50236—2011</td><td colspan="2">现场设备、工业管道焊接工程施工规范</td></tr>
<tr><td>2</td><td>GB 50411—2019</td><td colspan="2">建筑节能工程施工质量验收标准</td></tr>
<tr><td>3</td><td>CJJ 28—2014</td><td colspan="2">城镇供热管网工程施工及验收规范</td></tr>
<tr><td>4</td><td>CJJ 34—2010</td><td colspan="2">城镇供热管网设计标准</td></tr>
<tr><td>5</td><td>CJJ/T 104—2014</td><td colspan="2">城镇供热直埋蒸汽管道技术规程</td></tr>
<tr><td>6</td><td>CJJ/T 254—2016</td><td colspan="2">城镇供热直埋热水管道泄漏监测系统技术规程</td></tr>
</table>

工程标准

序号	标准编号	标准名称
7	CJJ/T 81—2013	城镇供热直埋热水管道技术规程
8	CJJ 88—2014	城镇供热系统运行维护技术规程
9	T/CDHA 501—2019	城镇供热直埋保温塑料管道技术标准
10	T/CDHA ×××	长输供热热水管网技术标准
11	CECS 206：2006	钢外护管真空复合保温预制直埋管道技术规程

产品标准

序号	标准编号	标准名称
1	GB/T 12459—2017	钢制对焊管件 类型与参数
2	GB/T 13401—2017	钢制对焊管件 技术规范
3	GB/T 18369—2008	玻璃纤维无捻粗纱
4	GB/T 18370—2014	玻璃纤维无捻粗纱布
5	GB/T 18475—2001	热塑性塑料压力管材和管件用材料分级和命名 总体使用（设计）系数
6	GB/T 18742.2—2017	冷热水用聚丙烯管道系统 第2部分：管材
7	GB/T 18991—2003	冷热水系统用热塑性塑料管材和管件
8	GB/T 18992.2—2003	冷热水用交联聚乙烯（PE-X）管道系统 第2部分：管材
9	GB/T 18993.2—2003	冷热水用氯化聚氯乙烯（PVC-C）管道系统 第2部分：管材
10	GB/T 19473.2—2004	冷热水用聚丁烯（PB）管道系统 第2部分：管材
11	GB/T 23257—2017	埋地钢质管道聚乙烯防腐层
12	GB/T 28638—2012	城镇供热管道保温结构散热损失测试与保温效果评定方法
13	GB/T 28799.2—2012	冷热水用耐热聚乙烯（PE-RT）管道系统 第2部分：管材
14	GB/T 29046—2012	城镇供热预制直埋保温管道技术指标检验方法
15	GB/T 29047—2021	高密度聚乙烯外护管硬质聚氨酯泡沫塑料预制直埋保温管及管件
16	GB/T 3091—2015	低压流体输送用焊接钢管
17	GB/T 34611—2017	硬质聚氨酯喷涂聚乙烯缠绕预制直埋保温管
18	GB/T 37263—2018	高密度聚乙烯外护管聚氨酯发泡预制直埋保温钢塑复合管
19	GB/T 38097—2019	城镇供热 玻璃纤维增强塑料外护层聚氨酯泡沫塑料预制直埋保温管及管件
20	GB/T 38105—2019	城镇供热钢外护管真空复合保温预制直埋管及管件
21	GB/T 38585—2020	城镇供热直埋管道接头保温技术条件
22	GB/T 38942—2020	压力管道规范公用管道
23	GB/T 39246—2020	高密度聚乙烯无缝外护管预制直埋保温管件
24	GB/T 39802—2021	城镇供热保温材料技术条件
25	GB/T 6146—2010	精密电阻合金电阻率测试方法
26	GB/T 8163—2018	输送流体用无缝钢管
27	GB/T 8237—2005	纤维增强塑料用液体不饱和聚酯树脂
28	GB/T 8923.1—2011	涂覆涂料前钢材表面处理 表面清洁度的目视评定 第1部分：未涂覆过的钢材表面和全面清除原有涂层后的钢材表面的锈蚀等级和处理等级
29	GB/T 9711—2017	石油天然气工业 管线输送系统用钢管
30	GB/T 40402—2021	聚乙烯外护管预制保温复合塑料管
31	GB/T 40068—2021	保温管道用电热熔套（带）
32	CJ/T 246—2018	城镇供热预制直埋蒸汽保温管及管路附件

产品标准

序号	标准编号	标准名称
33	CJ/T 480—2015	高密度聚乙烯外护管聚氨酯发泡预制直埋保温复合塑料管
34	HG/T 3706—2014	工业用孔网钢骨架聚乙烯复合管
35	NB/T 47013.2—2015	承压设备无损检测 第2部分：射线检测
36	NB/T 47013.3—2015	承压设备无损检测 第3部分：超声检测
37	NB/T 47014—2011	承压设备焊接工艺评定
38	SY/T 5257—2012	油气输送用钢制感应加热弯管
39	T/CDHA1—2019	架空和综合管廊预制热水保温管道及管件
40	T/CDHA2—2019	架空和综合管廊预制蒸汽保温管及管件

3.2.2 工程标准相关要求

按照供热管网从设计、施工验收、运行维护的维度有三个工程标准分别是：行业标准《城镇供热管网设计规范》CJJ 34—2010、《城镇供热管网工程施工及验收规范》CJJ 28—2014、《城镇供热系统运行维护技术规程》CJJ 88—2014。

按照供热管网运行条件的维度，分别有蒸汽管、热水管两项工程标准，分别是：行业标准《城镇供热直埋蒸汽管道技术规程》CJJ/T 104—2014 和《城镇供热直埋热水管道技术规程》CJJ/T 81—2013，而《城镇供热直埋热水管道泄漏监测系统技术规程》CJJ/T 254—2016 是针对热水管的泄漏监测系统规程。

按照设计、施工与验收、运行维护的维度工程标准中与保温管道相关的主要内容见表3-4。

工程标准中与保温管道相关的主要内容 表3-4

标准名称	相关内容
CJJ 34—2010《城镇供热管网设计规范》	8.2.5 当蒸汽管道采用直埋敷设时，应采用保温性能良好、防水性能可靠、保护管耐腐蚀的预制保温管直埋敷设，其设计寿命不应低于25年
	8.2.6 直埋敷设热水管道应采用钢管、保温层、保护外壳结合成一体的预制保温管道，其性能应符合本规范第11章的有关规定
	8.4.8 直埋敷设热水管道宜采用无补偿敷设方式，并应按国家现行标准《城镇直埋供热管道工程技术规程》CJJ/T 81 的规定执行
	11.3.2 直埋敷设热水管道应采用钢管、保温层、外护管紧密结合成一体的预制管。其技术要求应符合国家现行标准《高密度聚乙烯外护管聚氨酯泡沫塑料预制直埋保温管》CJJ/T 114 和《玻璃纤维增强塑料外护层聚氨酯泡沫塑料预制直埋保温管》CJJ/T 129 的规定
CJJ 28—2014《城镇供热管网工程施工及验收规范》	CJJ28是针对所有的供热管道规定施工与验收规范。因此包含了蒸汽管、热水管，有直埋的，也有架空的，保温有工厂预制的形式也有现场保温的形式
	针对预制直埋保温管的施工要求可参见5.4节。针对非预制的管道保温施工可参见第7章
	5.4.1 规定热水管道安装应符合 CJJ/T 81 的有关规定，蒸汽管道的安装应符合 CJJ/T 104 的有关规定
	7.2.2 保温材料检验应符合下列规定： 2 应对预制直埋保温管、保温层和保护层进行复检，并应提供复检合格证明；预制直埋保温管的复检项目应包括保温管的抗剪切强度、保温层的厚度、密度、压缩强度、吸水率、闭孔率、导热系数及外护管的密度、壁厚、断裂伸长率、拉伸强度、热稳定性
	7.2.15 条款里明确了预制保温管道保温质量检验应按第5.4节执行

续表

标准名称	相关内容
CJJ 88—2014《城镇供热系统运行维护规程》	4.7.4　供热管网维护检修应符合下列规定： 1　管道和管路附件的维护检修操作应符合现行行业标准《城镇供热管网工程施工及验收规范》CJJ28 的有关规定

上表中，预制保温管按现行行业标准《城镇供热直埋热水管道技术规程》CJJ/T 81 和《城镇供热直埋蒸汽管道技术规程》CJJ 104 执行。在设计规范里提到了预制直埋热水管的产品标准《高密度聚乙烯外护管聚氨酯泡沫塑料预制直埋保温管》CJ/T 114 和《玻璃纤维增强塑料外护层聚氨酯泡沫塑料预制直埋保温管》CJ/T 129，这两个标准已经被现行国家标准《高密度聚乙烯外护管硬质聚氨酯泡沫塑料预制直埋保温管及管件》GB/T 29047 和国家标准《城镇供热 玻璃纤维增强塑料外护层聚氨酯泡沫塑料预制直埋保温管及管件》GB/T 38097 替代。

针对行业标准《城镇供热直埋热水管道技术规程》CJJ/T 81—2013 和《城镇供热直埋蒸汽管道技术规程》CJJ/T 104—2014 这两项规程里涉及产品要求的条款见表 3-5。

规程中涉及产品要求的内容　　　　　　　　　　　　　表 3-5

标准名称	相关内容
CJJ/T 81—2013《城镇供热直埋热水管道技术规程》	7.1.9　直埋保温管和管件应采用工厂预制的产品。直埋保温管和管路附件应符合现行的国家有关产品标准，并应具有生产厂质量检验部门的产品合格文件
	7.1.10　管道及管路附件在入库和进入施工现场安装前进行检查，其材质、规格、型号应符合设计文件和合同的规定，并应进行外观检查。当对外观质量有异议或设计文件有要求时，应进行质量检验，不合格者不得使用
CJJ/T 104—2014《城镇供热直埋蒸汽管道技术规程》	4.2.1　直埋蒸汽管道的管件应符合下列规定： 2　直埋蒸汽管道和管件应在工厂预制，并应符合现行行业标准《城镇供热预制直埋蒸汽保温管技术条件》CJ/T 200 和《城镇供热预制直埋蒸汽保温管管路附件技术条件》CJ/T 246 的有关规定。管件的防腐、保温性能应与直管道相同
	6.1.1　保温材料应符合现行行业标准《城镇供热预制直埋蒸汽保温管技术条件》CJ/T 200 的有关规定。保温材料不应对管道及管路附件产生腐蚀
	7.3.3　外护管的防腐材料应符合现行行业标准《城镇供热预制直埋蒸汽保温管技术条件》CJ/T 200 和《城镇供热预制直埋蒸汽保温管管路附件技术条件》CJ/T 246 的有关规定

上表显示，直埋热水管要求工厂预制，按照现有的国家标准执行。直埋蒸汽管按照行业标准《城镇供热预制直埋蒸汽保温管及管路附件》CJ/T 246—2018 执行。

3.2.3　主要产品标准的差异

供热管道的标准随着供热管道产品的发展一直在变化，水平不断提高。20 世纪 90 年代，从欧洲引入了将工作钢管、聚氨酯保温层和聚乙烯外套管三位一体的聚氨酯预制直埋保温管技术，于 2001 年颁布直埋供热水管行业标准《高密度聚乙烯外护管聚氨酯泡沫塑料预制直埋保温管》CJ/T 114 参考了欧盟标准 EN253，直接提升了国内预制直埋管的技术质量水平。该标准不仅在供热行业广泛应用，而且被石油化工等其他行业的保温管道标准作为重要的参照标准。

随后的二十年里，国内的预制保温管技术在三位一体的聚氨酯预制保温管技术路线上蓬勃发展，涌现很多新产品和新应用。随着国家标准《高密度聚乙烯外护管硬质聚氨酯泡沫塑料预制直埋保温管及管件》GB/T 29047 在 2012 年颁布，行业标准《高密度聚乙烯外护管聚氨酯泡沫塑料预制直埋保温管》CJ/T 114 随即废止，标志着聚氨酯预制保温管技术不仅在中国市场上成熟应用，还在很多方面突破了欧盟标准的应用状况，形成了一个以三位一体聚氨酯预制保温管技术路线为主线的产品标准系列，包含了供热水管在此技术路线上开发出来的新产品。

　　保温管的产品标准目前都是以直埋管产品为主，针对管廊和架空敷设的产品标准有团体标准《架空和综合管廊预制热水保温管道及管件》T/CDHA 1—2019 和《架空和综合管廊预制蒸汽保温管道及管件》T/CDHA 2—2019。直埋管的主要标准见表 3-6。

直埋管的主要标准　　　　　　　　　　　　　　　　　　　表 3-6

标准号	名　称	简　称	产品代号
GB/T 29047—2021	高密度聚乙烯外护管硬质聚氨酯泡沫塑料预制直埋保温管及管件	HDPE 聚氨酯预制保温管（灌注式）	G1
GB/T 34611—2017	硬质聚氨酯喷涂聚乙烯缠绕预制直埋保温管	HDPE 聚氨酯预制保温管（喷涂缠绕）	G2
GB/T 37263—2018	高密度聚乙烯外护管聚氨酯发泡预制直埋保温钢塑复合管	钢塑复合管保温管	G3
GB/T 40402—2021	聚乙烯外护管预制保温复合塑料管	塑料管复合保温管	G4
GB/T 39246—2020	高密度聚乙烯无缝外护管预制直埋保温管件	无缝外护保温管件	G5
GB/T 38097—2020	城镇供热 玻璃纤维增强塑料外护层聚氨酯泡沫塑料预制直埋保温管及管件	玻璃钢聚氨酯预制保温管	G6
GB/T 38585—2020	城镇供热直埋管道接头保温技术条件	接头保温	G7
GB/T 40068—2021	保温管道用电热熔套（带）	电热熔套（带）	G8

　　供热蒸汽管由于产品的结构形式设计多样，各有应对不同工况的特点，经过几十年各种产品百家争鸣的阶段，经过市场检验和得到客户认可的产品逐渐形成了自己的标准，见表 3-7。

供热蒸汽管道产品标准　　　　　　　　　　　　　　　　　表 3-7

标准号	名称	简　称	产品代号
CJ/T 246—2018	城镇供热预制直埋蒸汽保温管及管路附件	蒸汽管	C9
GB/T 38105—2019	城镇供热 钢外护管真空复合保温预制直埋管及管件	抽真空蒸汽管	G10

1. 直埋保温水管主要产品差异

　　(1) 目前供热领域里使用的保温管道，针对 120℃ 以下介质输送的管道以工作管道、聚氨酯保温层、外护层三位一体的产品结构为主流，而且都是在工厂预制。同时也有在施工现场做保温的传统保温形式，但很少。

　　(2) 表 3-6 中代号 G1、G2、G6 这三种产品分别是 HDPE 聚氨酯预制保温管（灌注

式)、HDPE 聚氨酯预制保温管(喷涂缠绕)、玻璃钢聚氨酯预制保温管,共同点如下:

    1)都是针对直埋敷设的保温管道;

    2)都是针对工作管长期运行温度不大于 120℃,偶然峰值温度不大于 140℃的情况;

    3)都是在工厂提前预制,工程现场只做接头保温补口;

    4)都是三位一体的结构;

    5)都是聚氨酯保温层;

    6)工作管道都是钢管。

不同点如下:

1)外护层不同。G1 是高密度聚乙烯外护管(简称 HDPE 管),G2 是高密度聚乙烯外护层(简称 HDPE 层),G6 是玻璃纤维增强塑料(俗称玻璃钢)。

2)加工工艺不同。G1 是管中管灌注式工艺,即钢管穿进 HDPE 管,再进行聚氨酯灌注形成组合保温管。G2 是喷涂缠绕工艺,即钢管在生产线上连续螺旋前进的同时将聚氨酯喷涂在钢管上,随后的 HDPE 层缠绕而制成组合保温管。G6 是将钢管放在模具中灌注聚氨酯泡沫或者是喷涂聚氨酯泡沫,成型后再制作玻璃纤维增强塑料层。

3)聚氨酯保温的密度分布不同。就同等空腔体积相比,都按照标准要求任一一点的密度不低于 60kg/m³,则 G1 和 G6 的投入聚氨酯量要高于 G2,而且密度不是均匀分布,靠近钢管和外护层的聚氨酯密度要高于芯部位置的聚氨酯密度。因此在聚氨酯投入量的成本上,G2 有优势。G2 的聚氨酯密度是均匀的,但是聚氨酯喷涂的工艺中有喷涂扇面的损耗和接头部位损耗,一般情况下,钢管径大的聚氨酯喷涂损耗要小于钢管径小的。因此两种制作工艺相比,喷涂缠绕工艺比管中管灌注工艺在聚氨酯投入量上来说有小幅优势。

4)外保护层的差异。G1 和 G2 都是高密度聚乙烯外护层,G6 是玻璃纤维增强塑料层,这两种材料在实际的预制保温水管的市场使用效果来看,玻璃纤维增强塑料层的市场逐渐被高密度聚乙烯取代。而 G1 和 G2 虽然都是 HDPE 材料,但是因为 G1 是管壳形式,G2 是 PE 层缠绕形式,所以也有很大差异。表现在以下几点:

① G1 的组合管有外径增大率的要求,G2 没有,因为 G1 的聚氨酯灌注工艺会让 HDPE 外护管增大,这让成品组合管的综合性能指标增强,例如抗蠕变性能。G2 的成品组合管也有抗蠕变性能,但是同等环境、密度要求等条件下,不具备 G1 的优势。

② G1 和 G2 的 HDPE 的壁厚都可以在目前的标准基础上减薄,对于在地沟和架空敷设的预制保温水管应用,外护层做一定程度的减薄不影响质量,却可以降低成本及工程造价。但是减薄的底线是能承受成品组合管运行时的受力以及运输存储过程中的承压。由于 G1 的工艺是 HDPE 管壳,所以减薄的程度不如 G2。因此在管沟或架空敷设的应用中,G2 更具备成本优势。

③ 工艺效率差异。G1 管中管灌注工艺是步骤式的工艺,每个步骤都是独立的,生产效率取决于每一道工序的衔接和用时最长的工序的时间。G2 喷涂缠绕工艺是连续式喷涂保温层和缠绕外护管的工艺,工艺效率取决于管道旋转前进的速度与喷涂工艺和 PE 缠绕工艺的匹配度。

④ 性能指标差异。相应标准里诸多指标,重点是看组合成品管的性能指标,而外护层、聚氨酯保温的指标都是从局部去加强验证过程的指标。以保温水管的各标准都涉及聚氨酯保温层为重点示例:由于大部分产品标准的性能指标都是参照国家标准《高密度聚乙

28

烯外护管硬质聚氨酯泡沫塑料预制直埋保温管及管件》GB/T 29047 设定的，总的来说，对保温层的要求都是大体一致的，例如密度、吸水率、闭孔率、抗压强度，这些都是基本的性能指标，即便在指标上能达到很高，也不能说明组合管的性能指标就一定高。不同类型的聚氨酯泡沫的导热系数是不同的，而且密度对导热系数有影响。在一定的密度范围内，密度越低，导热系数越小。同样密度的聚氨酯泡沫，环戊烷发泡的聚氨酯导热系数小于水发泡体系的聚氨酯导热系数。所以聚氨酯泡沫的密度和抗压强度只是从局部去验证组合管的承压能力和抗蠕变性能；而聚氨酯泡沫的闭孔率是从局部去验证成品管的导热系数。

（3）G3 和 G4，都是针对运行温度不超过 90℃ 的管网。重要的差别是工作管，G3 是钢塑复合管，G4 是 PERT 管等塑料管道。塑料管道作为介质输送管道比钢管有优势，摩擦系数低，介质输送的效率有提升空间。而且塑料管道的焊接效率高于钢管焊接，能缩短工程工期。所以在运行温度不高的应用工况下，优先考虑使用的工作管是塑料管的保温管。

（4）G5 无缝外护管保温管件是针对直埋的保温水管的产品创新形式，G1 中的保温管件的外护层都是焊接形式，有塑料焊缝，而此部位恰恰是薄弱环节。G5 的产品就是利用新工艺把此薄弱环节取消了，但是由于管件的外形都是异形，管件的 HDPE 外壳的成型过程中，厚度的均匀性和应力的消除是直接影响成品组合管件质量的关键因素。虽然此产品形式能够减少 HDPE 外壳的焊缝，但是不能完全消除。

（5）G7 是关于保温管接头的标准。接头形式是多样的，按种类分为热缩带式接头、电熔焊式接头和热收缩式接头；按结构分为单密封式接头和双（多）密封式接头。根据管网管径、施工现场条件和管网质量要求，可选择不同的密封形式，高水位或高后果区域如穿越铁路或过河管段采用双（多）密封的形式。一般工况下，单密封形式与保温管的管径有关，当工作管管径小于或等于 DN200 时，宜采用热缩带式接头或热收缩式接头；当工作管管径大于 DN200 且小于 DN500 时，宜采用热缩带式接头、热收缩式接头或电熔焊式接头；当工作管管径大于或等于 DN500 时，宜采用电熔焊式接头。

（6）G8 是保温管道用的电热熔套（带）。由于电热熔套（带）是涉及接头密封质量的关键因素之一，而且各种不同的应用需求导致电热熔套（带）的工艺设计和结构有差异，因此在相应标准中进行了统一，总结了比较常用的几种结构形式，并且规定了详细的要求。不管何种结构形式和电热熔套（带）产品，其制作完成的保温接头都须依照国家标准《城镇供热管道保温结构散热损失测试与保温效果评定方法》GB/T 29046 进行检验并且符合国家标准《城镇供热直埋管道接头保温技术条件》GB/T 38585 中对于保温接头的性能要求，才能应用到直埋的保温管网里。

2. 直埋蒸汽管的主要产品差异如下：

（1）蒸汽管道主要是针对输送介质为高温蒸汽或高温水，因此蒸汽管道的保温材料的选择和产品的结构形式差别很大。

（2）保温材料主要以无机保温材料为主，无机保温材料以超细玻璃棉、气凝胶毡为主，也有岩棉等保温材料。由于无机保温材料在 120℃ 以下时就不具备聚氨酯保温的厚度优势，所以也有蒸汽管道产品出于经济性考虑在无机保温材料外层加聚氨酯保温层。

（3）蒸汽管的外防护层一般都是带防腐层的钢管，而防腐层一般使用 3PE、玻璃纤维增强塑料、聚脲等防腐产品。防腐层的性能是一个关键，防腐层的检测频率和漏点修补的质量是蒸汽管工程的重要环节。

（4）抽真空蒸汽管的保温结构由真空层和耐高温保温材料组成。抽真空能有效地降低真空层和保温材料中的含湿量，从而能降低保温结构的导热系数；在钢外护管和工作管之间形成环形真空层，能减少钢管的腐蚀和便于监测工作管和外护管的泄漏。

3.3 供热管道应用

3.3.1 产品选用

管道产品选用见表3-8。

管道产品选用

表3-8

代号	简称	标准号	热介质长期运行温度（℃）	管网压力（MPa）	适用的安装方式	产品内容	优势
G1	HDPE聚氨酯预制保温管（灌注式）	GB/T 29047—2021	≤120	≤2.5	直埋，管沟，架空	直管、管件、接头	直埋，有外部承压环境
G2	HDPE聚氨酯预制保温管（喷涂缠绕）	GB/T 34611—2017	≤120	≤2.5	直埋，管沟，架空	直管	管沟、架空，外部承压不高的环境
G3	钢塑复合管保温管	GB/T 37263—2018	≤90	≤1.6	直埋，管沟，架空	直管	供热二次网
G4	塑料管复合保温管	GB/T 40402—2021	≤90	≤1.6	直埋，管沟，架空	直管、管件、接头	供热二次网，地热直供的管网
G5	无缝外护保温管件	GB/T 39246—2020	≤120	≤2.5	直埋，管沟，架空	管件	外护管无焊缝
G6	玻璃钢聚氨酯预制保温管	GB/T 38097—2020	≤120	≤2.5	直埋，管沟，架空	直管、管件、接头	—
G7	接头保温	GB/T 38585—2020	≤120	—	直埋	热水保温管接头	多种接头密封形式可组合
			≤350	—	直埋	蒸汽保温管接头	
G8	电热熔套（带）	GB/T 40068—2021	—	—	直埋，管沟，架空	接头外护	产品形式灵活，可灵活选用调整，有成本优势
C9	直埋蒸汽管	CJ/T 246—2018	≤350	≤2.5	直埋	直管、管件、接头	—
G10	抽真空直埋蒸汽管	GB/T 38105—2019	≤350	≤2.5	直埋	直管、管件、接头	有真空层，不仅提高管网寿命，还能监测内泄漏

3.3.2　工程实施技术

供热管道在工程实施过程中，有很多实际工程技术，以下介绍供热管道的保温接头施工以及三项跟产品紧密结合的工程技术。

3.3.2.1　供热管道的保温接头施工技术

供热管道的接头保温质量一直是整个供热管道质量的薄弱环节，因为在工程现场做保温，受到现场环境、天气等各种因素的影响，要保证现场接头保温的质量水平需要各管道供应商与施工方、监理方、建设方共同努力。

(1) 供热水管的接头保温，通常都是先做外护密封，气密性检验合格后再进行聚氨酯发泡。有以下四点需要重点关注：除潮气、气密性检验、机器发泡优先、接头上发泡孔和排气孔的密封质量是否合格。

(2) 供热蒸汽管道的接头施工、接头的防腐质量以及排水防潮工作是关键。

(3) 关于保温接头的详细内容见本指南第 3.11 节。

3.3.2.2　供热管道的泄漏监测技术

供热管网的泄漏监测技术路线很多，例如阻抗/电阻式监测、专用监测光纤、专用传感器、红外监测、探测器、超声波等。针对专用阻抗/电阻式监测技术标准为行业标准《城镇供热直埋热水管道泄漏监测系统技术规程》CJJ/T 254—2016；专用监测光纤的技术标准正在编制过程中；关于管道泄漏监测技术见本指南第 8.4 节。

3.3.2.3　热水管道的电预热技术

热水管道的电预热技术是针对直埋热水管道敷设的工程技术，在 20 世纪 80 年代欧洲集中供热企业成功开发了无补偿电预热技术，经过三十多年实际工程的应用和验证，无补偿电预热敷设方式以其节约能源、施工周期短、投资小、寿命长、安全可靠等一系列优点在城镇供热工程中被广泛应用，逐步取代了有补偿敷设方式。国内随着预制直埋保温管道产品的质量水平大幅度提高，于 21 世纪初引进了欧洲的电预热技术，目前已经在国内的直埋保温管领域广泛应用。

直埋热水管道的安装方式按照是否允许管段中出现锚固段，可以分为两大类：有补偿敷设和无补偿敷设。根据安装温度的不同，无补偿敷设又可以分为无补偿冷安装与无补偿预热安装。上述的安装方式里，无补偿预热安装方式可以提前释放管道的部分热胀变形，降低供热运行时的工作钢管轴向力，优点是有效减少管网里补偿器和固定墩的设计，不仅能减少隐患，提高管网的安全性、稳定性和预期使用寿命，还能降低工程总造价。

无补偿预热安装又根据使用的热媒不同分为：电预热、水预热、风预热。电预热是通过给钢管通电加热，水预热是给管道通热水加热，风预热是通过热空气加热钢管。随着实际工程应用，电预热安装技术逐渐成为预热安装技术的主流。因为它具备了以下的特点：

(1) 可以将管道轴向力降低到冷安装的一半；

(2) 可以取消管网中的绝大部分补偿器和固定支架；

(3) 薄弱环节少，维护工作量小，基本可以实现免维护；

(4) 有效提高管网的安全性和使用寿命；

(5) 预热时间短，预热均匀；

(6) 电预热设备灵活方便，有利于施工过程的匹配协调；

（7）有利于降低工程总造价。

3.3.2.4 蒸汽管道的抽真空技术

蒸汽管道的抽真空技术是蒸汽管道的一项工程应用技术。一般蒸汽管道都有空气层，所以在蒸汽管道设计的过程中，从管道安全的角度考虑，计算保温层厚度时，内外管间的空腔是按空气的导热系数考虑。但是在实际使用过程中，经过抽真空的蒸汽管道其隔热效率和寿命将具备明显优势。因为不仅空气层变成了真空层，而且保温材料的空隙内的空气、湿气都被抽离，这有效降低了热损失，更加节能环保。

抽真空技术不仅让蒸汽管道的热损失降低，还能积极有效干预钢管的腐蚀。一般的蒸汽管内的空气层里面含潮气，而且随着蒸汽管网的运行启动，其中的潮气会从排潮孔里不断排出，但是不能排尽，这就给内钢管带来腐蚀隐患。而通过抽真空技术，潮气都被抽出，工作钢管和钢外护管之间处于"真空"状态，有利于防腐。

抽真空的实施是根据蒸汽管道的施工现场情况来决定，如果施工期间，蒸汽管的保温层比较干燥，管道施工完毕就可以做抽真空步骤，达不到预期真空度，就要检查管道密封情况是否有漏点。但如果施工在雨季，或者蒸汽管的制作储运过程中有潮湿多雨天气，则应在蒸汽管道经过暖管或者运行一段时间排潮到一定程度后，再做抽真空。抽真空技术的关键是内外钢管的密封，在蒸汽管道的真空度达标后，如果出现微小渗漏，真空度的变化能够反映出来。如果再做抽真空时，真空度不能达标，说明漏点比较大或者比较多。

抽真空的技术要求应符合国家标准《城镇供热钢外护管真空复合保温预制直埋管及管件》GB/T 38105—2019 的有关规定，设计及施工相关要求应符合团体标准《钢外护管真空复合保温预制直埋管道技术规程》CECS 206：2006 的有关规定。

3.3.3 检测及评定方法

3.3.3.1 城镇供热预制直埋保温管道技术指标检测方法

对于城镇供热预制直埋热水保温管道、预制直埋蒸汽保温管道、各类预制直埋管路附件以及直埋管道接口部位技术指标的检测，在国家标准《城镇供热预制直埋保温管道技术指标检测方法》GB/T 29046 中有具体规定，本标准对提高预制直埋保温管的质量，保障我国城镇供热系统安全稳定运行发挥了积极的作用。随着近几年保温管道行业新技术、新材料、新工艺、新结构不断推广应用，国家标准《高密度聚乙烯外护管硬质聚氨酯泡沫塑料预制直埋保温管及管件》GB/T 29047 和行业标准《城镇供热预制直埋蒸汽保温管及管路附件技术条件》CJ/T 246—2018，增加了针对新型保温防腐材料、新型结构、工艺和产品的测试内容。

3.3.3.2 城镇供热管道保温结构散热损失测试与保温效果评定方法

城镇供热管道保温结构散热损失测试与保温效果评定方法主要有热流计法、表面温度法、温差法和热平衡法，按国家标准《城镇供热管道保温结构散热损失测试与保温效果评定方法》GB/T 28638—2012 的有关规定执行。

（1）热流计法：采用热阻式热流传感器（热流测头）和测量指示仪表，直接测量供热管道保温结构的散热热流密度。热流计法适用于现场和实验室的测试；架空、地沟和直埋敷设的供热管道的测试；保温结构内外表面存在一定温差、环境条件变化对测试结果产生的影响小、保温结构散热较均匀的代表性管段上进行的测试，测试方法应按国家标准《设备及管道绝热层表面热损失现场测定热流计法和表面温度法》GB/T 17357—2008 的规定执行。

（2）表面温度法：通过测定保温结构外表面温度、环境温度、风向和风速、表面热发射率及保温结构外形尺寸计算散热热流密度。表面温度法适用于现场和实验室的测试；架空、地沟敷设的供热管道的测试，测试方法应按国家标准《设备及管道绝热层表面热损失现场测定热流计法和表面温度法》GB/T 17357—2008 的规定执行。

（3）温差法：通过测定供热管道保温结构各层材料厚度、各层分界面上的温度，以及各层材料在使用温度下的导热系数，计算保温结构的散热热流密度。温差法适用于现场和实验室的测试；供热管道保温结构预制时及现场施工时预埋测温传感器的测试。

（4）热平衡法：在供热管道稳定运行工况下，现场测定被测管段的介质流量、管段起点和终点的介质温度和（或）压力，根据焓差法或能量平衡原理，计算该管段的全程散热损失值。一般适用于无支管、无途中泄漏和排放的供热管线或管段；架空、地沟和直埋敷设的供热管道保温结构散热损失测试。

3.3.3.3 工程现场质量检验检测

预制保温管在现场的质量检验分两部分内容：预制保温管道产品的入场检验和现场保温接头施工的质量检验，都按照行业标准《城镇供热管网工程施工及验收规范》CJJ 28—2014 的要求执行，具体如下：

（1）预制保温水管产品的入场检验

按照行业标准《城镇供热管网工程施工及验收规范》CJJ 28—2014 中第 7.2.2 条规定执行：保温材料检验应符合下列规定：应对预制直埋保温管保温管、保温层和保护层进行复检，并应提供复检合格证明；预制直埋保温管的复检项目应包括保温管的抗剪切强度、保温层的厚度、密度、压缩强度、吸水率、闭孔率、导热系数及外护管的密度、壁厚、断裂伸长率、拉伸强度、热稳定性。相关的取样规则在对应的条文说明里已经明确。

（2）预制保温水管现场保温接头施工的质量检验

现场保温接头施工的质量要求依照行业标准《城镇供热管网工程施工及验收规范》CJJ 28—2014 第 5.4 节中的第 5.4.14 条～第 5.4.16 条规定执行：

第 5.4.14 条第 5 款：接头保温应符合下列规定：

1）接头保温的工艺应有合格的检验报告；

2）接头处的钢管表面应干净、干燥；

3）应采用发泡机发泡，发泡后应及时密封发泡孔。

第 6 款：接头外观不应出现过烧、鼓包、翘边、褶皱或层间脱离等缺陷。

第 5.4.15 条：接头外护层安装完成后，必须全部进行气密性检验并应合格。

第 5.4.16 条：气密性检验应在接头外护管冷却到 40℃ 以下进行。气密性检验的压力应为 0.02MPa，保压时间不应小于 2min，压力稳定后应采用涂上肥皂水的方法检查，无气泡为合格。

（3）预制保温蒸汽管产品的入场检验

按照行业标准《城镇供热管网工程施工及验收规范》CJJ 28—2014 第 5.4.1 条规定执行：预制直埋热水管道安装应符合现行行业标准《城镇供热直埋热水管道技术规程》CJJ/T 81 的相关规定，预制直埋蒸汽管道的安装应符合现行行业标准《城镇供热直埋蒸汽管道技术规程》CJJ 104 的相关规定。

按照行业标准 CJJ/T 104—2014 第 8.1.7 条规定执行：进入现场的预制直埋蒸汽管道和管件应逐件进行外观检验和电火花检测。

（4）预制保温蒸汽管现场保温接头施工的质量检验

外护管要做 100%超声波探伤和严密性试验。

3.4 高密度聚乙烯外护管硬质聚氨酯泡沫塑料预制直埋保温管道及管件

国家标准《高密度聚乙烯外护管硬质聚氨酯泡沫塑料预制直埋保温管及管件》GB/T 29047—2012 规定了由高密度聚乙烯外护管（以下简称外护管）、硬质聚氨酯泡沫塑料保温层（以下简称保温层）及工作钢管或钢制管件组成的预制直埋保温管（以下简称保温管）及其保温管件的产品结构、要求、试验方法、检验规则及标识、运输与储存等。标准适用于输送介质温度（长期运行温度）不大于 120℃，偶然峰值温度不大于 130℃的预制直埋保温管及其保温管件的制造与检验。在标准中原包括保温直管、保温管件及保温接头三部分内容，由于直埋热水保温接头专用国家标准《城镇供热直埋管道接头保温技术条件》GB/T 38585—2020 标准已发布实施，在 2019 年进行国家标准《高密度聚乙烯外护管硬质聚氨酯泡沫塑料预制直埋保温管及管件》GB/T 29047 修订时已把保温接头部分内容删除。

3.4.1 结构

由工作钢管或钢制管件、硬质聚氨酯泡沫塑料保温层（简称保温层）、高密度聚乙烯外护管（简称外护管）组成紧密结合的三位一体式结构（见图 3-1），保温层内可设置支架和信号线。

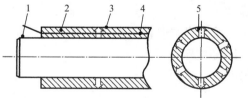

图 3-1 产品结构示意
1—工作钢管；2—保温层；3—外护管；
4—信号线；5—支架

对于直埋保温管道，三位一体结构即工作钢管、保温层及外护管紧紧地粘接在一起，形成一个整体的结构，三者之间需要具有一定的剪切强度，这是设计基础。在供热管网升降温过程中能使此三部分同时移动，在土壤中将保温管的轴向力传递到外护管并与土壤间形成摩擦力，最终形成锚固段。如果三位一体的结构破坏，就失去了管网的设计基础。保持三位一体的结构是至关重要的，保温管预期寿命的判定依据即是保温管的剪切强度。为达到三位一体的结构，工作钢管外表面需要做抛丸处理，外护管内表面需要做电晕处理，以增强其与保温层的粘结力。

3.4.2 材料

3.4.2.1 工作钢管及钢制管件

工作钢管及钢制管件的材质应符合设计要求，且应符合现行国家标准《输送流体用无缝钢管》GB/T 8163、《低压流体输送用焊接钢管》GB/T 3091 或《石油天然气工业 管线输送系统用钢管》GB/T 9711 的有关规定。钢制管件的性能应符合国家现行标准《钢制对

焊管件 技术规范》GB/T 13401、《钢制对焊管件 类型与参数》GB/T 12459 或《油气输送用钢制感应加热弯管》SY/T 5257 的有关规定。

供热管网常用材质为 Q235B，随着长输管网的发展，管线钢逐渐开始使用，近年来国内的大管径及长输管网工程中已选用 L290、L360、Q345B 等管线钢。

3.4.2.2 外护管

外护管的质量有两个影响因素：原材料和制造工艺。原材料是高密度聚乙烯，其品质必须严格控制，主要性能见表 3-9。

高密度聚乙烯（HDPE）原材料性能指标 表 3-9

序号	性能	指标要求
1	原料级别	应采用按照国家标准《热塑性塑料压力管材和管件用材料分级和命名 总体使用（设计）系数》GB/T 18475—2001 的规定进行定级的，不低于 PE80 级的原料
2	密度	应大于等于 935kg/m³，且小于等于 950kg/m³
3	添加剂	抗氧剂、紫外线稳定剂、炭黑等添加剂
4	炭黑的性能	1）密度：1500kg/m³～2000kg/m³； 2）甲苯萃取量：小于等于 0.1%（质量分数）； 3）平均颗粒尺寸：0.010μm～0.025μm
5	熔体质量流动速率 MFR	应为 0.2g/10min～1.4g/10min（试验条件 5kg，190℃）
6	热稳定性	在 210℃下的氧化诱导时间不应小于 20min
7	回用料	使用的回用料比例应不大于 5%（质量分数），且回用料应是同一制造商在产品生产过程中产生的同一个牌号的、洁净、未降解的原料。回用料在使用时应分散均匀

外护管生产如采用不符合标准要求的聚乙烯原料会导致 HDPE 管开裂，所以在生产过程中应严格控制外护管的原料质量。即使原材料符合了上述要求，但是如果制造工艺不严格，仍然会导致外护管出现开裂等各种质量问题。因此密度、熔体质量流动速率（MFR）、热稳定性这三个指标在外护管加工成保温管后依然要检测。

原料级别要求 PE80 级及以上的原料，是外护管的质量基础。目前市场上有的产品使用了高密度聚乙烯料，但是没有达到 PE80 级，这让成品管的耐受恶劣环境的能力下降，此项指标在成品管制成后已经无法检测，因此要求保温管生产厂家提供高密度聚乙烯树脂材料的检验报告（可以是高密度聚乙烯树脂厂家提供的）是一个质量管控的手段，保证了对产品品质追溯的权利。

回用料是一个行业的质量道德底线，本着节能环保的目的，在不影响产品质量的前提下，可以用回用料，但应是制造商本厂管道生产过程中产生的干净、性能指标相似、未降解的材料。比例控制在 5%以下，主要是基于制造商产生的回用料不会超过这个比例，并应控制回填料均匀添加。在保证产品质量且制造工艺的难度系数不增加的情况下，保证批次的质量稳定性。

3.4.2.3 保温层

保温层应采用环保发泡剂生产的硬质聚氨酯泡沫塑料，环保发泡剂主要是水系或环戊烷等，而不环保发泡剂是氟利昂和 141b。由于破坏臭氧层及温室效应，氟利昂发泡剂目前国家已禁止使用，141b 发泡剂也在被替代过程中，我国的冰箱、集装箱等领域已不允许使用 141b，保温管道行业目前已经实行配额管理，控制使用量。不同的发泡剂会影响导热系数，水系发泡聚氨酯的导热系数是 0.033 [W/(m·K)]，环戊烷发泡的是 0.029 [W/(m·K)]。

目前，国内预制保温管标准里聚氨酯泡沫的导热系数 λ_{50} 不应大于 0.033 [W/(m·K)]。环戊烷具有良好的节能环保性能，以 DN1400 保温管为例，在设计参数（外护管表面温度及散热损失）不变的情况下，与水系发泡剂相比，采用环戊烷保温管道可以有效减小保温层厚度和外护管管径，同比保温管的整体成本可降低 5% 左右。

针对运行温度超过 120℃ 的保温管道所采用的聚氨酯保温材料应选用改性聚氨酯以增强其耐温性。

3.4.3　性能要求

3.4.3.1　工作钢管

（1）工作钢管的材质、公称尺寸、外径、壁厚应符合设计要求。

（2）工作钢管的性能、公称尺寸、外径、壁厚及尺寸公差，当使用无缝钢管时，应符合现行国家标准《输送流体用无缝钢管》GB/T 8163 的有关规定。当使用焊接钢管时，应符合现行国家标准《石油天然气工业 管线输送系统用钢管》GB/T 9711 和《低压流体输送用焊接钢管》GB/T 3091 的有关规定。

（3）工作钢管的外观质量及除锈质量是保证预制保温管三位一体结构的关键因素之一。应符合下列规定：

1）工作钢管表面除锈前锈蚀等级不应低于国家标准《涂覆涂料前钢材表面处理 表面清洁度的目视评定 第 1 部分：未涂覆过的钢材表面和全面清除原有涂层后的钢材表面的锈蚀等级和处理等级》GB/T 8923.1—2011 中的 C 级。

2）发泡前工作钢管表面应进行去除铁锈、轧钢鳞片、油脂、灰土、漆、水分或其他沾染物等预处理。工作钢管外表面除锈等级应符合国家标准《涂覆涂料前钢材表面处理 表面清洁度的目视评定 第 1 部分：未涂覆过的钢材表面和全面清除原有涂层后的钢材表面的锈蚀等级和处理等级》GB/T 8923.1—2011 中的 Sa2½ 的有关规定。

3）单根钢管不应有环焊缝。

3.4.3.2　钢制管件

（1）钢制管件应按照现行国家标准《高密度聚乙烯外护管硬质聚氨酯泡沫塑料预制直埋保温管及管件》GB/T 29047 的要求执行。

（2）弯头可采用推制无缝弯头、压制对焊弯头；弯管可采用压制对焊弯管、热煨弯管。

（3）弯头的弯曲半径不宜小于 1.5 倍的公称尺寸。

（4）弯头和弯管两端的直管段长度应满足焊接的要求，且不应小于 400mm。

（5）三通可采用拔制三通，也可采用焊接三通，焊接三通主管与支管焊缝外围应焊接披肩式补强板。

（6）固定节的钢裙套与外护管之间应采用耐高温材料进行隔热与密封处理。

（7）管件焊接工艺应按现行行业标准《承压设备焊接工艺评定》NB/T 47014 的有关规定进行焊接工艺评定后确定。钢制管件的焊接应采用氩弧焊打底配以气体保护焊或电弧焊盖面，焊缝处的机械性能不应低于工作钢管母材的性能。

（8）钢制管件的焊缝可选用射线探伤或超声波探伤。射线和超声波探伤应按现行行业标准《承压设备无损检测　第 2 部分：射线检测》NB/T 47013.2—2015 和《承压设备无损检测　第 3 部分：超声检测》NB/T 47013.3—2015 的规定执行，射线探伤不应低于 II 级质量，超声波探伤不应低于 I 级质量。

（9）钢制管件的壁厚应符合设计要求，且不应低于工作钢管的壁厚。尺寸公差及性能应符合国家现行标准《钢制对焊管件　技术规范》GB/T 13401、《钢制对焊管件　类型与参数》GB/T 12459 或《油气输送用钢制感应加热弯管》SY/T 5257 的规定。

（10）钢制管件发泡前应对其表面进行预处理，除锈等级应符合国家标准《涂覆涂料前钢材表面处理 表面清洁度的目视评定　第 1 部分：未涂覆过的钢材表面和全面清除原有涂层后的钢材表面的锈蚀等级和处理等级》GB/T 8923.1—2011 中的 St 2 及以上。

3.4.3.3　外护管

（1）热水管预制保温管道聚乙烯外护管主要性能指标见表 3-10。

聚乙烯外护管主要性能指标　　　　　　　　　　　　　　表 3-10

序号	性能	指标
1	外观质量	外护管应为黑色，其内外表面目测不应有影响其性能的沟槽，不应有气泡、裂纹、凹陷、杂质、颜色不均等缺陷；发泡前，内表面应干净、无污物
2	密度	应大于 940kg/m³，且不应大于 960kg/m³
3	炭黑弥散度	外护管炭黑结块、气泡、空洞或杂质的尺寸不应大于 100μm
4	拉伸屈服强度	不应小于 19MPa
5	断裂伸长率	不应小于 450%
6	纵向回缩率	不应大于 3%
7	耐环境应力开裂	失效时间不应小于 300h
8	长期力学性能	不应小于 2000h，（4MPa，80℃）
9	熔体质量流动速率（MFR）	应为 0.2g/10min～1.4 g/10min（试验条件 5kg，190℃）
10	热稳定性	210℃下的氧化诱导时间不应小于 20min
11	MFR 差值	当外护管需要焊接时，应保证两个待焊接的外护管的 MFR 之差不大于 0.5g/10min

（2）外护管内表面在发泡前必须是干净、干燥，才能保证成品管的三位一体结构，否则组合管的抗剪切强度指标不能达标。而且为了加强三位一体的粘结性能，外护管的内表面会进行工艺处理，以提高外护管与聚氨酯泡沫的粘结性能。

（3）管件的外护管是焊接成型的，现场的保温接头也有焊接式接头。因此待焊接的两个外护管的 MFR 之差必须不大于 0.5g/10min，以保证焊接质量。如果 MFR 相差值很大，直接导致焊接质量下降，即便通过焊接工艺调整可以通过接头的密封检验，但是其寿命和抗拉强度等指标性能会下降。所以在选择保温管接头材料时，如果不是同一个厂家的供货，就必须要把两家的外护管检测报告做比对，以确定 MFR 之差值符合要求。

（4）热稳定性指标在聚乙烯树脂原材料要求里已经提出，但是在制造成外护管后还要再次检验，以确定工艺生产过程没有造成该性能指标的下降。

（5）耐环境应力开裂是外护管的关键指标之一，此项不达标，成品管很容易开裂，更无法耐受恶劣的环境。

（6）新修订的国家标准《高密度聚乙烯外护管硬质聚氨酯泡沫塑料预制直埋保温管及管件》GB/T 29047 中将外护管壁厚减薄，与欧洲标准 EN253 保持一致。外护管外径和壁厚的要求见表 3-11。

外护管外径和壁厚 表 3-11

外径 D_c（mm）	最小壁厚 e_{min}（mm）	外径 D_c（mm）	最小壁厚 e_{min}（mm）
75～180	3.0	760	7.6
200	3.2	800	7.9
225	3.4	850	8.3
250	3.6	900	8.7
280	3.9	960	9.1
315	4.1	1000	9.4
355	4.5	1055	9.8
400	4.8	1100	10.2
450	5.2	1155	10.6
500	5.6	1200	11.0
560	6.0	1400	12.5
600	6.3	1500	13.4
630	6.6	1600	15.0
655	6.6	1700	16.0
710	7.2	1900	20.0

注：可以按设计要求，选用其他外径的外护管，其最小壁厚采用内插法确定。

3.4.3.4 保温层

（1）聚氨酯保温层主要性能见表 3-12。

聚氨酯保温层主要性能 表 3-12

序号	性能	指标要求
1	泡孔尺寸	聚氨酯泡沫塑料应洁净、颜色均匀，且不应有收缩、烧心开裂现象。泡孔应均匀细密，泡孔平均尺寸不应大于 0.5mm
2	密度	≤DN500，不应小于 55kg/m³ ＞DN500，不应小于 60kg/m³
3	径向压缩强度	10％相对变形时，不应小于 0.3MPa
4	吸水率	不应大于 8％
5	闭孔率	不应小于 90％
6	导热系数 λ_{50}	不应大于 0.033［W/(m·K)］（老化前，50℃）

（2）聚氨酯发泡工艺是灌注式生产工艺。

（3）保温层材料应采用环保发泡剂的硬质聚氨酯泡沫塑料。

（4）空洞和气泡：聚氨酯泡沫塑料应均匀地充满工作钢管与外护管间的环形空间。任意保温层截面上空洞和气泡的面积总和占整个截面积的百分比不应大于 5％，且单个空洞的任意方向尺寸不应大于同一位置实际保温层厚度的 1/3。上述指标中，泡孔尺寸、密度、抗压强度是局部体现成品管的承压能力和抗蠕变性能，而吸水率、闭孔率、导热系数、保温层厚度是局部体现成品管的保温性能和预期使用寿命。

（5）保温管的导热数检测采用圆管法，是使用成品管做测试的方法，但此方法测试过程历时长，不便于快速检验，一般都是做型式检验时采用此方法。因此将导热系数指标放在保温层的性能里，泡沫导热系数的测试按照现行国家标准《绝热材料稳态热阻及有关特性的测定 防护热板法》GB/T 10294、《绝热材料稳态热阻及有关特性的测定 热流计法》GB/T 10295、《绝热层稳态传热性质的测定 圆管法》GB/T 10296、《非金属固体材料导热系数的测定 热线法》GB/T 10297 中的任一种方法，以现行国家标准《绝热材料稳态热阻及有关特性的测定 防护热板法》GB/T 10294 作为仲裁检测方法。

（6）对于运行温度超过120℃的保温管应使用改性耐高温的聚氨酯保温材料，其预期寿命和长期耐温性（CCOT）应符合现行国家标准《高密度聚乙烯外护管硬质聚氨酯泡沫塑料预制直埋保温管及管件》GB/T 29047 的有关规定。

3.4.3.5 组合成品管及管件

（1）主要性能见表3-13。

组合成品管及管件主要性能　　　　　　　　　　　　表3-13

序号	性能	指标要求		
1	管端垂直度	保温管管端的外护管宜与聚氨酯泡沫塑料保温层平齐，应与工作钢管的轴线垂直，角度误差应小于2.5°		
2	挤压变形与划痕	其径向变形量不应大于其设计保温层厚度的15%。外护管划痕深度不应大于外护管最小壁厚的10%，且不应大于1mm		
3	预期寿命和长期耐温性	CCOT试验结果，120℃的长期运行温度下的预期寿命应大于或等于30年		
4	剪切强度（老化前/后）	试验温度（℃）	最小轴向剪切强度（MPa）	最小切向剪切强度（MPa）
		23±2	0.12	0.20
		140±2	0.08	—
5	抗冲击性	在−20℃条件下，用3.0kg落锤从2m高处落下对外护管进行冲击，外护管不应有可见裂纹		
6	蠕变	100h下的蠕变量 ΔS100 不应大于2.5mm，30年的蠕变量不应大于20mm		

（2）剪切强度：组合管应为三位一体式结构，即工作钢管（或钢制管件）和外护管通过保温层紧密地粘接在一起，形成的一体式保温管（或保温管件）结构，在23℃±2℃下，最小轴向剪切强度须达到0.12MPa，或最小切向剪切强度达到0.20MPa，这是直埋保温管网的设计基础。

（3）预期寿命与长期耐温性（CCOT）：在正常使用条件下，保温管在120℃的连续运行温度下的预期寿命应大于或等于30年，保温管在115℃的连续运行温度下的预期寿命应至少为50年，在低于115℃的连续运行温度下的预期寿命应高于50年。长期运行温度介于120℃与130℃之间的保温管预期寿命及加速老化试验应符合国家标准《高密度聚乙烯外护管硬质聚氨酯泡沫塑料预制直埋保温管及管件》GB/T 29047—2012 中附录 A.2 的有关规定，且保温管实际长期运行温度应比 CCOT 低10℃。

（4）灌注式保温管保温层密度的分布特点是中间芯密度（标准规定的密度）最低，靠近钢管及外护管的泡沫密度逐渐升高，大于标准规定密度值，此结构使保温管网整体具有更好的抗压能力，有利于提高保温管保温层的抗蠕变性能，提升预期寿命。

（5）组合成品管件的外护层焊缝的焊接质量是产品的薄弱环节，如质量控制不严，容易发生开裂、密封性能不达标的情况，须严格执行现行国家标准《高密度聚乙烯外护管硬质聚氨酯泡沫塑料预制直埋保温管及管件》GB/T 29047 的有关规定。

3.4.4　检测

检测分为出厂检验和型式检验。标准中的检验项目表中规定了标准中各项性能指标需要进行哪类检测及检测判定指标的执行条款。该标准中所有检测方法按现行国家标准《城镇供热预制直埋保温管道技术指标检测方法》GB/T 29046 的有关规定执行。

（1）长期运行温度不大于 120℃ 的保温管预期寿命与加速老化试验及长期运行温度介于 120℃～130℃ 之间的保温管预期寿命及加速老化试验要求按国家标准《高密度聚乙烯外护管硬质聚氨酯泡沫塑料预制直埋保温管及管件》GB/T 29047—2021 附录 A 执行。

（2）保温管件外护管的焊接及过程检验应按国家标准《高密度聚乙烯外护管硬质聚氨酯泡沫塑料预制直埋保温管及管件》GB/T 29047—2021 附录 B 的有关规定执行。

（3）其他检测方法应按照现行国家标准《城镇供热预制直埋保温管道技术指标检测方法》GB/T 29046 的有关规定执行。

（4）保温管及管件生产过程的抽样及型式检验抽样规则按现行国家标准《高密度聚乙烯外护管硬质聚氨酯泡沫塑料预制直埋保温管及管件》GB/T 29047 的有关规定执行。

（5）工程现场的质量抽检应按行业标准《城镇供热管网工程施工及验收规范》CJJ 28—2014 第 7.7.2 条的有关规定执行。

3.4.5　选用要求

（1）符合现行国家标准《高密度聚乙烯外护管硬质聚氨酯泡沫塑料预制直埋保温管及管件》GB/T 29047 要求的产品优先用于直埋，针对架空和管沟敷设的保温管道不完全适用，需适当调整指标要求，如增加 HDPE 耐受紫外线的性能，适当降低外护管壁厚和聚氨酯的密度等。

（2）直埋保温管及管件应采用工厂预制的产品，不得现场保温。

（3）当设计温度超过 120℃ 时，所选用的预制保温管产品应除符合现行国家标准《高密度聚乙烯外护管硬质聚氨酯泡沫塑料预制直埋保温管及管件》GB/T 29047 的要求外，还应按该标准附录 A 做长期连续运行温度（CCOT）耐温性验证。其耐受的 CCOT 温度应比输送介质实际长期运行温度高 10℃，例如管网的运行温度超过了 120℃，所选用的保温管道应进行过 CCOT 最高连续运行温度测试，如果测试结果为："在保证 30 年的预期寿命下，最高运行温度为 140℃"，则该保温管道只能用在最高运行温度 130℃ 的管网上。

（4）对于大口径长输管线，采用环戊烷等导热系数低 [0.029W/(m·K)] 的节能环保的聚氨酯保温材料，与水系导热系数低 [0.033W/(m·K)] 的保温管道相比，在同等设计需求条件下，可以将保温层减薄及外护管外径减小，可以降低整体成本。以 DN1400 保温管网为例，整体成本可降低 5% 左右，具有更好的经济性。

（5）符合现行国家标准《高密度聚乙烯外护管硬质聚氨酯泡沫塑料预制直埋保温管及管件》GB/T 29047 要求的产品不仅适用于直埋热力管道，同样适用于直埋长输油气管线及严寒地区的自来水保温管道。

3.4.6　相关标准

（1）行业标准《城镇供热直埋热水管道技术规程》CJJ/T 81—2013 第 3.1.1 条和第 3.1.3 条及行业标准《城镇供热管网工程施工及验收规范》CJJ 28—2014 中第 5.4.2 条及其条文说明中明确规定：直埋保温管及管件应为工作管、保温层及外护管为一体的工厂预制的产品，且应符合现行国家标准《高密度聚乙烯外护管硬质聚氨酯泡沫塑料预制直埋保温管及管件》GB/T 29047 及现行行业标准《玻璃纤维增强塑料外护层聚氨酯泡沫塑料预制直埋保温管》CJ/T 129 的有关规定。

（2）行业标准《城镇供热直埋热水管道技术规程》CJJ/T 81—2013 第 3.1.2 条：在设计温度下和使用年限内，保温管和管件的保温结构不得损坏，保温管的最小轴向剪切强度不应小于 0.08MPa。

3.4.7　使用、管理及维护

（1）运输应符合下列规定：

1）保温管吊装应采用吊带或其他不伤及保温管、保温管件的方法，严禁用吊钩、钢丝绳直接吊装管端。吊装管道时建议用链条、钢缆连接专用"鸭嘴夹"稳固地套在管道两端裸露钢管（自由端）上。吊装用链条、钢缆应有足够的长度，保证起吊时外护管不会变形及受到损伤，也可以使用平行吊带的方法起吊管道，使用宽一些的吊装带以保证外护管所受到的垂直压力小于 300kPa（聚氨酯保温层可承受的抗压强度标准）。严禁使用一个支点起吊管道，以免管道在起吊过程中失去平衡，造成危险。吊装时应避免保温管道、保温管件与硬物磕碰导致受损或开裂。

2）在装卸过程中严禁碰撞、抛摔或在地面直接拖拉、滚动。

3）长途运输过程中，保温管、保温管件应固定牢靠，不应损伤外护层及保温层。

（2）堆放场地应符合下列规定：

1）保温管、保温管件的贮存应采取防滑落措施，必须保证产品安全和人身安全；

2）地面应平整，且应无碎石等坚硬杂物；

3）地面应有足够的承载能力，并应采取防止发生地面塌陷和保温管倾倒的措施；

4）堆放场地应设排水沟，场地内不应积水；

5）堆放场地应设置管托，保温管不应受雨水浸泡；

6）保温管两端应有管端防护端帽；

7）保温管件在低温露天存放时应使用篷布遮盖，避免昼夜温差过大出现焊缝开裂；保温管和管件在环境温度低于 -20℃ 时，不宜露天存放；

8）在寒冷季节或地区内，避免外护管受到较强的碰撞，如：撞击、震动或大的变形和压力；

9）聚氨酯和聚乙烯外护管为易燃材料，堆放处应远离热源和火源。

（3）施工应符合下列规定：

1）出厂管道及管件应具有产品合格文件。

2）在入库和进入施工现场安装前应进行进场验收，其材质、规格、型号等应符合设计文件和合同的规定。

3）应对到货现场的直埋保温管、保温层进行性能复检，由具备检测资质的第三方检测单位提供复检合格证明。

4）复检项目应包括：聚乙烯外护管的密度、氧化诱导时间、断裂伸长率、纵向回缩率；聚氨酯保温层的密度、导热系数、压缩强度、吸水率、闭孔率、厚度等。

5）在地下水位较高的地区或雨季施工时，应采取防雨、降低水位或排水措施，并应及时清除沟（槽）内积水。

6）如果管道接头采用热缩接头或热收缩接头的形式，则应确保工作钢管焊接前每个接头位置一端的管道上先套上圆形的外护管或热缩套袖，并且在工作钢管焊接之后，套袖可以方便地滑至接头位置。

7）含信号线的管道在下管时应注意：管道上标签应该朝上，并且每个接头位置应该只有一个标签，即所有管道的标签在各管道上的朝向是一致的，这样可以保证每个接头位置，两管上裸铜线信号线和镀锡铜线信号线可以两两相对，不会交叉。

8）保温管断管切割适配

① 断管时，需要将钢管外至少 320mm 的保温层切除。用手锯或电锯把外护管沿整个圆周切除，用电锯时应注意安全。切外护管时应斜切，不要切到范围以外的外护管，以防外壳开裂。钢管表面必须彻底清洁，不得留有泡沫残渣。不能用砂轮切割 PE，当砂轮切割聚乙烯材料时会产生局部高温，使切口处脆化，有豁口的地方容易扩散开裂。

② 在断管清除保温层时，不要压信号线。把信号线周围的保温层去掉，再切断信号线。然后小心地把信号线上的泡沫拉下来。及时清理现场的碎泡沫，放到指定地点。

9）焊接，现场焊接时需有人监护，以免发生火灾。用火焰切割或焊接钢管前，确保操作面周围 1m 内无残余泡沫及杂物，要防止气体火焰接触泡沫，且应采用陶瓷纤维布等耐火材料保护保温管端表面及泡沫。

10）现场应急处理。如果 PE 或泡沫意外燃烧的应急措施如下：

① 施工现场的动火环节应备有灭火器，一旦发生火情，使用灭火器灭火；

② 动火的操作人员配有防火布，使用防火布把火盖住，隔离空气，火自然熄灭；

③ 对于在有限空间里的动火作业，须佩带个人防护用品。

11）回填

回填土中不得含有碎砖、石块、大于 100mm 的冻土块及其他杂物。回填前，直埋管外护层及接头应验收合格，不得有破损。

（4）定期检验要求参照《压力管道定期检验规则—公用管道》TSG D7004 的有关规定执行。

（5）管道检查内容应符合下列规定：

1）定期对管道壁厚检测，尤其是弯头处，确保钢管厚度满足强度和刚度的要求；

2）运行期间，应每天巡视一次管道，非运行期间应每周检查一次，在系统运行初始升温、降温期间及最高供水温度下应加强巡视；

3）管道无泄漏、腐蚀等异常现象；

4）系统停运后，应对管网进行湿保护，避免管道腐蚀；

5）应定期对供热管道进行除锈防腐蚀工作；

6）定期对管道保温的完备性进行专项检查；

7）定期对管道泄漏监测系统的功能性进行专项检查；

8）直埋管道路面无塌陷现象。

3.4.8　主要问题分析

（1）保温层碳化现象

聚氨酯泡沫在高温运行过程中，随温度的提高及运行时间的加长聚氨酯泡沫的颜色会逐渐变深，由浅黄色变成棕红色，再进一步发展成棕褐色，称为高温老化，如图 3-2 所示，这是正常过程。如果泡沫变成了黑色，称为碳化，如图 3-3 所示，这是非正常现象。聚氨酯泡沫的老化及碳化说明见表 3-14。

新泡沫　　　　　未老化　　　　　轻度老化　　　　中度老化　　　　严重老化

图 3-2　聚氨酯泡沫老化过程

图 3-3　聚氨酯泡沫碳化

聚氨酯老化及碳化说明　　　　　　　　　　　　　　　表 3-14

序号	泡沫状态	说明
1	未老化	泡沫的内外颜色没有明显的区别，泡沫的颜色为淡黄色
2	轻度老化	泡沫内表面的颜色为深黄色
3	中度老化	泡沫内表面的颜色已经由深黄色转变成棕红色
4	严重老化	泡沫内表面由棕红色转为棕褐色，而且泡沫内表面未出现龟裂现象、减薄现象
5	碳化	泡沫内表面已经发黑，泡沫表面有龟裂现象，但未出现泡沫减薄
6	严重碳化	泡沫内表面已经发黑，厚度超过 5mm，而且泡沫层的厚度减薄，表面出现大量龟裂现象

注：泡沫内表面是指靠工作管的一面。

聚氨酯泡沫发生碳化主要有以下几种原因：

1）化学原料耐温性能不够：耐温性是预制直埋管道的重要性能，与原材料质量及生产工艺有关，原材料的型式检验需要通过满足 30 年预期寿命的测试，同时产品型式检验数据应达到现行国家标准《高密度聚乙烯外护管硬质聚氨酯泡沫塑料预制直埋保温管及管件》GB/T 29047 的有关要求。目前，CCOT 的实验验证过程是检验聚氨酯保温管耐 120℃以上长期运行温度的唯一手段。

2）管网系统的密封性不好：如果接头密封不好、外护管开裂或管网中直管与管路附件接口部分没有处理好，都可能导致热水管道的保温层碳化。

3）产品的三位一体结构被破坏：三位一体结构非常重要，一般来说在产品制作过程中钢管外表面要进行抛丸处理，外护管内表面要进行电晕极化处理，另外，应选择具有优异粘结力的化学原料，以此来保证三位一体结构。如果产品本身的质量指标没有达到，实际运行的管道受力状态超过了设计的要求等都有可能导致三位一体结构被破坏。

4）管网高温运行：超出保温管道的长期耐受温度，导致保温层碳化。对于运行温度介于120℃～130℃的管网，保温管道应进行 CCOT 耐温性测试，并应保证 CCOT 温度比运行温度高 10℃。

（2）外护管开裂现象

预制直埋管或管件在储运、施工焊接过程中或运行以后出现外护管不规则的裂开，主要原因有高密度聚乙烯原材料使用不当、外护管生产工艺问题或者长时间紫外线照射以及低温下有外力冲击导致外护管受损伤而出现开裂。可通过严控原材料质量，以及增加苫盖遮阳的措施来避免。

（3）工作管腐蚀

1）工作钢管内腐蚀是运行期间管道中水质不符合要求或者停暖期间管道没有防腐保护。可以通过按标准要求提高软化水的水质或者停暖期间采用充水湿保护。

2）工作钢管外腐蚀是由于钢管制造缺陷、外护管破损或接头密封不合格，导致介质水或外界水进入保温层中对钢管造成的腐蚀。出现漏水时，按照标准更换老化受损的保温管及接头。

3.5 硬质聚氨酯喷涂聚乙烯缠绕预制直埋保温管

现行国家标准《硬质聚氨酯喷涂聚乙烯缠绕预制直埋保温管》GB/T 34611 规定了由高密度聚乙烯外护层（以下简称外护层）、硬质聚氨酯泡沫塑料保温层（以下简称保温层）、工作钢管组成的预制直埋保温管（以下简称保温管）及其保温管件的产品结构、要求、试验方法、检验规则及标识、运输与贮存等。

该标准适用于输送介质温度（长期运行温度）不大于120℃，偶然峰值温度不大于140℃的预制直埋保温管的制造与检验。

3.5.1 结构

（1）喷涂缠绕保温管应为工作钢管、硬质聚氨酯泡沫塑料保温层（以下简称保温层）和高密度聚乙烯外护层（以下简称外护层）紧密结合的一体式结构。

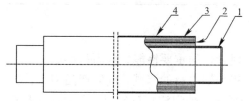

图 3-4 产品结构示意
1—工作钢管；2—报警线；
3—保温层；4—外护层

（2）产品结构示意如图 3-4 所示，硬质聚氨酯喷涂聚乙烯缠绕预制直埋保温管示意如图 3-5 所示。

3.5.2 材料

3.5.2.1 工作钢管

工作钢管材质应符合设计要求，且应符合现行国家标准《输送流体用无缝钢管》GB/T

8163、《低压流体输送用焊接钢管》GB/T 3091 或《石油天然气工业 管线输送系统用钢管》GB/T 9711 的有关规定。钢制管件的性能应符合国家现行标准《钢制对焊管件 技术规范》GB/T 13401、《钢制对焊管件 类型与参数》GB/T 12459 或《油气输送用钢制感应加热弯管》SY/T 5257 的有关规定。

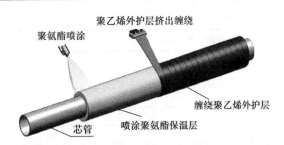

图 3-5　硬质聚氨酯喷涂聚乙烯缠绕预制直埋保温管示意

供热管网常用材质 Q235B，随着长输管网的发展，管线钢逐渐开始使用，近年来国内的大管径及长输管网工程中已选用 L290、L360、Q345B 等管线钢。

3.5.2.2　外护层

（1）外护层原料的主要性能求见本章 3.4.2.2，工艺是 PE 缠绕连续生产工艺。

（2）高密度聚乙烯树脂的长期力学性能应符合表 3-15 的规定，以试样发生脆断失效的时间作为测试时间的判断依据，当 1 个试样在 165h 的测试模式下的脆断失效时间小于 16h 时，应使用 1000h 的参数重新测试。

高密度聚乙烯树脂的长期力学性能		表 3-15
轴向应力（MPa）	最短脆断失效时间（h）	测试温度（℃）
4.6	165	80
4.0	1000	80

3.5.2.3　保温层

保温层是硬质聚氨酯泡沫，要求与本章 3.4.2.3 相同。生产工艺采用喷涂发泡的工艺。

3.5.3　性能要求

3.5.3.1　工作钢管

与本章 3.4.3.1 相同。

3.5.3.2　外护层

（1）外护层要求见表 3-10。

（2）环向热回缩率：外护层任意位置环向热回缩率不应大于 3%，试验后外护层表面不应出现裂纹、空洞、气泡等缺陷。

（3）外护层外径和最小壁厚应符合表 3-16 的规定。外护层任一点的壁厚 e_i 不应小于最小壁厚 $e_{\min}$。

外护层外径和最小壁厚			表 3-16
工作钢管公称直径（DN）（mm）	保温层厚度（mm）	外护层外径（D_c）（mm）	外护层最小壁厚（$e_{\min}$）（mm）
300	30～50	393～433	4.0
350	30～50	445～485	4.0
400	30～60	494～554	4.0
450	30～60	547～607	4.5
500	30～60	598～658	4.5

续表

工作钢管公称直径（DN）（mm）	保温层厚度（mm）	外护层外径（D_c）（mm）	外护层最小壁厚（e_{min}）（mm）
600	30～60	700～760	5.0
700	30～60	790～850	5.0
800	30～60	891～951	5.5
900	30～60	992～1052	6.0
1000	30～60	1093～1153	6.5
1100	30～60	1194～1254	7.0
1200	40～100	1316～1436	8.0
1400	50～120	1538～1678	9.0

注：可按设计要求选用其他外径的外护层，但同直径钢管外护层的最小壁厚应相同。

3.5.3.3 保温层

（1）硬质聚氨酯泡沫塑料保温层主要性能与表 3-12 中 1、4、5 一致。不同之处见表 3-17。

保温层主要性能差别　　　　表 3-17

序号	性能	指标要求	
		灌注式发泡 GB/T 29047	喷涂缠绕 GB/T 34611
1	对发泡剂的要求	应采用环保发泡剂的硬质聚氨酯泡沫塑料	应采用硬质聚氨酯泡沫塑料
2	密度	≤DN500，不应小于 55kg/m³ ＞DN500，不应小于 60kg/m³	保温层任意位置的聚氨酯泡沫塑料密度不应小于 60kg/m³
3	10%相对变形时径向压缩强度	不应小于 0.3MPa	不应小于 0.35MPa

（2）从上述不同之处可以看出，喷涂缠绕工艺因为外护层不是预制的 HDPE 管，因此刚性不足，为保证成品管的性能，对聚氨酯保温层的密度要求和径向压缩强度指标都比灌注式发泡工艺的指标要求高。

（3）喷涂工艺的特点是不会产生大的空洞和气泡，灌注式发泡工艺需要检验的保温层性能包括空洞和气泡这两个指标，在喷涂工艺的产品里就没有要求。

3.5.3.4 组合成品管

（1）组合成品管主要性能见表 3-13。

（2）因生产工艺的特点，成品管还要控制外护层环向收缩率：外护层任意位置同一截面的环向收缩率不应大于 2%。

3.5.4 检测

（1）外护层环向热回缩率检验应按国家标准《硬质聚氨酯喷涂聚乙烯缠绕预制直埋保温管》GB/T 34611—2017 附录 A 的规定执行。

（2）外护层环向收缩率检验应按国家标准《硬质聚氨酯喷涂聚乙烯缠绕预制直埋保温管》GB/T 34611—2017 附录 B 的规定执行。

（3）其他检测与本章 3.4.4 相同。

3.5.5 选用要求

（1）符合现行国家标准《硬质聚氨酯喷涂聚乙烯缠绕预制直埋保温管》GB/T 34611

的产品可用于直埋、架空和管沟敷设的保温管道，但露天架空的必须要增加 HDPE 耐受紫外线的性能，可以适当降低外护管壁厚和聚氨酯的密度等。

（2）符合现行国家标准《硬质聚氨酯喷涂聚乙烯缠绕预制直埋保温管》GB/T 34611 的产品能够在不改变性能要求的前提下，根据设计需求的聚氨酯保温层厚度和聚乙烯外护层厚度进行任意调整，具有生产组织周期短、不需额外模具工装投资等特点，可及时满足设计和工程的需要，降低生产成本 5%～10% 的工程造价，缩短生产和施工周期。

（3）直埋保温管及管件应采用工厂预制的产品，不得现场保温。

（4）当设计温度超过 120℃时，所选用的预制保温管产品应除符合现行国家标准《高密度聚乙烯外护管硬质聚氨酯泡沫塑料预制直埋保温管及管件》GB/T 29047 的要求外，还应按该标准附录 A 做 CCOT（长期连续运行温度）耐温性验证。其耐受的 CCOT 温度应该比输送介质实际长期运行温度高 10℃。例如管网的运行温度超过了 120℃，所选用的保温管道应进行过 CCOT 最高连续运行温度测试，如果测试结果为："在保证 30 年的预期寿命下，最高运行温度为 140℃"，则该保温管道只能用在最高运行温度 130℃的管网上。

（5）对于大口径长输管线，采用环戊烷等导热系数低［0.029W/（m·K）］的节能环保的聚氨酯保温材料，与水系导热系数低［0.033W/（m·K）］的保温管道相比，在同等设计需求条件下，可以将保温层减薄及外护管外径减小，可以降低整体成本。以 DN1400 保温管网为例，整体成本可降低 5% 左右，具有更好的经济性。

3.5.6　相关标准

与本章 3.4.6 相同。

3.5.7　使用、管理及维护

与本章 3.4.7 相同。

3.5.8　主要问题分析

（1）保温层碳化现象

聚氨酯泡沫在高温运行过程中，随温度的提高及运行时间的加长聚氨酯泡沫的颜色会逐渐变深，由浅黄色变成棕红色，再进一步发展成棕褐色，称为高温老化，这是正常过程。如果泡沫变成了黑色，称为碳化，这是非正常现象。聚氨酯泡沫发生碳化主要有以下几种原因：

1）化学原料耐温性能不够：耐温性是预制直埋管道的重要性能，与原材料质量及生产工艺有关，原材料的型式检验需要通过满足 30 年预期寿命的测试，同时产品型式检验数据达到现行国家标准《高密度聚乙烯外护管硬质聚氨酯泡沫塑料预制直埋保温管及管件》GB/T 29047 的有关要求。目前，CCOT 的实验验证过程是检验聚氨酯保温材料耐温性的唯一手段。

2）管网系统的密封性不好：如果接头密封不好、外护管开裂或管网中直管与管路附件接口部分没有处理好，都可能导致热水管道的保温层碳化。

3）产品的三位一体结构被破坏：三位一体结构非常重要，一般来说在产品制作过程中钢管外表面要进行抛丸处理，外护管内表面要进行电晕极化处理，选择合适的化学原料，以此来保证三位一体结构。如果产品本身的质量指标没有达到，实际运行的管道受力状态超过了设计的要求等都有可能导致三位一体结构被破坏。

（2）外护管开裂现象

预制直埋管或管件在储运、施工焊接过程中或运行以后出现外护管不规则的裂开，主要原因有高密度聚乙烯原材料使用不当、外护管生产工艺问题或者长时间紫外线照射以及低温下有外力冲击导致外护管受损伤而出现开裂。可通过严控原材料质量，以及增加苫盖遮阳的措施来避免。

（3）工作管腐蚀

1）工作钢管内腐蚀是运行期间管道中水质不符合要求或者停暖期间管道没有防腐保护。可以通过按标准要求更换运行中的水或者停暖期间采用充水湿保护。

2）工作钢管外腐蚀是管道接头处进水导致。检查保温接头及相邻的保温管，出现漏水时，按照标准更换老化受损的保温管及接头。

3.6　高密度聚乙烯外护管聚氨酯发泡预制直埋保温钢塑复合管

现行国家标准《高密度聚乙烯外护管聚氨酯发泡预制直埋保温钢塑复合管》GB/T 37263规定了由高密度聚乙烯外护管（以下简称外护管）、硬质聚氨酯泡沫塑料保温层（以下简称保温层）、钢塑复合管为工作管组成的预制直埋保温管（以下简称保温管）及其保温管件的产品结构、要求、试验方法、检验规则及标识、运输与贮存等。

该标准适用于输送介质温度（长期运行温度）不大于90℃的预制直埋保温管的制造与检验。

该标准规定的预制保温管的工作管是钢塑复合管。

3.6.1　结构

高密度聚乙烯外护管聚氨酯泡沫塑料预制直埋保温钢塑复合管道是由耐热聚乙烯（PE-RT）和增强钢带复合挤出成型的钢塑复合管为工作管，聚氨酯硬质泡沫塑料为保温层，高密度聚乙烯管为外护管组成的预制直埋保温管。

保温钢塑复合管应为由工作管、保温层和外护管紧密结合的三位一体式结构。保温层内可安装支架和报警线，产品结构示意如图3-6。

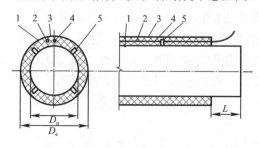

图3-6　产品结构示意

1—工作管；2—保温层；3—外护管；
4—报警线；5—支架；D_n—工作管公称外径；
D_e—外护管公称外径；L—预留端

其工作管为钢骨架塑料复合管，它是以冷轧冲孔钢带焊接的孔网管为增强骨架，以耐热聚乙烯（PERT）为主体材料复合而成，孔网钢管位于复合管道横断面的中间层。耐热聚乙烯透过孔网钢管上的小孔相互包容，将孔网钢管包覆在中间层，工作管结构示意如图3-7。

3.6.2　材料

3.6.2.1　工作管

钢塑复合管的主要原材料如下：

（1）工作管所用聚乙烯应采用耐热聚乙烯，其性能应符合现行国家标准《冷热水用耐热聚乙烯（PE-RT）管道系统　第 1 部分：总则》GB/T 28799.1 的有关规定。

（2）工作管所用增强钢带应采用低碳冷轧钢带或低碳热轧钢带材料。当采用低碳冷轧钢带时，其性能应符合现行行业标准《低碳钢冷轧钢带》YB/T 5059 的规定；当采用低碳热轧钢带时，其性能应符合现行国家标准《碳素结构钢和低合金结构钢热轧钢带》GB/T 3524 的有关规定。增强钢带的抗拉强度不应小于 260MPa。

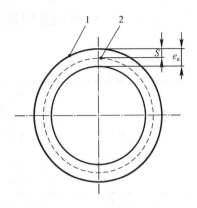

图 3-7　工作管结构示意

1—工作管；2—增强钢带；e_n—工作管壁厚；S—工作管外壁至增强钢带的厚度

3.6.2.2　外护管

与本章 3.4.2.2 相同。

3.6.2.3　保温层

与本章 3.4.2.3 相同。

3.6.3　性能要求

3.6.3.1　工作管

（1）钢塑复合管的公称压力、规格、尺寸及偏差应按照现行国家标准《高密度聚乙烯外护管聚氨酯发泡预制直埋保温钢塑复合管》GB/T 37263 的要求执行，应符合表 3-18 的规定。

工作管的规格、尺寸及偏差保温层差别　　　　　　　　表 3-18

公称外径	公称壁厚	最小 S 值（mm）	公称压力（MPa）
50	6.0	1.5	2.00
63	6.5	1.5	2.00
75	7.0	1.5	2.00
90	8.0	1.5	2.00
110	9.0	1.5	2.00
125	9.0	2.0	1.60
140	9.0	2.0	1.60
160	10.0	2.0	1.60
200	11.0	2.0	1.60
225	11.5	2.0	1.60
250	12.0	2.0	1.60
280	12.5	2.5	1.60
315	13.0	2.5	1.60
355	14.0	2.5	1.25
400	15.0	2.5	1.25
450	15.0	2.5	1.25
500	16.0	2.5	1.25

（2）钢塑复合管的综合性能见表3-19。

钢塑复合管综合性能　　　　　　　　　　　　　　　　表 3-19

项目	指标
外观	1. 可为黑色或白色； 2. 内外表面应光滑平整，允许有不影响使用的表面收缩和流纹，不应有气泡、裂口、分解变色线、明显的杂质及刮痕，管材两端应进行防渗密封处理； 3. 使用的增强钢带在成型前应进行预处理，去除铁锈、轧钢鳞片、油脂、灰尘、漆、水分或其他沾染物，钢带外表面除锈等级应符合国家标准《涂覆涂料前钢材表面处理 表面清洁度的目视评定　第1部分：未涂覆过的钢材表面和全面清除原有涂层后的钢材表面的锈蚀等级和处理等级》GB/T 8923.1—2011 中 Sa 2½ 的规定
不圆度	不应大于 0.02 公称外径
受压开裂稳定性	在受外压径向变形至 50% 时，不应出现裂纹
纵向尺寸回缩率	应小于 0.3%
强度	在公称压力下，不应发生破裂、渗漏和爆破
热稳定性	在工作温度下，不应发生破裂或不渗漏
熔体质量流动速率变化率	熔体流动质量速率变化值不大于 ±0.3g/10min，且变化率不应大于 ±20%
透氧率	不应大于 $0.1g/(d \cdot m^3)$
工作管最小 S 值	符合表 3-3 的规定
工作管的标准长度	6000mm 或 8000mm，长度允许偏差为 ±20mm

（3）工作管的公称压力

工作管公称压力应符合表 3-18 的规定，最高使用温度不应超过 90℃。表 3-18 中，工作管的公称压力是保温钢塑复合管在 20℃时的最大工作压力，当温度变化时，公称压力应按表 3-20 提供的压力折减系数进行校正。

工作管公称压力折减系数　　　　　　　　　　　　　　　表 3-20

温度（℃）	$0<t\leqslant20$	$20<t\leqslant30$	$30<t\leqslant40$	$40<t\leqslant50$	$50<t\leqslant60$	$60<t\leqslant70$	$70<t\leqslant80$	$80<t\leqslant90$
压力折减系数	1.00	0.95	0.90	0.86	0.81	0.76	0.71	0.66

3.6.3.2 外护管

（1）外护管的性能见表 3-10。

不同之处如下：断裂伸长率指标要求不小于 350%。

（2）外护管的规格和壁厚要求按照现行国家标准《高密度聚乙烯外护管聚氨酯发泡预制直埋保温钢塑复合管》GB/T 37263 的要求执行，外护管的规格及尺寸应符合表 3-21 的规定。

外护管的规格及尺寸　　　　　　　　　　　　　　　　　表 3-21

外护管公称外径（mm）	最小壁厚（mm）
75～160	3.0
200	3.2
225	3.5
250	3.9
315	4.9
365～400	6.3

外护管公称外径（mm）	最小壁厚（mm）
420～450	7.0
500	7.8
560～600	8.8
630～660	9.8

注：当选用其他外径的外护管时，其最小壁厚应用内插法确定。

3.6.3.3 保温层

（1）主要性能与表 3-12 中 1、3、4、5 一致。不同之处见表 3-22。

保温层主要性能差别　　　　　　　　　　　表 3-22

序号	性能	指标要求	
		GB/T 29047	GB/T 37263
1	对发泡剂的要求	应采用环保发泡剂的硬质聚氨酯泡沫塑料	应采用硬质聚氨酯泡沫塑料
2	密度	≤DN500，不应小于 55kg/m³ >DN500，不应小于 60kg/m³	保温层任意位置的聚氨酯泡沫塑料密度不应小于 55kg/m³

一般在运行介质温度不超过 90℃ 的管网里，工作管直径超过 500mm 的情况是少数。所以密度要求不应小于 55kg/m³ 是符合实际工况有节约成本的质量要求。

（2）耐热性指标：在进行 100℃，96h 耐热性试验后，硬质聚氨酯泡沫性能应同时满足以下要求：

1）尺寸变化率应小于或等于 3%；

2）质量变化率应小于或等于 2%；

3）强度增长率应大于或等于 5%。

3.6.3.4 保温钢塑复合管

（1）保温钢塑复合管性能应符合表 3-23 的规定：

保温钢塑复合管性能　　　　　　　　　　　表 3-23

性能	指标
轴向剪切强度	保温钢塑复合管工作管与保温层的轴向剪切强度（23℃）应大于或等于 0.090MPa
保温层挤压变形量	保温层的径向变形量应小于保温层厚度的 10%
外护管划痕深度	外护管划痕深度应小于外护管最小壁厚的 10%，且不应大于 1mm
外护管外径增大率	保温管发泡前后，外护管任一位置，同一截面的外径增大率应小于或等于 2%

（2）钢塑复合保温管道的弯曲度、轴线偏心距都应符合现行国家标准《高密度聚乙烯外护管聚氨酯发泡预制直埋保温钢塑复合管》GB/T 37263 的要求，见表 3-24、表 3-25，否则现场施工过程中组管焊接工艺实施困难。

弯曲度　　　　　　　　　　　表 3-24

复合管公称外径（mm）	50～63	75～160	200～500
弯曲度（%）	≤1.5	≤1.0	≤0.5

注：弯曲度指同方向弯曲，不允许呈 S 形弯曲。

轴线偏心距	表 3-25
外护管公称外径 D_e(mm)	最大轴线偏心距（mm）
$75 \leqslant D_e \leqslant 160$	3.0
$160 < D_e \leqslant 450$	4.5
$450 < D_e \leqslant 660$	6.0

3.6.4 检测

（1）工作管按照现行国家标准《高密度聚乙烯外护管聚氨酯发泡预制直埋保温钢塑复合管》GB/T 37263 的要求检验。

（2）外护管按照现行国家标准《高密度聚乙烯外护管硬质聚氨酯泡沫塑料预制直埋保温管及管件》GB/T 29047 和《城镇供热预制直埋保温管道技术指标检测方法》GB/T 29046 的要求检验。

（3）保温层按照现行国家标准《高密度聚乙烯外护管硬质聚氨酯泡沫塑料预制直埋保温管及管件》GB/T 29047 和《城镇供热预制直埋保温管道技术指标检测方法》GB/T 29046 的要求检验。

（4）保温钢塑复合管按照现行国家标准《高密度聚乙烯外护管聚氨酯发泡预制直埋保温钢塑复合管》GB/T 37263 的要求检验。

3.6.5 选用要求

（1）高密度聚乙烯外护管聚氨酯泡沫塑料预制直埋保温钢塑复合管道依照国家标准《高密度聚乙烯外护管聚氨酯发泡预制直埋保温钢塑复合管》GB/T 37263—2018 界定的范围其最高使用温度不能超过 90℃。

（2）保温层厚度计算应按现行国家标准《设备与管道绝热设计导则》GB/T 8175 和《工业设备及管道绝热工程设计规范》GB/T 50264 进行计算。

（3）根据行业标准《城镇供热直埋热水管道技术规程》CJJ/T 81—2013 第 5 章列出的计算方法参照表 3-26 管道的基本参数进行核算，得出相关设计参数（表 3-26）。

钢塑复合管道相关设计参数	表 3-26
参数名称	数值
线膨胀系数	18.6×10^{-6} m（m/℃）
轴向弹性模量	15GPa
管道内壁粗糙度	0.015mm
导热系数	0.4W/(m·K)

（4）根据行业标准《城镇供热管网设计规范》CJJ 34—2010 第 7 章水力计算以及表 3-10 中所列钢塑复合管的管道内壁当量粗糙度进行管道的水力计算，建议塑料类供热管道用海澄威廉的水力计算公式进行水力计算，更贴切实际运行状况。

3.6.6 相关标准

与本章 3.4.6 相同。

3.6.7 使用、管理及维护

(1) 钢塑复合保温管道施工及安装可按行业标准《城镇供热直埋保温塑料管道技术标准》T/CDHA 501—2019 执行。

(2) 高密度聚乙烯外护管聚氨酯泡沫塑料预制直埋保温钢塑复合管埋地敷设时应采取电熔连接，地上敷设时可采取电熔连接或法兰连接，管道出厂要对工作管两端进行封口处理，不要将中间的增强钢带暴露在空气中，同时在现场施工过程中遇到需要断管时都要进行封口处理，以免钢带裸露产生锈蚀。

(3) 工作管道与金属管道或阀门、流量计、压力表等管道配件的连接应采用法兰连接。

(4) 当施工现场与材料存放处或配管处温差较大时，应在安装前将管材、管件运抵现场放置一段时间，使其温度与施工现场环境温度一致；管道在安装过程中，应防止现场油漆、沥青或其他有机物污染管材和管件。

(5) 工作管道电熔焊接安装须核实电熔类型与订购计划是否标识一致，标识不一致不得进行安装；焊接表面（管材、管件的熔接区，电熔内表面）的预处理为去除表面氧化层，使表面暴露新鲜材料；对于不圆度大于 5% 的管材应进行校圆处理；在安装电熔前，应在管段上标出插入深度，对接管段装入长度应一致。

(6) 在工地现场需要截断复合管时，管端会露出增强钢带，为保证管道的使用寿命以及达到整体防腐效果，需要对露出钢带的管端进行密封处理，简称封头。建议采用封口环方式进行封口。采用封口环的热熔面与管材必须充分融合，不允许有裂缝、单边等现象，将封好口的管材，高出管径内表面和外表面多余的塑料车削修整，与管材外表面平齐，内表面的塑料高出 0.5mm～1.5mm，均不能伤及管材加强层，严禁不封口进行管道连接。

(7) 现场施工焊接后，工作管焊口必须裸露进行打压实验，打压合格后才能回填。

3.6.8 主要问题分析

(1) 复合管的钢带裸露问题。出厂前 100% 检验，钢塑复合管若有钢带裸露的情况一般不会出厂。若现场安装发现裸露钢带不可进行安装，须调换；若已经安好的管子出现钢带裸露则用"鞍型"管件进行修补。总之，严禁钢带裸露。

(2) 保温层碳化现象

聚氨酯泡沫在高温运行过程中，随温度的提高及运行时间的加长聚氨酯泡沫的颜色会逐渐变深，由浅黄色变成棕红色，再进一步发展成棕褐色，称为高温老化，这是正常过程。如果泡沫变成了黑色，称为碳化，这是非正常现象。聚氨酯泡沫发生碳化主要有以下几种原因：

1) 化学原料耐温性能不够；耐温性是预制直埋管道的重要性能，与原材料质量及生产工艺有关，原材料的型式检验需要通过满足 30 年预期寿命的测试，同时产品型式检验数据达到现行国家标准《高密度聚乙烯外护管硬质聚氨酯泡沫塑料预制直埋保温管及管件》GB/T 29047 的有关要求。目前，CCOT 的实验验证过程是检验聚氨酯保温材料耐温性的唯一手段。

2) 管网系统的密封性不好：如果接头密封不好、外护管开裂或管网中直管与管路附件接口部分没有处理好，都可能导致热水管道的保温层碳化。

3）产品的三位一体结构被破坏：三位一体结构非常重要，一般来说在产品制作过程中钢管外表面要进行抛丸处理，外护管内表面要进行电晕极化处理，选择合适的化学原料，以此来保证三位一体结构。如果产品本身的质量指标没有达标，实际运行的管道受力状态超过了设计的要求等都有可能导致三位一体结构被破坏。

（3）外护管开裂现象

预制直埋管或管件在储运、施工焊接过程中或运行以后出现外护管不规则的裂开，主要原因有高密度聚乙烯原材料使用不当、外护管生产工艺问题或者长时间紫外线照射以及低温下有外力冲击导致外护管受损伤而出现开裂。可通过严控原材料质量，以及增加苫盖遮阳的措施来避免。

3.7 聚乙烯外护管预制保温复合塑料管

国家标准《聚乙烯外护管预制保温复合塑料管》GB/T 40402—2021 是适用于供热、供冷用的介质温度不超过 75℃ 的预制保温管道产品标准。该标准规定的工作管有 PP-R、β晶型 PP-RCT、PVC-C、PE-RT Ⅱ、PB-H、PE-X 六种类型，但是根据行业标准《城镇供热直埋保温塑料管道技术标准》T/CDHA 501—2019 的规定，只用 PE-RT Ⅱ型和 PB-H型这两种管材做工作管，外护管只用 HDPE 外护管，保温层只用硬质聚氨酯泡沫 RPUR。

该标准中的产品分类及代码见表 3-27，在城镇供热行业用的只是保温复合塑料管，其外护管、保温层、工作管分别是：HDPE、RPUR、PE-RT Ⅱ（或者 PB-H）。

聚乙烯外护管预制保温复合塑料管产品分类及代码　　　　　表 3-27

产品名称	产品代码	按结构分类	按材料分类		
			外护管	保温层	工作管
聚乙烯外护管预制保温复合塑料管	PCPP	保温复合塑料管	HDPE	RPUR	PP-R
					PP-RCT
					PVC-C
					PE-RT Ⅱ
					PB-H
					PE-X
				XPS	PE-RT Ⅱ
		柔性增强保温复合塑料管	LDPE	SRPUR	RPE-RT Ⅱ
			LLDPE		

3.7.1 结构

保温复合塑料管由外护管、保温层、工作管紧密结合而成。外护管为高密度聚乙烯管材，保温层为硬质聚氨酯泡沫塑料，工作管为 PE-RT Ⅱ 或 PB-H 塑料管材。外护管和工作管间可放置支架。保温复合塑料管的结构示意如图 3-8。

3.7.2 材料

工作管的管材和管件宜为同一厂家提供。管材与管件宜采用同一牌号原料制造；管材与管件熔接兼容性应符合要求。与管材连接的橡胶密封圈、胶粘剂、热收缩带、补口材料、塑料阀门等配件宜配套供应。

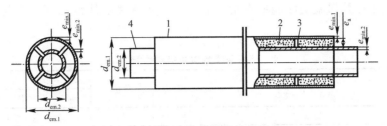

图 3-8　保温复合塑料管结构示意

1—外护管；2—保温层；3—支架；4—工作管

外护管 HDPE 原材料性能指标见表 3-9。

保温层与 3.4.2.3 相同。

3.7.3　性能要求

3.7.3.1　最大允许工作压力

最大允许工作压力见表 3-28。

最大允许工作压力　　　　　　　　　　　　　　　　　表 3-28

保温复合塑料管		最大允许工作压力						
		MPa						
工作管	规格	60℃热水	70℃热水	80℃热水	45℃供暖	60℃供暖	75℃供暖	供冷
PE-RTⅡ	S 3.2/SDR 7.4	1.17	1.11	0.95	1.55	1.32	1.27	2.43
	S 4/SDR 9	0.92	0.88	0.75	1.23	1.05	1.01	1.93
	S 5/SDR 11	0.73	0.7	0.6	0.98	0.83	0.8	1.53
	S 6.3/SDR 13.6	0.58	0.55	0.47	0.77	0.66	0.63	1.21
	S 8/SDR 17	0.46	0.44	—	0.61	0.52	0.5	0.96
PB-H	S 4/SDR 9	1.43	1.26	—	1.84	1.59	1.56	2.74
	S 5/SDR 11	1.14	1	—	1.46	1.26	1.24	2.17
	S 6.3/SDR 13.6	0.9	0.79	—	1.16	1	0.98	1.72
	S 8/SDR 17	0.72	0.63	—	0.92	0.79	0.78	1.37

3.7.3.2　外护管

（1）外护管性能要求见 3.4.3.3。

（2）抗紫外线能力见表 3-29。

抗紫外线能力　　　　　　　　　　　　　　　　　　　表 3-29

性能		单位	指标
抗紫外线	炭黑含量（质量分数）[b]	%	2.5±0.5
	炭黑分散[b]	级	≤3
	自然老化[a,c]（累计 3.5GJ/m²）　柔韧性[d]	—	不破裂
	自然老化[a,c]（累计 3.5GJ/m²）　抗冲击性	—	4 J不破裂

注：a：以管材形式测定；

　　b：仅适用于黑色管材；

　　c：仅适用于非黑色管材；

　　d：适用于外护管公称直径不大于 50mm 的保温复合塑料管。

3.7.3.3 保温层

（1）保温层厚度应符合设计要求。

（2）硬质聚氨酯保温层性能见本指南表 3-12，吸水率、压缩强度、空洞和气泡符合表 3-30 要求。

硬质聚氨酯泡沫塑料性能 表 3-30

性能		单位	指标
			RPUR
吸水率		%	≤10
压缩强度（径向压缩或径向相对形变为10%时的压缩应力）		MPa	≥0.30
空洞、气泡	空洞、气泡百分率	%	≤5
	单个空洞、气泡任意方向尺寸与同一位置保温层厚度比值	—	≤1/3

3.7.3.4 工作管

（1）色泽应均匀一致。管材内外表面应光滑、平整，不应有凹陷、气泡、杂质。工作管端面应切割平整，并应与轴线垂直。

（2）PE-RT II 工作管的规格尺寸应符合表 3-31 的规定。PB-H 工作管的规格尺寸应符合现行国家标准《冷热水用聚丁烯（PB）管道系统 第 2 部分：管材》GB/T 19473.2 的有关规定。

PE-RT II 型工作管规格尺寸 表 3-31

公称外径 d_n(mm)	平均外径（mm）		公称壁厚 e_n(mm)				
	$d_{em,min}$	$d_{em,max}$	S 8 SDR17	S 6.3 SDR13.6	S 5 SDR11	S 4 SDR9	S 3.2 SDR7.4
25	25.0	25.3	—	—	2.3	2.8	3.5
32	32.0	32.3	—	—	2.9	3.6	4.4
40	40.0	40.4	—	—	3.7	4.5	5.5
50	50.0	50.5	—	—	4.6	5.6	6.9
63	63.0	63.6	—	—	5.8	7.1	8.6
75	75.0	75.7	—	—	6.8	8.4	10.3
90	90.0	90.9	5.4	6.7	8.2	10.1	12.3
110	110.0	111.0	6.6	8.1	10.0	12.3	15.1
125	125.0	126.2	7.4	9.2	11.4	14.0	17.1
140	140.0	141.3	8.3	10.3	12.7	15.7	19.2
160	160.0	161.5	9.5	11.8	14.6	17.9	21.9
180	180.0	181.7	10.7	13.3	16.4	20.1	24.6
200	200.0	201.8	11.9	14.7	18.2	22.4	27.4
225	225.0	227.1	13.4	16.6	20.5	25.2	30.8
250	250.0	252.3	14.8	18.4	22.7	27.9	34.2
280	280.0	282.6	16.6	20.6	25.4	31.3	38.3
315	315.0	317.9	18.7	23.2	28.6	35.2	43.1
355	355.0	358.2	21.1	26.1	32.2	39.7	48.5
400	400.0	403.6	23.6	29.5	36.3	44.7	—
450	450.0	454.1	26.5	33.1	40.9	50.3	—

（3）工作管性能应符合表 3-32 的规定。

工作管性能　　　　　　　　　　　　　　　　　　　表 3-32

性能	指标	
	PE-RT Ⅱ	PB-H
灰分（%）	本色：≤0.1 着色：≤0.8	≤2.0
熔融温度 Tpm（℃）	—	—
密度（kg/m³）	≥940	—
氧化诱导时间（min）	≥30	≥15
静液压试验后的氧化诱导时间 （95℃/1000h）（min）	≥24	
颜料分散	≤3 级	≤3 级
	表观等级：A1、A2、A3 或 B	表观等级：A1、A2、A3 或 B
纵向回缩率（%）	≤2	≤2
拉伸屈服应力（MPa）	≥20	—
静液压强度	无破裂 无渗漏	无破裂 无渗漏
静液压状态下的热稳定性	无破裂 无渗漏	无破裂 无渗漏
熔体质量流动速率	与原料测定值之差不应超过 0.3g/10min，且变化率≤20%	变化率≤30%
透氧率（40℃）a	≤0.32［mg/(m²·d)］	≤0.32［mg/(m²·d)］
耐慢速裂纹增长（切口试验）	无破坏 无渗漏	—

注：a：仅适用于带阻隔层的管材。

3.7.3.5　成品保温管

（1）规格尺寸

长度宜为 6m、9m、12m，也可由供需双方商定，长度不应有负偏差。盘管长度由供需双方商定，盘卷的最小内径不应小于 18DN。仅适用于保温复合塑料管。

（2）线性方向密封

聚乙烯外护管预制保温复合塑料管材与管件连接后应进行线性方向密封试验，管材应无渗漏。

（3）轴向剪切强度

在 23℃ 条件下，保温复合塑料管的轴向剪切强度不应小于 0.09MPa，柔性增强保温复合塑料管的轴向剪切强度不应小于 0.12MPa。

（4）环刚度

环刚度不应小于 4kN/m²，且保温层与外护管不应脱层。

（5）蠕变性能

蠕变比率不应大于 5。

3.7.4 检测

相关检测项目的试验方法按行业标准《高密度聚乙烯外护管聚氨酯发泡预制直埋保温复合塑料管》CJ/T 480—2015 及国家标准《聚乙烯外护管预制保温复合塑料管》GB/T 40402—2021 的规定执行。

（1）预制保温塑料管材、管件及配件进入施工现场安装前应进行进场检查，其材质、规格、型号应符合设计文件规定，并应进行外观检查。当对质量存在异议时，应委托第三方进行复检。

（2）管道连接完成后，应检查接头质量。不合格时应返工，返工后应重新检查接头质量。

（3）工作管安装完毕后应进行水压试验，试验前管道工作管连接应完成，且焊接冷却时间或粘结固化时间应达到要求。

（4）管道在水压试验合格，并网运行前应进行冲洗，水质满足要求后，方可并网通水投入运行。

（5）热熔对接连接接头的质量检验应符合下列规定：

1）热熔对接连接完成后，卷边对称性和接头对正性检验数量应为 100％；接头卷边切除检验数量，开挖敷设管道应不少于 15％。

2）卷边对称性检验。沿管道整个圆周内的接口卷边应平滑、均匀、对称，卷边融合线的最低处（A）不应低于管道的外表面（图 3-9）。

3）接头对正性检验。接口两侧紧邻卷边的外圆周上任何一处的错边量（V）不应超过管道壁厚的 10％（图 3-10）。

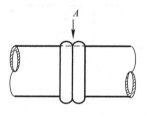

图 3-9 卷边对称性
示意

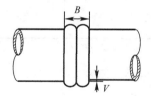

图 3-10 接头对正性示意
B—卷边宽度

4）卷边切除检验。在不损伤对接管道的情况下，应使用专用工具切除接口外部的熔接卷边（图 3-11）。卷边切除检验应符合下列规定：

① 卷边应是实心圆滑的，根部较宽（图 3-12）；

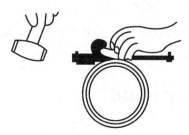

图 3-11 卷边切除示意

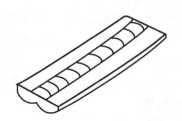

图 3-12 合格实心卷边示意

② 卷边切割面中不应有夹杂物、小孔、扭曲和损坏；

③ 每隔 50mm 应进行一次 180° 的背弯检验（图 3-13），卷边切割面中线附近不应有开裂、裂缝，不得露出熔合线。

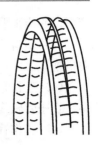

图 3-13　切除卷边背弯试验示意

5）当抽样检验的全部接口合格时，应判定该批接口全部合格。当抽样检验的接口出现不合格情况时，应判定该接口不合格，并应按下列规定加倍抽样检验：

① 每出现一个不合格接口，应加倍抽检该焊工所焊的同一批接口，按该标准的规定进行检验；

② 如第二次抽检仍出现不合格接口时，则应对该焊工所焊的同批接口全部进行检验。

（6）电熔连接接头的质量检验应符合下列规定：

1）电熔管件与管材或插口管件的轴线应对正；

2）管材或插口管件在电熔管件端口处的周边表面应有明显的刮皮痕迹；

3）电熔管件端口的接缝处不应有熔融料溢出；

4）电熔管件内的电阻丝不应被挤出；

5）电熔管件上的观察孔中应能看到指示柱移动或有少量熔融料溢出，溢料不得呈流淌状；

6）每个电熔连接接头均应进行上述检验，出现与上述条款不符合的情况，应判定为不合格。

3.7.5　选用要求

（1）聚乙烯外护管聚氨酯保温复合塑料管的最高使用温度不应超过 80℃。

（2）小区供热管道一般管径较小，因此推荐采用一次性注塑管件。

3.7.6　相关标准

（1）与本章 3.4.6 相同。

（2）《城镇供热直埋保温塑料管道技术标准》T/CDHA 501—2019 第 3.1.2 条和第 3.1.3 条款如下：

"3.1.2 预制保温塑料管的工作管可选用塑料管或钢塑复合管，并应符合下列规定：

1　Ⅱ型耐热聚乙烯（PE-RTⅡ）管材应符合现行国家标准《冷热水用耐热聚乙烯（PE-RT）管道系统　第 2 部分：管材》GB/T 28799.2 的规定；

2　聚丁烯（PB）管材应符合现行国家标准《冷热水用聚丁烯（PB）管道系统　第 2 部分：管材》GB/T 19473.2 的规定；

3　钢塑复合管应符合现行国家标准《高密度聚乙烯外护管聚氨酯发泡预制直埋保温钢塑复合管》GB/T 37263 的规定。

3.1.3　预制保温塑料管的保温层应采用硬质聚氨酯泡沫塑料，外护管应采用高密度聚乙烯，其物理力学性能应符合现行国家标准《高密度聚乙烯外护管硬质聚氨酯泡沫塑料预制直埋保温管及管件》GB/T 29047 的规定。"

3.7.7　使用、管理及维护

（1）塑料管材刚性相对于金属管较低，运输途中平坦放置有利于减少管道局部受压和变形，并应采取管口支撑等方式，减少管口变形。

（2）塑料管道在光、热作用下，容易老化发脆，性能下降，因此需要考虑防晒、防高温措施。

（3）工作管连接时，管材的切割应采用专用切割工具或设备，工作管切割端面应平整并垂直于管轴线。

（4）工作管连接必须根据不同连接形式选用专用的连接工具。严禁采用明火加热。

（5）热熔对接连接的操作应符合下列规定：

1）应根据管材、管件的规格选用适应的机架和夹具；

2）在固定连接件时，应将连接件的连接端伸出夹具，伸出的自由长度不应小于公称外径的 10%；

3）移动夹具应使待连接件的端面接触，并应校直到同一轴线上，错边量不应大于壁厚的 10%；

4）连接部位应擦净，并应保持干燥，待连接件端面应进行铣削，使其与轴线垂直；连续切屑的平均厚度不宜大于 0.2mm，铣削后的熔接面应保持洁净；

5）铣削完成后，移动夹具应使待连接件对接管口闭合；待连接件的错边量不应大于壁厚的 10%，且接口端面对接面最大间隙应符合表 3-33 的规定；

接口端面对接面最大间隙表 表 3-33

管道元件公称外径 d_e(mm)	接口端面对接面最大间隙（mm）
$d_e \leqslant 250$	0.3
$250 < d_e \leqslant 240$	0.5
$400 < d_e \leqslant 450$	1.0

6）待连接件端面加热应符合热熔对接的连接工艺要求；

7）吸热时间达到规定要求后，应迅速撤出加热板，待连接件加热面熔化应均匀，不得有损伤；

8）在规定的时间内使待连接面完全接触，并应保持规定的热熔对接压力；

9）接头冷却应采用自然冷却；在保压冷却期间，不得拆开夹具，不得移动连接件或在连接件上施加任何外力，连接的两端不得相对旋转。

（6）电熔连接的操作应符合下列规定：

1）管材的连接部位应擦净，并应保持干燥；管件应在焊接时再拆除封装袋；

2）当管材的不圆度影响安装时，应采用整圆工具对插入端进行整圆；

3）应测量电熔管件承口长度，并在管材或插口管件的插入端标出插入长度，刮除插入段表皮的氧化层，刮削表皮厚度宜为 0.1mm～0.2mm，并应保持洁净；

4）将管材或插口管件的插入端插入电熔管件承口内至标记位置，同时应对配合尺寸进行检查，避免强力插入；

5）校直待连接的管材和管件，使其在同一轴线上，并应采用专用夹具固定后，方可通电焊接；

6）通电加热焊接的电压或电流、加热时间等焊接参数的设定应符合电熔连接熔接设备和电熔管件的使用要求；

7）接头冷却应采用自然冷却；在冷却期间，不得拆开夹具，不得移动连接件或在连接件上施加任何外力。

（7）法兰盘连接应符合下列规定：

1）两法兰盘上螺孔应对正，法兰密封面应相互平行，螺栓孔与螺栓直径应配套，螺栓规格应一致，螺母应在同一侧，螺栓长度宜伸出螺母（1~3）扣；

2）紧固螺栓时应按对称顺序分别均匀紧固，不得强力组装；

3）法兰盘螺栓在静置 8h~10h 后，应二次紧固法兰密封面，密封件不得有影响密封性能的划痕、凹陷等缺陷，材质应符合输送热水水质的要求。

（8）外护管接头连接完成后，应进行 100% 的气密性检验；气密性试验应符合现行行业标准《城镇供热管网工程施工及验收规范》CJJ 28 要求。

（9）PE-RT Ⅱ 管热熔对接的连接工艺可参照现行国家标准《塑料管材和管件 燃气和给水输配系统用聚乙烯（PE）管材及管件的热熔对接程序》GB/T 32434 的有关规定，熔接温度应为 225℃±10℃；在保证连接质量的前提下，可采用经评定合格的其他热熔对接连接工艺。

（10）金属管端的法兰盘与金属管道的连接应符合现行行业标准《城镇供热管网工程施工及验收规范》CJJ 28 的有关规定。

3.7.8　主要问题分析

（1）由于 PE-RT Ⅱ、PB-H 管道连接主要是采用材料熔融进行连接，熔接条件（温度、时间）是根据施工现场环境调节的，若管材、管件从存放处运到施工现场，其温度高于现场温度时，会导致加热时间过长，反之，加热时间不足，两者都会影响接头质量。当管材、管件存放处与施工现场环境温差较大时，连接前应将管材、管件在施工现场放置一定时间，使其温度接近施工现场环境温度。

（2）保温层碳化现象

聚氨酯泡沫在高温运行过程中，随温度的提高及运行时间的加长聚氨酯泡沫的颜色会逐渐变深，由浅黄色变成棕红色，再进一步发展成棕褐色，称为高温老化，这是正常过程。如果泡沫变成了黑色，称为碳化，这是非正常现象。聚氨酯泡沫发生碳化主要有以下几种原因：

1）化学原料耐温性能不够：耐温性是预制直埋管道的重要性能，与原材料质量及生产工艺有关，原材料的型式检验需要通过满足 30 年预期寿命的测试，同时产品型式检验数据达到现行国家标准《高密度聚乙烯外护管硬质聚氨酯泡沫塑料预制直埋保温管及管件》GB/T 29047 的有关要求。目前，CCOT 的实验验证过程是检验聚氨酯保温材料耐温性的唯一手段。

2）管网系统的密封性不好：如果接头密封不好、外护管开裂或管网中直管与管路附件接口部分没有处理好，都可能导致热水管道的保温层碳化。

3）产品的三位一体结构被破坏：三位一体结构非常重要，一般来说在产品制作过程中钢管外表面要进行抛丸处理，外护管内表面要进行电晕极化处理，选择合适的化学原料，以此来保证三位一体结构。如果产品本身的质量指标没有达标，实际运行的管道受力状态超过了设计的要求等都有可能导致三位一体结构被破坏。

（3）外护管开裂现象

预制直埋管或管件在储运、施工焊接过程中或运行以后出现外护管不规则的裂开，主要原因有高密度聚乙烯原材料使用不当、外护管生产工艺问题或者长时间紫外线照射以及低温下有外力冲击导致外护管受损伤而出现开裂。可通过严控原材料质量，以及增加苫盖遮阳的措施来避免。

3.8 高密度聚乙烯无缝外护管预制直埋保温管件

国家标准《高密度聚乙烯无缝外护管预制直埋保温管件》GB/T 39246—2020 规定了高密度聚乙烯无缝外护管预制直埋保温管件的术语和定义、产品结构、要求、试验方法、检验规则及标识、运输与贮存。适用于输送介质温度（长期运行温度）不高于120℃，峰值温度不高于130℃的高密度聚乙烯无缝外护管预制直埋保温管件的制造与检验。

3.8.1 结构

高密度聚乙烯无缝外护管预制直埋保温管件由钢制管件、保温层和无缝外护管件紧密结合的三位一体式结构，保温层内可设置支架和信号线。产品结构示意如图 3-14所示。

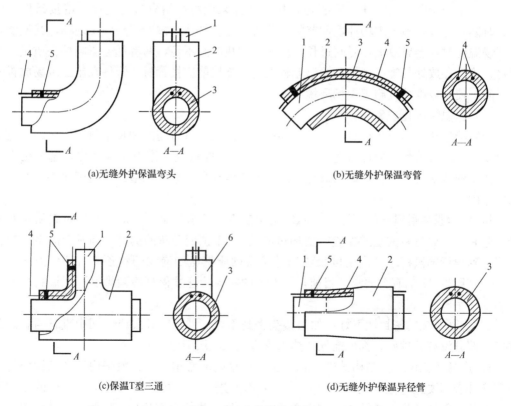

(a)无缝外护保温弯头　　　　　　　(b)无缝外护保温弯管

(c)保温T型三通　　　　　　　(d)无缝外护保温异径管

图 3-14　产品结构示意

1—钢制管件；2—外护管件；3—保温层；4—信号线；5—支架；6—T型三通支管

3.8.2 材料

3.8.2.1 钢制管件
与本章 3.4.2.1 相同。

3.8.2.2 外护管件
主要性能见表 3-9。

3.8.2.3 保温层
保温层应采用环保发泡剂生产的硬质聚氨酯泡沫塑料。与本章 3.4.2.3 相同。

3.8.3 性能要求

3.8.3.1 工作钢制管件
钢制管件与本章 3.4.3.2 相同。

3.8.3.2 外护管件成品
应按现行国家标准《高密度聚乙烯无缝外护管预制直埋保温管件》GB/T 39246 的有关规定执行。

（1）外护管件外观应符合下列规定：

1）外护管件应为黑色，其内外表面目测不应有影响其性能的沟槽，不应有气泡、裂纹、凹陷、杂质、颜色不均等缺陷；

2）弯头、弯管弯曲部分、T 型三通主管及支管过渡段外表不应有褶皱，表面不平整度不应超过弯头与弯管公称壁厚的 25%；

3）外护管件两端应切割平整，并与外护管件轴线垂直，角度误差不应大于 2.5°。

（2）高密度聚乙烯外护管主要性能见表 3-10。

（3）外护管件的尺寸及公差见表 3-34。

外护管件外径和最小壁厚 表 3-34

外护管件外径 D_c（mm）	最小壁厚 e_{min}（mm）
$75 \leqslant D_c \leqslant 160$	3.0
200	3.2
225	3.5
250	3.9
315	4.9
$365 \leqslant D_c \leqslant 400$	6.3
$420 \leqslant D_c \leqslant 450$	7.0
500	7.8
$560 \leqslant D_c \leqslant 600$	8.8
$630 \leqslant D_c \leqslant 655$	9.8
760	11.5
850	12.0
$960 \leqslant D_c \leqslant 1200$	14.0
$1300 \leqslant D_c \leqslant 1400$	15.0
$1500 \leqslant D_c \leqslant 1700$	16.0
1800	17.0
1900	20.0

注：可以按设计要求，选用其他外径的外护管，其最小壁厚应用内插法确定。

（4）T 型三通支管应进行加强焊接，采用电熔焊式带状套筒对 T 型三通聚乙烯外护支管的对接焊缝进行加强焊接，带状套筒宽度应为 50mm，厚度 8mm。

（5）外护管的弯头与弯管弯曲部分椭圆度不应超过 6%。

（6）外护管的弯头与弯管角度偏差应小于 1°。

3.8.3.3 保温层

（1）聚氨酯保温层主要性能见表 3-12。

（2）不同之处是保温层任意位置的硬质聚氨酯泡沫塑料密度不应小于 $60 kg/m^3$，因为管件是管网中相对受力的部位，密度要求不能低。

3.8.3.4 保温管件

（1）保温管件综合性能按照现行国家标准《高密度聚乙烯外护管硬质聚氨酯泡沫塑料预制直埋保温管及管件》GB/T 29047 的规定执行。

（2）保温管件任意位置外护管件轴线与工作钢管轴线间的最大轴线偏心距应符合表 3-35的规定。

最大轴线偏心距　　　　　　　　　　　　　　　表 3-35

保温管件	外护管件外径 D_c（mm）	最大轴线偏心距（mm）
T 型保温三通、异径管	75≤D_c≤160	3
	160<D_c≤400	5
	400<D_c≤630	8
	630<D_c≤800	10
	800<D_c≤1900	14

（3）保温管件主要尺寸允许偏差应符合表 3-36 和图 3-15 的规定。

保温管件主要尺寸允许偏差　　　　　　　　　　表 3-36

工作管公称尺寸 DN（mm）	主要尺寸允许偏差 mm	
	H	L
≤300	±10	±20
>300	±25	±50

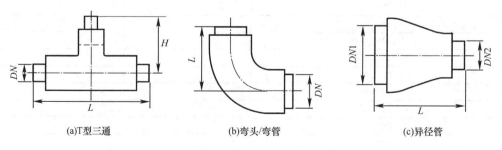

(a)T型三通　　　　(b)弯头/弯管　　　　(c)异径管

图 3-15　保温管件主要尺寸示意

3.8.4　检测

与本章 3.4.4 相同。

3.8.5 选用要求

（1）与本章 3.4.5 相同。

（2）在工厂制作的预制保温管件必须带直管段。

（3）高密度聚乙烯无缝外护管预制直埋保温管件主要包括一定规格尺寸的弯头、弯管、三通和异径管。

（4）因制作工艺难度和成品质量要求，不是所有规格尺寸的预制保温管件都可以制成无缝外护管预制直埋保温管件。可以制成弯头弯管的弯曲半径尺寸见表 3-37，T 型保温三通结构示意如图 3-16 所示，可以制成的 T 型保温三通结构尺寸见表 3-38、表 3-39。

弯头弯管的弯曲半径 表 3-37

公称尺寸 DN(mm)	弯曲角度（°）	弯曲半径 R(mm)
80～150	15～90	$R \geqslant 3DN$
200～1600	15～90	$R \geqslant 1.5DN$
80～1600	1～15	$R \geqslant 1.5DN$

T 型保温三通结构尺寸（1） 表 3-38

主 管[a] (DN/D_c) (mm)	支管[b]（DN/D_c）(mm)							
	65/160	80/180	100/200	125/225	150/250	200/315	250/365	300/450
	L/H(mm)							
200/315	1000/640	1000/640	1000/640	1250/640	1250/640	—	—	—
250/365	1000/670	1000/670	1000/670	1250/670	1250/670	1350/670	—	—
300/450	1000/690	1000/690	1000/690	1250/690	1250/690	1350/690	—	—
350/500	1000/720	1000/720	1000/720	1250/720	1250/720	1350/720	1400/720	—
400/560	1000/740	1000/740	1000/740	1250/740	1250/740	1350/740	1400/740	—
450/600	1000/770	1000/770	1000/770	1250/770	1250/770	1350/770	1400/770	—
500/655	1000/790	1000/790	1000/790	1250/790	1250/790	1350/790	1400/790	—
600/760	1000/850	1000/850	1000/850	1250/850	1250/850	1350/850	1400/850	1450/850
700/850	1000/890	1000/890	1000/890	1250/890	1250/890	1350/890	1400/890	1450/890
800/960	1000/940	1000/940	1000/940	1250/940	1250/940	1350/940	1400/940	1450/940
900/1055	1000/990	1000/990	1000/990	1250/990	1250/990	1350/990	1400/990	1450/990
1000/1155	1000/1040	1000/1040	1000/1040	1250/1040	1250/1040	1350/1040	1400/1040	1450/1040
1200/1370	1000/1140	1000/1140	1000/1140	1250/1140	1250/1140	1350/1140	1400/1140	1450/1140
1400/1600	1000/1240	1000/1240	1000/1240	1250/1240	1250/1240	1350/1240	1400/1240	1450/1240
1600/1860	1000/1340	1000/1340	1000/1340	1250/1340	1250/1340	1350/1340	1400/1340	1450/1340

注：[a] 为 T 型三通钢制管件主管公称尺寸 DN/聚乙烯外护管外径 D_c；

[b] 为 T 型三通钢制管件支管公称尺寸 DN/聚乙烯外护管外径 D_c。

T 型保温三通结构尺寸（2） 表 3-39

主 管[a] (DN/D_c) (mm)	支管[b]（DN/D_c）(mm)							
	350/500	400/560	450/600	500/655	600/760	700/850	800/960	900/1055
	L/H(mm)							
700/850	1500/890	1550/890	—	—	—	—	—	—
800/960	1500/940	1550/940	1600/940	1650/940	—	—	—	—

续表

主管[a] (DN/D_c) (mm)	支管[b] (DN/D_c) (mm)							
	350/500	400/560	450/600	500/655	600/760	700/850	800/960	900/1055
	L/H(mm)							
900/1055	1500/990	1550/990	1600/990	1650/990	1800/990	—	—	—
1000/1155	1500/1040	1550/1040	1600/1040	1650/1040	1800/1040	1900/1040	—	—
1200/1370	1500/1140	1550/1140	1600/1140	1650/1140	1800/1140	1900/1140	2000/1140	—
1400/1600	1500/1240	1550/1240	1600/1240	1650/1240	1800/1240	1900/1240	2000/1240	2100/1240
1600/1860	1500/1340	1550/1340	1600/1340	1650/1340	1800/1340	1900/1340	2000/1340	2100/1340

注：[a]为 T 型三通钢制管件主管公称尺寸 DN/聚乙烯外护管外径 D_c；
　　[b]为 T 型三通钢制管件支管公称尺寸 DN/聚乙烯外护管外径 D_c。

3.8.6　相关标准

与本章 3.4.6 相同。

3.8.7　使用、管理及维护

（1）与本章 3.4.7 相同。

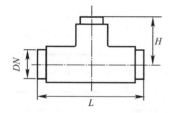

图 3-16　T 型保温三通
结构示意

（2）高密度聚乙烯无缝外护管件可用任何不损伤外护管性能的方法进行标识，标识应能经受住运输、贮存和使用环境的影响。

3.8.8　主要问题分析

（1）高密度聚乙烯无缝外护管件一般采用一次成型工艺制作，由于成品管件的复杂结构使得整个外护管件的壁厚均匀性较难控制。

（2）因为不是所有规格尺寸的预制保温管件都可以制成无缝外护管预制直埋保温管件，所以，高密度聚乙烯外护的焊接工艺仍然是预制直埋保温管件无法回避的问题。必须严格执行现行国家标准《高密度聚乙烯外护管硬质聚氨酯泡沫塑料预制直埋保温管及管件》GB/T 29047 的要求。

（3）无缝外护管件与保温外护管的连接处施工质量会严重影响保温管道的整体安装质量。

（4）保温层碳化现象

聚氨酯泡沫在高温运行过程中，随温度的提高及运行时间的加长聚氨酯泡沫的颜色会逐渐变深，由浅黄色变成棕红色，再进一步发展成棕褐色，称为高温老化，这是正常过程。如果泡沫变成了黑色，称为碳化，这是非正常现象。聚氨酯泡沫发生碳化主要有以下几种原因：

1）化学原料耐温性能不够：耐温性是预制直埋管道的重要性能，与原材料质量及生产工艺有关，原材料的型式检验需要通过满足 30 年预期寿命的测试，同时产成品型式检验数据达到现行国家标准《高密度聚乙烯外护管硬质聚氨酯泡沫塑料预制直埋保温管及管件》GB/T 29047 的有关要求。目前，CCOT 的实验验证过程是检验聚氨酯保温材料耐温性的唯一手段。

2）管网系统的密封性不好：如果接头密封不好、外护管开裂或管网中直管与管路附件接口部分没有处理好，都可能导致热水管道的保温层碳化。

3）产品的三位一体结构被破坏：三位一体结构非常重要，一般来说在产品制作过程中钢管外表面要进行抛丸处理，外护管内表面要进行电晕极化处理，选择合适的化学原料，以此来保证三位一体结构。如果产品本身的质量指标没有达标，实际运行的管道受力状态超过了设计的要求等都有可能导致三位一体结构被破坏。

（5）外护管开裂现象

预制直埋管或管件在储运、施工焊接过程中或运行以后出现外护管不规则的裂开，主要原因有高密度聚乙烯原材料使用不当、外护管生产工艺问题或者长时间紫外线照射以及低温下有外力冲击导致外护管受损伤而出现开裂。可通过严控原材料质量，以及增加苫盖遮阳的措施来避免。

（6）工作管腐蚀

1）工作钢管内腐蚀是运行期间管道中水质不符合要求或者停暖期间管道没有防腐保护。可以通过按标准要求更换运行中的水或者停暖期间采用充水湿保护。

2）工作钢管外腐蚀是管道接头处进水导致。检查保温接头及相邻的保温管，出现漏水时，按照标准更换老化受损的保温管及接头。

3.9　玻璃纤维增强塑料外护层聚氨酯泡沫塑料预制直埋保温管及管件

国家标准《城镇供热　玻璃纤维增强塑料外护层聚氨酯泡沫塑料预制直埋保温管及管件》GB/T 38097—2019 规定了由玻璃纤维增强塑料外护层（以下简称外护层）、硬质聚氨酯泡沫塑料保温层（以下简称保温层）、工作钢管或钢制管件组成的预制直埋保温管（以下简称保温管）及其保温管件和保温接头的产品结构、要求、试验方法、检验规则及标识、运输、贮存等。适用于输送介质连续运行温度（长期运行温度）不高于120℃，偶然峰值温度不高于140℃的预制直埋保温管、保温管件及保温接头的制造与检验。

3.9.1　结构

（1）保温管或保温管件应为工作钢管或钢制管件、保温层和外护层紧密结合的三位一体式结构，保温层内可有支架和报警线。

（2）产品结构如图 3-17。

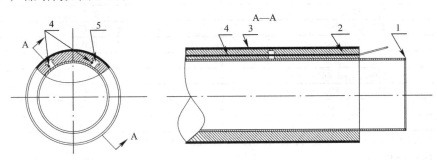

图 3-17　产品结构

1—工作钢管；2—保温层；3—外护层；4—报警线；5—支架

3.9.2 材料

3.9.2.1 工作钢管级钢制管件

与本章 3.4.2.1 相同。

3.9.2.2 外护层

（1）外护层使用温度应控制在 −50℃～50℃。

（2）原材料

1）树脂

应采用不饱和聚酯树脂作为外护层基材，其性能根据管道工况条件及设计要求的不同应分别满足现行国家标准《纤维增强塑料用液体不饱和聚酯树脂》GB/T 8237 中各种类型树脂的规定。

2）增强材料

外护层增强材料宜采用无碱玻璃纤维无捻纱、布，允许采用中碱玻璃纤维无捻纱、布，其性能指标均应符合现行国家标准《玻璃纤维无捻粗纱》GB/T 18369、《玻璃纤维无捻粗纱布》GB/T 18370 的规定。

3.9.2.3 保温层

保温层应采用硬质聚氨酯泡沫塑料，生产工艺应采用模具发泡或喷涂发泡制成。与本章 3.4.2.3 相同。

3.9.3 性能要求

3.9.3.1 工作钢管及钢制管件

与本章 3.4.3.1 工作钢管和 3.4.3.2 钢制管件相同。

3.9.3.2 外护层

（1）外护层成型

保温管的外护层应采用机械湿法缠绕制成。

（2）外护层壁厚

预制保温管、保温管件的最小壁厚应符合表 3-40 的规定。

外护层外径和最小壁厚　　　　　　　　　　　　　　　　　表 3-40

外护层外径（mm）	最小壁厚（e_{min}）（mm）
$D_c \leqslant 117$	2.5
$140 \leqslant D_c \leqslant 194$	3.0
$225 \leqslant D_c \leqslant 400$	3.5
$420 \leqslant D_c \leqslant 560$	4.0
$600 \leqslant D_c \leqslant 760$	4.5
$850 \leqslant D_c \leqslant 960$	5.0
$1055 \leqslant D_c \leqslant 1200$	7.0
$1300 \leqslant D_c \leqslant 1400$	9.0
$D_c \geqslant 1500$	10.0

注：可以按设计要求，选用其他外径的外护层，其最小壁厚应用内插法确定。

（3）外护层性能

1）外观质量

保温管外护层颜色可为不饱和聚酯树脂本色或添加、填充色浆后的颜色。外表面不允许存在漏胶、纤维外露、气泡、层间脱离、显著性皱褶、色调明显不均等情况。

2）密度

外护层的密度为 1800kg/m³～2000kg/m³。

3）拉伸强度

外护层拉伸强度不应小于 150MPa。

4）弯曲强度（或刚度指标）

外护层弯曲强度不应小于 50MPa。

5）巴氏硬度

外护层外表面巴氏硬度不应小于 40。

6）渗水性

外护层整体浸入 0.05MPa 压力水中 1h，应无渗透。

7）长期机械性能

外护层的长期机械性能应符合表 3-41 的规定。

外护层长期机械性能　　　　　　　　表 3-41

拉应力（MPa）	最短破坏时间（h）	试验温度（℃）
20	1500	80

3.9.3.3　保温层

主要性能与表 3-12 中的 1、4、5 一致。保温层性能差异见表 3-42。

保温层性能差异　　　　　　　　　　表 3-42

序号	性能	指标要求	
		灌注式发泡 GB/T 29047	GB/T 38097
1	对发泡剂的要求	应采用环保发泡剂的硬质聚氨酯泡沫塑料	应采用硬质聚氨酯泡沫塑料
2	密度	≤DN500，不应小于 55kg/m³ >DN500，不应小于 60kg/m³	保温层任意位置的聚氨酯泡沫塑料密度不应小于 60kg/m³

从上述不同之处可以看出，国家标准《城镇供热 玻璃纤维增强塑料外护层聚氨酯泡沫塑料预制直埋保温管及管件》GB/T 38097 的聚氨酯发泡工艺是先发泡后做外护层，因此刚性不足，为保证成品管的性能，对聚氨酯保温层的密度要求不小于 60kg/m³。

3.9.3.4　成品保温管及管件

与本章 3.4.3.5 相同。

3.9.3.5　保温接头

（1）保温接头性能

1）保温接头处保温层的材料及性能应符合本章 3.9.2.3 和 3.9.3.3 的规定。

2）保温接头外护层材料及性能应符合本章 3.9.2.2 和 3.9.3.2 的规定。

3）保温接头应能整体承受管道运动时产生的剪切力和弯矩。

4）保温接头应能整体承受由于温度和温度变化带来的影响。

5）耐土壤应力性能：保温接头应进行土壤应力砂箱试验，循环往返 100 次以上应无破坏、无渗漏。

6）接头补口施工完成并固化后外护层粘接剥离强度不应小于 60N/cm，固化完成后应能将管道外护层和接头外护层搭接处密封；搭接处应均匀，不应出现空洞、鼓泡、翘边或局部漏涂等现象。封端盖片及发泡孔盖片应粘结严密。

7）接头补口施工完成并固化后搭接区域试样在室温下的拉剪强度不应低于外护层母材的强度。

8）密封性：保温接头应密封，不得渗水。现场所有的保温接头外护层都应做气密性试验。保温接头的气密性试验应采用空气或其他类气体。试验应在接头冷却到40℃以下后进行。试验压力应为0.02MPa，保压2min后，密封处涂上检验液，不应有气泡产生。

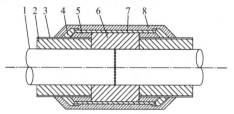

图 3-18 保温接头补口结构示意

1—工作管；2—保温管道保温层；

3—预制保温管外护层；4—边缝密封层；

5—过渡层；6—接头补口处保温层；7—玻璃

钢套袖；8—玻璃纤维增强塑料整体缠绕层

（2）保温接头结构示意如图 3-18 所示

（3）保温接头安装

1）保温接头安装应符合现行行业标准《城镇供热管网工程施工及验收规范》CJJ 28 的规定。

2）接头处的表面清理及外护层制作应符合下列规定：

① 接头处工作钢管表面应进行清理，去除铁锈、轧钢鳞片、油脂、灰尘、漆、水分或其他沾染物；

② 宜采用玻璃纤维增强塑料预制套袖方式补口，接头外护层内表面应干燥无污物，搭接处应清洁、干燥；

③ 将玻璃纤维增强塑料套袖的外表面及其与保温管道管端搭接部位的内表面打毛（搭接长度不小于100mm），在保温管道管端缠绕一定厚度的玻璃纤维增强塑料过渡层，然后把切开的玻璃纤维增强塑料套袖固定在管道的补口部位，套袖搭接部位宜采用下压上方式固定；

④ 两边搭接部位再缠绕一定厚度的边缝密封层，最后整体缠绕一定厚度的玻璃纤维增强塑料，使补口部位玻璃纤维增强塑料的整体厚度达到设计要求。

3）接头处报警线材料及安装技术要求应符合行业标准《城镇供热直埋热水管道泄漏监测系统技术规程》CJJ/T 254—2016 的规定。

4）保温接头在发泡前应进行气密性检验。

5）保温接头发泡应符合下列规定：

① 保温接头应使用机器发泡；

② 接头发泡时应采取排气措施，聚氨酯泡沫塑料应充满整个接头，接头处的保温层与保温管的保温层之间不得产生空隙；

③ 发泡后发泡孔处应有少量泡沫溢出；

④ 发泡后应对外护层开孔处及时进行密封处理。

3.9.4 检测

（1）与本章 3.4.4 相同。

（2）施工现场复检项目还应包括：玻璃纤维增强塑料外护层的密度、拉伸强度、抗弯强度、不透水性、壁厚。

3.9.5 选用要求

（1）与本章 3.4.5 相同。

（2）在选用了玻璃纤维增强塑料外护层聚氨酯泡沫塑料预制直埋保温管时，优先采用喷涂聚氨酯和湿法缠绕玻璃纤维外护层的工艺制造的产品。

3.9.6　相关标准

与本章 3.4.6 相同。

GB/T 8237—2005 纤维增强塑料用液体不饱和聚酯树脂

GB/T 18369—2008 玻璃纤维无捻粗纱

GB/T 18370—2014 玻璃纤维无捻粗纱布

3.9.7　使用、管理及维护

（1）运输、贮存、施工现场的要求与本章 3.4.7 相同。

（2）接头保温应符合下列规定：

1）接头保温发泡应采用专用发泡机械注料；

2）使用聚氨酯发泡时，环境温度宜为 25℃，且不小于 10℃，管道温度不应超过 50℃；

3）施工过程中应对保温管的保温层采取防潮措施，若预制保温层被水浸泡，应清除被浸泡的保温材料方可进行接头保温；

4）接头外护层与其两侧的直管保温外护层的搭接长度不应小于 150mm；

5）外护层与工作管表面应清洁干燥；

6）接头外护层连接完毕且发泡前应进行 100％气密性检验并合格；气密性检验应在接头外护管冷却到 40℃ 以下进行，气密性检验的压力应为 0.02MPa，保压时间不应小于 2min，压力稳定后应采用涂上肥皂水的方法检查，无气泡为合格；

7）管道连接完成后，应按要求进行接头质量检查，不合格的接头必须返工，返工后应重新进行接头质量检查。

（3）现场切割与适配

1）当要切割和适配管子时，需要将钢管外至少 320mm 的保温层切除。用手锯或电锯把外护管沿整个圆周切除，用电锯时应注意安全。切外护层时应斜切。不要切到范围以外的外护层，以防外壳开裂。钢管表面必需彻底清洁，不得留有泡沫残渣。

2）不能用砂轮切割玻纤增强层，当砂轮切割玻纤增强层材料时会产生局部高温，使切口处脆化，有豁口的地方容易扩散开裂。

3）当切割或适配带有信号线的管道时，在清除保温层时，不要压信号线。把信号线周围的保温层去掉，并切断信号线，然后小心地把信号线上的泡沫清除。

3.9.8　主要问题分析

（1）与本章 3.4.8 相同。

（2）现场制作的玻璃钢质量水平低于工厂预制。现场制作玻璃纤维增强外保护层时，质量要与工厂预制的保持一致。但是由于露天的工程现场实际情况，对于在气温等环境条件恶劣的工程现场，保证现场制作的玻璃钢质量需要加强各方面措施以及监督检验。

（3）玻璃钢制品与不同材料的管道部件连接，其可粘结性、密封性、强度需要有工艺验证的型式试验。

3.10 预制直埋蒸汽保温管及管路附件

预制直埋蒸汽保温管相关的产品标准有两项：

国家标准《城镇供热 钢外护管真空复合保温预制直埋管及管件》GB/T 38105—2019、行业标准《城镇供热预制直埋蒸汽保温管及管路附件》CJ/T 246—2018，规定了预制直埋蒸汽管及管件的术语和定义、结构、材料与性能、要求、实验方法、检验规则、标志、运输和贮存。

适用于供热介质工作压力小于或等于 2.5MPa，设计温度小于或等于 350℃的蒸汽或设计温度小于或等于 200℃的热水钢外护真空复合保温预制直埋管及管件。

保温接头应符合国家标准《城镇直埋供热管网保温管道系统接头保温技术条件》GB/T 38585—2020 的有关规定。

3.10.1 结构

蒸汽保温管和管路附件基本结构为工作管—保温层—（空气层/真空层）—外护管（包括防腐层）。

蒸汽保温管分为内滑动保温管和外滑动保温管，外滑动保温管分为抽真空和不抽真空两种形式。蒸汽保温管基本结构示意如图 3-19。

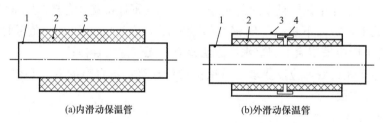

(a)内滑动保温管　　　　　　　　　(b)外滑动保温管

图 3-19 保温管基本结构示意

1—工作管；2—保温层；3—外护管（包括防腐层）；4—支架

抽真空蒸汽保温管是外滑动保温管，其中的空气层经过抽真空而成为真空层。抽真空蒸汽保温管基本结构示意如图 3-20。

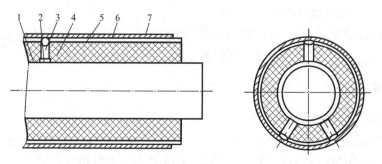

图 3-20 抽真空保温管基本结构示意

1—工作钢管；2—隔热层；3—内置导向支架；

4—保温层；5—真空层；6—钢外护管；7—防腐层

3.10.2　材料

预制直埋蒸汽保温管及管路附件的材料要求见表 3-43。

预制直埋蒸汽保温管及管路附件材料　　　　　　　表 3-43

序号	部位	材料要求	
1	工作管	材质、性能应符合设计要求，并应符合现行国家标准《低中压锅炉用无缝钢管》GB/T 3087 或《输送流体用无缝钢管》GB/T 8163 或《石油天然气工业管线输送系统用钢管》GB/T 9711 的规定	
2	钢制部件	当采用推制时，应符合现行国家标准《钢制对焊管件 类型与参数》GB/T 12459 的规定； 当采用钢板焊制时，应符合现行国家标准《钢制对焊管件 技术规范》GB13401 的规定； 当弯管采用煨制弯管时，应符合现行行业标准《油气输送用钢制感应加热弯管》SY/T 5257 的规定	
3.1	《城镇供热预制直埋蒸汽保温管及管路附件》CJ/T 246—2018 保温层	无机材料	（1）导热系数：平均温度 70℃ 时，其导热系数应小于 0.06W/(m·K)；平均温度 220℃ 时，其导热系数应小于 0.08W/(m·K)； （2）容重应符合设计的要求； （3）质量含水率应符合所采用的保温材料的要求； （4）溶出的 Cl^- 含量不应大于 0.0025%； （5）硬质保温材料抗压强度不应低于 0.4 MPa； （6）硬质保温材料抗折强度不应低于 0.2 MPa
		有机材料	当采用聚氨酯泡沫塑料有机保温材料时，其泡沫结构、泡沫密度、压缩强度、吸水率和导热系数应符合现行国家标准《高密度聚乙烯外护管硬质聚氨酯泡沫塑料预制直埋保温管及管件》GB/T 29047 的规定
3.2	《城镇供热 钢外护管真空复合保温预制直埋管及管件》GB/T 38105—2019 保温层	高温玻璃棉	高温玻璃棉的外观和性能应符合现行国家标准《绝热用玻璃棉及其制品》GB/T 13350 的要求
		气凝胶毡	气凝胶毡的外观和性能应符合现行国家标准《纳米孔气凝胶复合绝热制品》GB/T 34336 的Ⅱ型和Ⅲ型的要求
4	外护管	材质、性能应符合国家现行标准《低压流体输送用焊接钢管》GB/T 3091、《石油天然气工业 管线输送系统用钢管》GB/T 9711、《普通流体输送管道用埋弧焊钢管》SY/T 5037 的规定	
5	防腐层	行业标准《城镇供热预制直埋蒸汽保温管及管路附件》CJ/T 246—2018 中对防腐层没有限定，只是提出了性能要求。 国家标准《城镇供热 钢外护管真空复合保温预制直埋管及管件》GB/T 38105—2019 推荐了防腐层的形式为聚乙烯 3PE、熔结环氧粉末或聚脲防腐，并且给出性能要求	

3.10.3　性能要求

预制直埋蒸汽保温管及管路附件的性能见表 3-44：

预制直埋蒸汽保温管及管路附件主要性能　　　　　表 3-44

项目		性能要求
钢制部件	尺寸公差	当采用推制时，应符合现行国家标准《钢制对焊管件　类型与参数》GB/T 12459 的规定；当采用钢板焊制时，应符合现行国家标准《低压流体输送用焊接钢管》GB13401 的规定；当弯管采用煨制弯管时，应符合现行行业标准《承压设备焊接工艺评定》SY/T 5257 的规定
	焊接	对接焊缝应进行 100% 射线检测，焊缝质量应达到行业标准《承压设备无损检测　第二部分：射线检测》NB/T 47013.2—2015 中Ⅱ级的规定。角焊缝应进行 100% 磁粉检测，焊缝质量应达到行业标准《承压设备无损检测　第 4 部分：磁粉检测》NB/T 47013.4—2015 中Ⅱ级的规定
保温层	耐温性	保温层结构应使保温管在设计条件下运行时，其外表面温度不大于 50℃；复合保温层界面温度不应大于外层保温材料允许使用温度的 0.8 倍；接触工作管的保温材料，其最高使用温度应大于工作介质温度 100℃
	隔热材料耐温性能	固定支座隔热材料的使用温度应大于最高使用介质温度 100℃
防腐层	耐温性能	不应低于 70℃
	抗冲击强度	不应小于 5 J/mm
	划痕深度	不应大于防腐层厚度的 20%
	漏点	防腐层应进行 100% 的漏点检查，不应有漏点
保温管及管路附件	机械性能	1）保温管总体抗压强度不应小于 0.08MPa。在 0.08MPa 荷载下，保温管的结构不应被破坏，工作管相对于外护管应能轴向移动，不应有卡涩现象。 2）保温管无外荷载时的移动推力与加 0.08MPa 荷载时的移动推力之比不应小于 0.8
	热桥隔热性能	保温管及管路附件热桥处应采取隔热措施，在正常运行工况下，保温管及管路附件的外表面温度不应大于 60℃
	保温性能	保温管及管路附件的保温性能应符合设计的要求，当设计无规定时，保温管与管路附件的允许散热损失应符合行业标准《城镇供热预制直埋蒸汽保温管及管路附件》CJ/T 246—2018 表 3 的规定。抽真空形式蒸汽管热损失应符合国家标准《城镇供热　钢外护管真空复合保温预制直埋管及管件》GB/T 38105—2019 中第 6.7.4 条表 2 的规定
真空层	真空层	真空层的厚度宜在 20mm～25mm 之间； 真空度不应大于 2kPa； 参照国家标准《城镇供热　钢外护管真空复合保温预制直埋管及管件》GB/T 38105—2019 附录 B

3.10.4　检测

　　抽真空蒸汽管的性能检测参照国家标准《城镇供热　钢外护管真空复合保温预制直埋管及管件》GB/T 38105—2019 第 6 章和第 7 章的规定。不抽真空蒸汽管的性能检测参照《城镇供热预制直埋蒸汽保温管及管路附件》CJ/T 246—2018 第 6 章、第 7 章的规定。

3.10.5　选用要求

　　（1）直埋蒸汽管道应选用钢外护的蒸汽管道及管路附件。

　　（2）直埋蒸汽管道的钢材钢号应符合表 3-45。

直埋蒸汽管道的钢材钢号　　　　　表 3-45

钢号	蒸汽设计温度（℃）	钢板厚度	推荐适用范围
Q235B	≤300℃	≤20mm	外护管、工作管
20、16Mn、Q345	≤350℃	不限	工作管

（3）当外护管采用无补偿敷设时，宜采用内固定支座。

（4）真空隔断装置、疏水装置、补偿器和阀门宜布置在检查室内。

（5）直埋蒸汽管道应设置排潮管。

（6）当采用工作管弯头做热补偿时，弯头的曲率半径不应小于 1.5 倍的工作管公称直径。

（7）接头的保温结构、保温材料的材质、厚度应与工厂预制的保温管材相同。

（8）阀门宜为无盘根的截止阀或闸阀，当选用蝶阀时，应选用偏心硬质密封蝶阀。所选阀门公称压力应比管道设计压力高一个等级。

（9）抽真空蒸汽管应采用外滑动的形式，保温层与外护管之间需留有抽真空的截面。固定支架结构须满足抽真空要求，应留有空气流通空间。

（10）抽真空蒸汽管网中须设置抽真空隔断及抽真空装置。

3.10.6　相关标准

（1）行业标准《城镇供热管网设计规范》CJJ 34—2010 第 4.1.2 条：同时承担生产工艺热负荷和采暖、通风、空调、生活热水热负荷的城镇供热管网，供热介质应按下列原则确定：

1）当生产工艺热负荷为主要负荷，且必须采用蒸汽供热时，应采用蒸汽作供热介质；

2）当以水为供热介质能够满足生产工艺需要（包括在用户处转换为蒸汽），且技术经济合理时，应采用水作供热介质；

3）当采暖、通风、空调热负荷为主要负荷，生产工艺又必须采用蒸汽供热，经经济技术比较认为合理时，可采用水和蒸汽两种供热介质。

（2）行业标准《城镇供热管网设计规范》CJJ 34—2010 第 5.0.5 条：蒸汽供热管网的蒸汽管道，宜采用单管制。当符合下列情况时，可采用双管或多管制：

1）各用户间所需蒸汽参数相差较大或季节性热负荷占总热负荷比例较大且技术经济合理；

2）热负荷分期增长。

（3）行业标准《城镇供热管网设计规范》CJJ 34—2010 第 7.2.7 条：蒸汽供热管网应根据管线起点压力和用户需要压力确定的允许压力降选择管道直径。

（4）行业标准《城镇供热管网设计规范》CJJ 34—2010 第 8.2.5 条：当蒸汽管道采用直埋敷设时，应采用保温性能良好、防水性能可靠、保护管耐腐蚀的预制保温管直埋敷设，其设计寿命不应低于 25 年。

（5）行业标准《城镇供热管网工程施工及验收规范》CJJ 28—2014 第 5.4.10 条：当管段被水浸泡时，应清除被浸湿的保温材料后方可进行接头保温。

（6）行业标准《城镇供热管网工程施工及验收规范》CJJ 28—2014 第 5.4.11 条：预

制直埋管道现场安装完成后，必须对保温材料裸露处进行密封处理。

（7）行业标准《城镇供热管网工程施工及验收规范》CJJ 28—2014 第 5.4.12 条：预制直埋管道在固定墩结构强度未达到设计要求之前，不得进行预热伸长或试运行。

（8）行业标准《城镇供热管网工程施工及验收规范》CJJ 28—2014 第 5.4.13 条：预制直埋蒸汽管道的安装还应符合下列规定：

1）现场切割时应避开保温管内部支架，且应防止防腐层被损坏；

2）在管道焊接前应检查管道、管路附件的排序以及管道支座种类和排列，并应与设计图纸相符合；

3）按产品的方向标识进行排管后方可进行焊接；

4）在焊接管道接头处的钢外护管时，应在钢外护管焊缝处保温材料层的外表面衬垫耐烧穿的保护材料；

5）焊接完成后应拆除管端的保护支架。

3.10.7 使用、管理及维护

（1）贮运

1）保温管及保温管件管端应安装内、外管相对临时固定装置，以确保长途运输过程中固定牢靠，固定时不应损伤外护管防腐结构及保温结构。

2）为了防止钢外护管防腐层破坏，管道搬运应使用吊车，不得使用叉车，应在管道两端的未防腐管段或者端口进行吊装；当必须在管道防腐管段进行吊装时，应使用吊装带，同时用橡胶板或其他软质材料对防腐层进行保护；运输时管道与车板之间、管道与管道之间应使用橡胶板或其他软质材料作垫层。在装卸过程中，保温管及保温管件不应碰撞、抛摔和拖拉滚动。

3）管道和管件吊装、运输、存放时应注意方向性。

4）管道在工地存放时，和未作接头的外护钢管焊接前，应始终保证管端和接口处的密封防水，必须用防雨布或其他防水材料密封管端和接头处。当管端的工作坑中有积水时，应及时抽干积水，防止雨水或者其他水进入管道保温层中。

（2）施工

1）当钢外护管真空复合保温预制直埋管道敷设在地质状况变化较大的地区时，应对地基做过渡处理。

2）由于钢外护管真空复合保温预制直埋管道通常自重较大、现场切割工艺复杂。因此，施工单位应根据具体工程规模、现场条件和施工图编制合理的施工方案，并按排管图尺寸在工厂进行预制加工，以缩短施工周期。

3）应保证接头的保温材料层与两侧直管段或管件的保温材料层紧密衔接，不应留缝隙。

4）为了防止钢外护管焊接时对保温材料产生破坏，在钢外护管焊缝部位的保温材料层的外表面衬垫耐高温的保护材料。

（3）暖管

1）直埋蒸汽管道冷态启动时应进行暖管。

2）暖管开始时，应关闭疏水器前的阀门，打开疏水旁通阀或启动疏水阀门。

3）暖管时的工作钢管内蒸汽温度宜控制在 150℃以下，暖管时间应以排潮管不排汽而定。

4）在暖管过程中，当排潮管排汽带压且有响声，稳定 24h 后仍未改善时，应停止暖管，分析原因，采取措施处理，经确认后方可重新暖管。

5）在暖管过程中，蒸汽压力应逐步提高至工作压力。

6）在暖管的过程中，当发现疏水系统堵塞，发生"汽水冲击"以及固定支座和设备、设施被破坏等现象，应立即停止暖管，查找原因，处理后方可再行暖管。

7）对于带有抽真空设计的蒸汽管道，暖管后，当排潮管不再排出潮气时，开始抽真空，让绝对压力降至 2kPa 以下。

8）回填前，应对钢外护管的防腐层进行 100％电火花检测，合格后方可回填。

（4）运行维护

1）直埋蒸汽管道运行中应定期检查。当运行参数发生变化或有灾情时，应增加检查次数。主要检查项目应包括井室、疏水装置、排潮管、补偿器、固定墩、弯头、三通、阀门等管路附件及设施。有抽真空的蒸汽管道，还要定期检查真空表的读数，超过 5kPa，就进行真空度维护，重新抽真空至 2kPa 以下；如果运行维护时，真空度始终降不到 2kPa 以下，要排查是否有漏点。

2）直埋蒸汽管道运行应定期检查、记录直埋蒸汽管道外表面温度，保温层层间温度。

3）直埋蒸汽管道检查、维修可按现行行业标准《城镇供热系统运行维护技术规程》CJJ 88 的有关规定执行。

4）直埋蒸汽管道每两年宜对管道腐蚀情况进行评估，当发现腐蚀加快时，应采取技术措施。

5）对于有真空设计的蒸汽管道，管网运行人员应了解管路真空装置的性能和运行参数，熟悉真空装置点的分布情况，有利于及时发现异常工况。

6）管道抽真空需要定期维护，真空系统的设计、实现与维护参照国家标准《城镇供热 钢外护管真空复合保温预制直埋管及管件》GB/T 38105—2019 的附录 B。

（5）停止运行

1）停止运行前，应编制停运方案，并应提前通知用户。

2）停止运行的各项操作，应严格按停运方案和调度指令进行。

3）停止运行后，管道内凝结水温度低于 40℃后，方可打开疏水器旁通阀，排净管道内凝结水，并应将井室内积水及时排除。

4）停止运行期间，应对管道进行养护。当停运的时间超过半年时，应对工作管、外护管采取防护措施。

3.10.8　主要问题分析

（1）温差产生的应力导致管道裂损

由于直埋蒸汽管道的工作温度较高，由温差产生的应力大大超过了管道许用应力的范围。由于工作管没有土壤约束，所以在直埋蒸汽管道系统中，应采用有补偿的敷设方式。

（2）地下水位较高地区管道上浮

蒸汽管道与热水管道相比，自身重量较轻，地下水位较高时，如果没有很好地覆土，有可能将管道上浮起来，使管道产生纵向失稳。在地下水位较高的地区，必须作浮力计算。当不能保证直埋蒸汽管道稳定时，应增加埋设深度或采取相应的技术措施。

（3）阀门破损影响管道整体性能

阀门在高温状况下的安全使用压力会有所降低，所以阀门的压力等级要求提高一个等级。主要是从安全性和可靠性上考虑，直埋蒸汽管道阀门检修维护不方便，有的阀门质量不稳定，使用寿命较短，因此提出选用阀门高一个压力等级，从总体的性价比看是有利的。阀门应进行保温，其外表面温度不得大于60℃，并应做好防水和防腐处理。井室内阀门与管道连接处的管道保温端部应采取防水密封措施。

（4）工作管发生泄漏事故

在内固定支座工作管与外护管间设置柔性波纹隔膜，当工作管发生蒸汽泄漏事故时，隔膜可以有效阻断蒸汽在整个管网中窜流破坏，将泄漏蒸汽控制在两组固定支座之间的管段，并通过排潮管排出，可以快捷排查出事故管段，缩短检修周期。柔性波纹隔膜自身可以吸收工作管与外护管间的热位移差，并承受一定的蒸汽泄漏时产生的外护管压力。但柔性波纹隔膜需要控制自身厚度，避免产生明显"热桥"现象，导致外护管局部外表面温度过高破坏其防腐层。

（5）排潮管冒气

当有工作管泄漏或外界水进入保温层时，排潮管会产生冒气现象，通过测量水质和温度可以判断是内部钢管泄漏还是外护管泄漏。

（6）抽真空出现的故障

带有真空层设计的蒸汽管道，会出现抽真空的故障，主要有以下几个原因：

1）管道和管路附件中有漏点，密封性不够。解决办法：排查漏点。因为这也是未来运行的隐患。

2）蒸汽管道内潮气很大甚至保温层被水浸泡过。解决办法：等暖管后潮气排尽再抽真空。

3）真空段长度不合理。一般情况下一个抽真空段不宜超过300m，太长的抽真空段，真空度很难达到2kPa以下。解决办法：设计时注意区隔，如果设计改变不了的超长段，对真空度的要求可以降低，由设计和甲方协商。

4）管路附件结构设计或制作有缺陷，导致不能形成一个封闭空间。

3.11 直埋供热管道接头

直埋供热管道接头有两类：热水管接头和蒸汽管接头。

国家标准《城镇供热直埋管道接头保温技术条件》GB/T 38585—2020规定了城镇供热直埋保温管道接头保温的术语和定义、分类和适用条件、现场加工、要求、试验方法、检验规则、标志、运输和贮存等。

热水管接头是针对介质温度小于或等于120℃，偶然峰值温度小于或等于140℃的预制直埋热水保温管（以下简称热水管）；

蒸汽管接头是针对介质温度小于或等于350℃的钢外护管预制直埋蒸汽保温管（以下简称蒸汽管）。

　　直埋保温接头的质量对直埋管网至关重要，对管网预期寿命有非常大的影响。国外统计数据显示，管网失效 50％ 以上的原因是保温接头质量问题引起的，在我国这个失效比例更高。直埋管的长度一般是 12m，管网中每隔 12m 就存在一个接头，如果接头质量不合格，地下水进入保温层，热水管会发生聚氨酯保温碳化现象，蒸汽管则出现外护管温度升高等更严重的问题。如果接头质量不过关，可导致整个管网失效，因此保温接头的质量需要引起高度重视。

3.11.1　结构

　　(1) 直埋供热管网保温接头分直埋热水管保温接头和直埋蒸汽管保温接头。结构由外护管（层）和保温材料两部分组成。

　　(2) 直埋保温接头的保温结构应与保温管主体一致。

　　(3) 直埋热水管的接头结构如图 3-21～图 3-23。

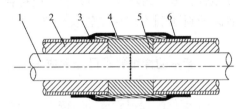

图 3-21　热缩带式接头

1—工作钢管；2—保温层；3—外护管；

4—接头外护层；5—接头处保温层；6—热缩带

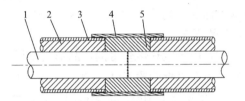

图 3-22　电热熔式接头

1—工作钢管；2—保温层；3—外护管；

4—接头电热熔外护层；5—接头处保温层

　　(4) 直埋蒸汽管的接头结构如图 3-24、图 3-25。

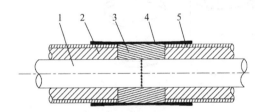

图 3-23　热收缩式接头

1—工作管；2—保温管道保温层；

3—接头处保温层；4—热收缩套袖；5—保温管道外护管

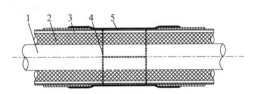

图 3-24　蒸汽管直埋接头

1—工作钢管；2—保温层；3—外护管（包含防腐层）；

4—钢套袖；5—热收缩带防腐层

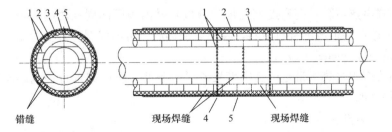

图 3-25　预制直埋内滑动复合保温蒸汽管接头

1—微孔硅酸钙瓦保温层；2—铝箔反射层；3—聚氨酯泡沫保温层；4—钢套袖；5—防腐层

3.11.2 材料

3.11.2.1 热水管接头

(1) 直埋保温接头的材料应与保温管一致，保温层及外护层的材料及性能不应低于主管道材料。

1) 热缩带式接头的外护材料为热缩带，应符合《城镇供热直埋管道接头保温技术条件》GB/T 38585—2020 第 6.1.2.1 条的规定。

2) 电热熔式接头的外护材料为电热熔套带，应符合《城镇供热直埋管道接头保温技术条件》GB/T 38585—2020 第 6.1.2.2 条的规定。

3) 热收缩式接头的外护材料为热收缩式套袖，应符合《城镇供热直埋管道接头保温技术条件》GB/T 38585—2020 第 6.1.2.3 条的规定。

4) 外护层材料是 HDPE。外护层材料外观和性能（炭黑弥散度、炭黑含量、熔体质量流动速率、热稳定性、密度、拉伸屈服强度与断裂伸长率、耐环境应力开裂）应符合现行国家标准《高密度聚乙烯外护管硬质聚氨酯泡沫塑料预制直埋保温管及管件》GB/T 29047 的规定。

(2) 由于电热熔套带的产品形式多样，针对电热熔套带的详细要求已经形成一个产品标准，正在报批阶段。其中的主要内容如下：

1) 保温管道用电热熔套适用于高密度聚乙烯外护层聚氨酯保温管道补口按产品结构分为分体式和一体式。其中分体式电热熔套是由高密度聚乙烯套（板材）与电熔丝网分开的电热熔套结构型式。根据基材结构分为分体式无缝电热熔套和分体式对焊电热熔套（如图 3-26）；

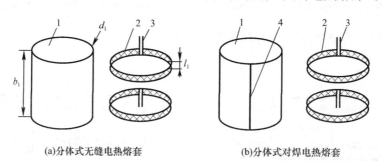

(a)分体式无缝电热熔套　　　　　　(b)分体式对焊电热熔套

图 3-26　分体式电热熔套示意

1—基材；2—电熔丝网；3—外接导线；4—对接焊缝；
b_1—基材宽度；d_1—基材壁厚；l_1—电熔丝网宽度

2) 一体式电热熔套是高密度聚乙烯片（板）材内表面四周（两端）经一定工艺热合内嵌入特种电熔丝网形成的补口材料，经通电加热后，可与保温管外护管熔结为一体形成防水保护的结构件（如图 3-27）；

3) 保温管道用电热熔带是由高密度聚乙烯板条经热合内嵌入特种电熔丝网形成的一种连接结构件（如图 3-28）。

3.11.2.2 蒸汽管接头

蒸汽管接头除保温材料及外护管外，外护防腐材料的性能也应与蒸汽管外护管的防腐材料一致或相匹配。保温材料性能应满足直埋蒸汽管相关标准的规定。

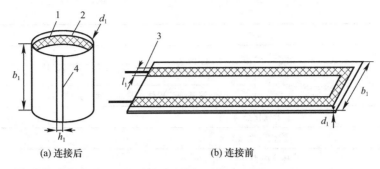

(a) 连接后　　　　　　　　(b) 连接前

图 3-27　一体式电热熔套示意

1—基材；2—电熔丝网；3—外接导线；4—搭接焊缝；

b_1—基材宽度；d_1—基材壁厚；l_1—电熔丝网宽度；h_1—电热熔套搭接宽度

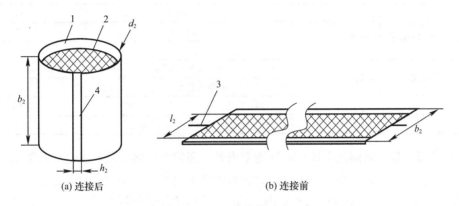

(a) 连接后　　　　　　　　(b) 连接前

图 3-28　电热熔带示意

1—基材；2—电熔丝网；3—外接导线；b_2—基材宽度；d_2—基材壁厚；l_2—电熔丝网宽度；h_2—电热熔带搭接宽度

3.11.3　性能

（1）直埋保温接头的主要性能如下：

1）保温接头的预期寿命和长期耐温性不应低于保温管；

2）保温接头应整体密封防水。

（2）针对热水管道的接头重点要求如下：

1）直埋热水保温接头聚氨酯保温层性能及外护层的性能应符合现行国家标准《高密度聚乙烯外护管硬质聚氨酯泡沫塑料预制直埋保温管及管件》GB/T 29047 的规定。

热缩带的外观及性能应符合《埋地钢质管道聚乙烯防腐层》GB/T 23257 的规定。

电热熔套带基材应按表 3-46 的规定执行：

电热熔套带基材		表 3-46
性能		指标
密度（kg/m³）		≥940
拉伸屈服强度	轴向（MPa）	≥20
	环向（MPa）	≥20
	拉伸屈服强度偏差（%）	≤15

性能		指标
断裂伸长率（%）		≥500
熔体流动速率（190℃，5kg）（g/10min）	电热熔套（带）基材	0.40～1.00
	与保温管外护管熔体质量流动速率差值	≤0.5
维卡软化点（℃）		≥90
脆化温度（℃）		≤-65
耐环境应力开裂（h）		≥1000
电气强度（MV/m）		≥25
氧化诱导时间（220℃）（min）		≥30
体积电阻率（Ω·m）		≥1×10^{13}
耐化学介质腐蚀（浸泡7d），拉伸强度保留率和断裂伸长率保留率（%）	10%HCl	≥85
	10%NaOH	≥85
	10%NaCl	≥85
耐热老化（150℃，168h）	拉伸强度（MPa）	≥14
	断裂伸长率（%）	≥300
长期力学性能（h）	轴向应力4.6MPa，测试温度80℃	≥165
	或轴向应力4.0MPa，测试温度80℃	≥1000

电热熔套（带）除满足上述材料性能要求外，还需在焊接完成后满足下列要求：

电热熔套（带）完成焊接后，焊接面拉剪强度不应低于外护管母材强度，且不应小于19MPa，断裂点应位于熔焊区之外；电热熔套（带）完成焊接后，按EN489的规定，焊接面应能承受温度变化的影响。热冲击（225℃，4h）试验后，应无裂纹、无流淌、无垂滴；电热熔套（带）完成焊接后，焊接面耐热水浸泡（沸水，96h）试验后，应无鼓泡、脱层、开焊等缺陷。

2）为保证接头外护层的密封性，在保温前应做气密性检测，气密性检验的压力应为0.02MPa，保压时间不应小于2min，不漏气为合格。气密性检测除满足本标准要求外，还应满足现行行业标准《城镇供热管网工程施工及验收规范》CJJ 28中的有关规定。接头发泡应在外护层冷却到40℃以下进行，高温下发泡影响密封性能。

3）耐土壤应力性能：直埋热水接头埋地后，随管网运行温度的变化，在土壤中移动，或锚固段中承受土壤的剪切力，所以接头外护需要有足够的强度。保温接头应能整体承受管道移动时产生的轴向力、径向力和弯矩。所以保温接头应进行土壤应力砂箱试验，循环往返100次以上应无破坏。

4）焊缝耐环境应力开裂：电熔焊式接头的焊缝耐环境应力开裂的失效时间不应小于300h。

（3）直埋蒸汽管接头的主要性能指标如下：

1）直埋蒸汽管玻璃棉及纳米孔气凝胶复合绝热制品外观和性能应分别符合现行国家标准《绝热用玻璃棉及其制品》GB/T 13350和《纳米孔气凝胶复合绝热制品》GB/T 34336的规定。其他材料应符合现行行业标准《城镇供热预制直埋蒸汽保温管及管路附件》CJ/T 246的规定。

2）蒸汽管接头外护管防腐材料的性能应与蒸汽管外护管的防腐材料一致或相匹配，且性能应符合现行行业标准《城镇供热预制直埋蒸汽保温管及管路附件》CJ/T 246 的规定。

3）蒸汽管接头保温前应拆除主管道管端用于防止工作管和钢外护管相对位移而设置的临时固定装置。此固定装置用于管道运输过程中，避免内外管钢相对滑动坠落，所以现场接头保温前需拆除。

4）蒸汽管接头的保温材料与两侧直管、管件的保温材料应紧密衔接，不应有缝隙。保温层同层应错缝，内外层应压缝，内外层接缝应错开 100mm～150mm，以免产生热损失及高温损伤外防腐层。

5）蒸汽管接头钢外护管焊缝部位的保温材料外表面应衬垫耐烧穿的保护材料，避免焊渣损伤保温层。蒸汽管接头钢外护管焊接时应对防腐层进行防护，避免焊接高温破坏防腐层。

6）防腐层应进行 100% 的漏点检查，不应有漏点。在回填前把接头处及直管的外防腐层进行漏点检查，发现漏点修补后再回填。

3.11.4　检测

（1）直埋热水保温接头

直埋热水保温接头的检测应按现行国家标准《城镇供热预制直埋保温管道技术指标检测方法》GB/T 29046 的规定执行。热缩带外观和性能试验应按现行国家标准《埋地钢质管道聚乙烯防腐层》GB/T 23257 的规定执行。

施工现场的直埋热水保温接头的气密性检验要等到接头外护的温度降到 40℃以下再实施，因为不管是热缩式接头、热收缩式接头、还是电热熔接头，外护层的搭接区在外护层密封工序刚完成时，都是处于高温状态，还未达到接头产品设计的强度，此时若打压做气密性检验反而给接头外护造成隐患。

（2）直埋蒸汽保温接头

高温玻璃棉外观和性能试验应按现行国家标准《绝热用玻璃棉及其制品》GB/T 13350 的规定执行，溶出的 Cl^- 含量试验应按现行行业标准《城镇供热预制直埋蒸汽保温管及管路附件》CJ/T 246 的规定执行。纳米孔气凝胶复合绝热制品外观和性能试验应按现行国家标准《纳米孔气凝胶复合绝热制品》GB/T 34336 的规定进行检测。其他保温层材料外观和性能试验应按现行行业标准《城镇供热预制直埋蒸汽保温管及管路附件》CJ/T 246 的规定执行。

3.11.5　选用要求

（1）热水管接头

1）热水管接头按种类分为热缩带式接头、电熔焊式接头和热收缩式接头。按结构分为单层密封式接头和双（多）层密封式接头。应根据管网管径、施工现场条件和管网质量要求，选择不同的密封形式。高水位或重点区域如穿越铁路及过河管段采用双重密封的形式，甚至多重密封的形式。另外，选用哪种接头形式与保温管的管径有关，当工作管管径 DN≤DN200 时，应采用热缩带式接头或热收缩式接头；当工作管管径 DN200＜DN＜

DN500 时，宜采用热缩带式接头、热收缩式接头或电熔焊式接头；当工作管管径 DN≥
DN500 时，应采用电熔焊式接头。

2）关于电热熔套带有如下要求：

① 分体无缝电热熔套适用于薄壁小口径，一般为公称直径小于或等于 DN500，壁厚
不大于 6mm 的电热熔套；大口径，厚壁基材目前因施工安装工艺尚不成型，国内只有极
少厂家可以实施；

② 分体有缝适用范围较宽，可用于各种规格尺寸和壁厚的产品，但对纵缝的焊接质
量和焊接技术要求较高，实施难度很大，目前全尺寸使用这种方式补口的厂家也不多；

③ 一体式电热熔套适用于各种规格尺寸和壁厚的产品，并且可以根据直管段是灌注
和缠绕的区别调整基材的厚度与之适应，因此是目前使用最多、最广的一种结构形式；

④ 根据补口处的结构尺寸和直（保温）管的外护管形式、规格合理选择电热熔套
（带）的规格型号及配套尺寸；无论是一体式或分体式，有缝或无缝电热熔套，制作完成
后均应在满足该产品的相关技术要求后方可使用。

（2）蒸汽管接头

蒸汽管接头分为可拉动接头和不可拉动接头。当接头处的钢外护管相对工作管可移动
时，宜采用可拉动接头。此种接头因为只有一个环焊缝，施工快捷。

3.11.6 相关标准

行业标准《城镇供热管网工程施工及验收规范》CJJ 28—2014 如下条款：

第 4.2.11 条：直埋保温管接头处应设置工作坑，工作坑的尺寸应能满足接口安装操作。

第 4.7.5 条：直埋保温管道沟槽回填时还应符合下列规定：

1 回填前，直埋管外护层及接头应验收合格，不得有破损；

2 管道接头工作坑回填可采用水撼砂的方法分层撼实。

第 5.4.9 条：接头保温施工应符合下列规定：

1 现场保温接头使用的原材料在存放过程中应根据材料采取保护措施；

2 接头保温的结构、保温材料的材质及厚度应与直埋管相同；

3 接头保温施工应在工作管强度试验合格、沟内无积水、非雨天的条件下进行，雨、
雪天施工时应采取防护措施；

4 接头的保温层应与相接的直埋管保温层衔接紧密，不得有缝隙。

第 5.4.10 条：当管段被水浸泡时，应清除被浸湿的保温材料后方可进行接头保温。

第 5.4.14 条第 5 款：接头保温应符合下列规定：

1）接头保温的工艺应有合格的检验报告；

2）接头处的钢管表面应干净、干燥；

3）应采用发泡机发泡，发泡后应及时密封发泡孔。

第 5.4.14 条第 6 款：接头外观不应出现过烧、鼓包、翘边、褶皱或层间脱离等缺陷。

第 5.4.15 条：接头外护层安装完成后，必须全部进行气密性检验并应合格。

第 5.4.16 条：气密性检验应在接头外护管冷却到 40℃ 以下进行。气密性检验的压力
应为 0.02MPa，保压时间不应小于 2min，压力稳定后应采用涂上肥皂水的方法检查，无
气泡为合格。

第 7.1.19 条：钢外护直埋管道的接头防腐应在气密性试验合格后进行，防腐层应采用电火花检漏仪检测。

3.11.7　使用、管理及维护

（1）热水管接头

1）产品运输过程中应防晒、防雨。产品应贮存在干燥通风的库房内，并应按品种、规格分别堆放，避免重压，远离火源和腐蚀性介质。不应受烈日照射、雨淋和浸泡，露天存放时应用篷布遮盖。堆放处应远离热源和火源。当环境温度低于−20℃时，不宜露天存放，应放置于库房内。

2）出厂时应符合产品标准的规定，并应具有产品合格证明文件。

3）在入库和进入施工现场安装前应进行进场验收，其材质、规格、型号等应符合设计文件和合同的要求。

4）应对到货现场的成品进行性能复检，由具备产品检测资质（CMA）的第三方检测单位提供复检并出具检测报告作为合格证明。复检项目应包括：规格尺寸、密度、拉伸强度、断裂伸长率、热稳定性、纵向回缩率等。

5）在地下水位较高的地区或雨季施工时，应采取防雨、降低水位或排水措施，并应及时清除沟（槽）内积水。

6）潮气大，雨雪天气或者是地下水位高的现场，不仅要用火烤的方式除去工作管上的潮气，还要用刮刀除去接头端面的聚氨酯泡沫，直到确定看到是干燥的保温层。

7）电熔焊式接头应采用专用可控温塑料焊接设备。

8）机器发泡优先。机器发泡的原料配比及输出量比较精确，接头处保温层质量更有保证，且不会出现因为原料反应速度太快接头处发不满的情况。大管径保温接头发泡设备的输出量应能满足大管径保温接头发泡原料用量的需要。发泡前应对设备进行发泡测试，在确认完泡沫质量、发泡反应参数、发泡设备输出量及配比都正常的情况下方可进行接头保温现场加工。

有条件的现场，严格执行机器发泡；没有条件的现场可以手工发泡。但是不管用哪种方式发泡，必须看到泡沫从发泡孔和排气孔里溢出，否则就意味着内部有空洞或气孔。

（2）蒸汽管接头

1）蒸汽管在运输过程中，为防止工作管与外护钢管之间有相对位移滑落造成安全事故，主管道管端设置临时固定装置，在做接头保温前应将其拆除。

2）蒸汽管接头保温施工过程中，应将保温材料与两侧直管或管件的保温材料紧密衔接，不应有缝隙。保温层同层应错缝，内外层应压缝，内外层接缝应错开 100mm～150mm。

3）蒸汽管接头钢外护管焊接前，为防焊缝部位的保温材料外表面被掉下来的焊渣烧坏，保温材料表面应衬垫耐烧穿的保护材料。

4）钢外护管焊接时应对外护钢管的防腐层进行防护，以免损伤防腐层。

5）接头施工中，排水防潮工作是关键。蒸汽管道的保温层与工作钢管和外护管之间都有空气层，这就需要尽可能排潮，否则运行温度一旦提高，外护管的温度受内部潮气层的导热而升高，一旦超过外防腐层的耐受温度，外防腐层失效。

3.11.8　主要问题分析

（1）接头上发泡孔和排气孔的密封不合格；接头的发泡孔和排气孔的密封方式，不管是用热熔封堵头还是用密封片，它们是否与 HDPE 外护层完全融合是靠工艺要求和施工工人的经验。因此保温接头施工的安装工人必须经过严格的技术培训，而且通过实操考核才能上岗。而此密封的检验只能依靠质检员的目测经验，主要方法是：接头完全降到环境温度后观察，密封片是否有翘边，或者用手很容易掀起来；或者热熔堵头的挤出料是否均匀。

（2）接头制作不合格。

1）没有按标准要求进行工艺验证及型式检验，导致质量不稳定，接头漏水。

2）通过工艺验证，型式检验合格，但接头施工未按规定操作，导致外护层的严密性不合格。

3）原材料质量有瑕疵，如外护层收缩带施工质量不合格或热熔套袖焊接质量没有达到要求。

（3）现场没有严格进行气密性检测，出现接头质量问题没有及时返修处理。

（4）为监测接头及管道的密封性能，提高保温接头的施工质量，可在保温管及接头中安装泄漏监测系统，泄漏监测系统应符合行业标准《城镇供热直埋热水管道泄漏监测系统技术规程》CJJ/T 254 的规定。泄漏监测系统可在保温接头施工过程中监测保温接头的密封性，如不合格，可及时返修，避免管沟回填或管网运行后再开挖。

（5）接头外护管与直管外护管的熔体流动速率相差超过 0.5g/10min，影响焊接质量。

（6）接头发泡未发满，影响外护层密封质量。

（7）应注意根据不同的保温外护管形式，生产与之配套使用的一体式电热熔套，考虑基材壁厚、幅宽、搭接尺寸、电熔丝网幅宽、网孔尺寸、边框宽度等因素的影响，从原材料选择和产品制作加工入手对电热熔套接头补口质量进行全面控制。

（8）应注意电热熔套基材，电熔丝网和电热熔套制品整体质量综合技术要求的提出以及试验评定方法的制定；现场施工安装时专用工装设备的研发，尤其是现场焊接、装卡、试压等便携式设备。

第 4 章　阀门

4.1　概述

4.1.1　供热阀门类型

阀门是在供热系统中，用来控制流体的方向、压力、流量的装置，是使配管和设备内的介质（热水、蒸汽）流动或停止，并能控制其流量的装置。用于供热系统的阀门，从最简单的关断阀到复杂的具备自控功能的阀门，其品种和规格繁多。

4.1.1.1　按作用和用途

（1）关断阀

这类阀门是起开闭作用的。常设于冷、热源进、出口，设备进、出口，管路分支线（包括立管）上，也可用作放水阀和放气阀。常见的关断阀有闸阀、截止阀、球阀和蝶阀等。

1）闸阀是指启闭件（阀板）由阀杆带动，沿阀座（密封面）作升降运动的阀门，可接通或截断流体的通道。闸阀较截止阀密封性能好，流体阻力小，启闭省力，具有一定的调节性能，公称直径跨度大，是最常用的关断阀之一。按闸阀阀杆上螺纹位置分为明杆式和暗杆式两类；按闸板的结构特点又可分为楔式和平行式两类。

2）截止阀是指启闭件（阀瓣）由阀杆带动沿阀座（密封面）轴线作升降运动的阀门。与闸阀相比，其结构简单，制造维修方便，价格便宜，密封性能差，流体阻力较大，最大公称直径为 DN200，是一种常用的关断阀，一般用于中、小口径的管道。按介质流向分直通式、直角式和直流式三种，有明杆和暗杆之分。

3）球阀是指启闭件（球体）由阀杆带动并绕阀杆的轴线做旋转运动的阀门。球阀的结构简单，开关迅速，操作方便，体积小，重量轻，零部件少，流体阻力小，密封性好，维修方便，关闭较严密。

4）蝶阀是指启闭件（蝶板）由阀杆带动并绕阀杆的轴线做旋转运动的阀门。蝶阀体积小、重量轻、结构简单，只由少数几个零件组成，而且只需旋转 90°即可快速启闭，操作简单。弹性密封蝶阀，密封圈可以镶嵌在阀体上或附在蝶板周边，密封性能好；金属密封蝶阀，能适应于较高的工作温度。

（2）止回阀

止回阀是指启闭件（阀瓣）借助介质作用力，自动阻止介质逆流的阀门。这类阀门用于防止介质倒流，利用流体自身的动能自行开启，反向流动时自动关闭。常设于水泵的出口、疏水器出口以及其他不允许流体反向流动的地方。止回阀分旋启式、升降式和蝶式三种，其中对夹式止回阀可多位安装、体积小、重量轻、结构紧凑。

（3）调节阀

调节阀（控制阀）是指通过启闭件（阀瓣）改变流通截面积，以调节流量、压力或温度的阀门。调节阀可以按照信号的方向和大小，改变阀瓣行程来改变阀门的阻力数，从而达到调节介质参数的目的。调节阀分手动调节阀和自动调节阀，而手动或自动调节阀又分许多种类，其调节性能也是不同的。自动调节阀有电动调节阀、自力式流量调节阀、自力式压差调节阀、减压阀等。

（4）安全阀

安全阀是指当介质压力超过规定值时，启闭件（阀瓣）自动开启排放介质，低于规定值时，启闭件（阀瓣）自动关闭，对管道或设备起保护作用的阀门。按结构形式分为弹簧式安全阀和杠杆式安全阀；按阀瓣开启高度分为微启式安全阀和全启式安全阀。

（5）特殊用途阀门

特殊用途阀门包括放气阀、放水阀等。放气阀是管道系统中必不可少的辅助元件，往往安装在制高点或弯头等处，排除管道中多余气体，提高管道路使用效率及降低能耗。放水阀安装在管道和设备低位处，用以在维修时排除系统内的热水。

4.1.1.2　按主要参数分类

（1）按公称压力

1）低压阀：指公称压力小于或等于 PN16 的阀门；

2）中压阀：指公称压力为 PN25～PN100 的阀门。

（2）按工作温度

1）常温阀：用于介质工作温度 $-29℃<t<120℃$ 的阀门；

2）中温阀：用于介质工作温度 $120℃≤t≤425℃$ 的阀门；

3）高温阀：用于介质工作温度 $t>425℃$ 的阀门。

4.1.1.3　按驱动方式分类

（1）手动阀：借助手轮、手柄等由人力操作的阀门；

（2）电动阀：由电动、电磁或其他电气装置操作的阀门；

（3）自力阀：工作时不依靠外部动力操作的阀门。

4.1.1.4　按公称通径分类

（1）小通径阀门：公称通径小于或等于 DN40 的阀门；

（2）中通径阀门：公称通径为 DN50～DN300 的阀门；

（3）大通径阀门：公称通径为 DN350～DN1200 的阀门；

（4）特大通径阀门：公称通径大于或等于 DN1400 的阀门。

4.1.1.5　按结构特征分类

阀门的结构特征是根据关闭件相对于阀座移动的方向可分为：

（1）截门形：关闭件沿着阀座中心移动，如截止阀；

（2）旋塞和球形：关闭件是柱塞或球，围绕本身的中心线旋转，如旋塞阀、球阀；

（3）闸门形：关闭件沿着垂直阀座中心移动，如闸阀等；

（4）旋启形：关闭件围绕阀座外的轴旋转，如旋启式止回阀等；

（5）蝶形：关闭件的圆盘，围绕阀座内的轴旋转，如蝶阀、蝶形止回阀等；

（6）滑阀形：关闭件在垂直于通道的方向滑动。

4.1.1.6　按连接方法分类

（1）螺纹连接阀：阀体带有内螺纹或外螺纹，与管道螺纹连接；

（2）法兰连接阀：阀体带有法兰，与管道法兰连接；

（3）焊接连接阀：阀体带有焊接坡口，与管道焊接连接；

（4）对夹连接阀：用螺栓直接将阀门及两端管道法兰穿夹在一起的连接形式。

4.1.1.7 按阀体材料

（1）金属材料阀门：其阀体等零件由金属材料制成，如铸铁阀、铸钢阀、合金钢阀、铜合金阀等；

（2）非金属材料阀门：其阀体等零件由非金属材料制成，如塑料阀等。

4.1.2 阀门标准

4.1.2.1 基础标准

GB/T 1047—2019　　管道元件 DN（公称尺寸）的定义和选用

GB/T 1048—2019　　管道元件 PN（公称压力）的定义和选用

GB/T 12220—2015　　工业阀门 标志

GB/T 12221—2005　　金属阀门 结构长度

GB/T 12224—2015　　钢制阀门 一般要求

GB/T 12241—2005　　安全阀 一般要求

GB/T 21465—2008　　阀门 术语

GB 26640—2011　　阀门壳体最小壁厚尺寸要求规范

GB/T 32808—2016　　阀门 型号编制方法

JB/T 106—2004　　阀门的标志和涂漆

4.1.2.2 材料标准

GB/T 12228—2006　　通用阀门 碳素钢锻件技术条件

GB/T 12229—2005　　通用阀门 碳素钢铸件技术条件

GB/T 12230—2016　　通用阀门 不锈钢铸件技术条件

4.1.2.3 试验与检验标准

GB/T 12245—2006　　减压阀 性能试验方法

GB/T 13927—2008　　工业阀门 压力试验

GB/T 22652—2019　　阀门密封面堆焊工艺评定

GB/T 26480—2011　　阀门的检验和试验

GB/T 30832—2014　　阀门 流量系数和流阻系数试验方法

JB/T 6439—2008　　阀门受压件磁粉检测

JB/T 6440—2008　　阀门受压铸钢件射线照相检测

JB/T 6902—2008　　阀门液体渗透检测

JB/T 6903—2008　　阀门锻钢件超声波检测

JB/T 8858—2004　　闸阀 静压寿命试验规程

JB/T 8859—2004　　截止阀 静压寿命试验规程

JB/T 8861—2004　　球阀 静压寿命试验规程

JB/T 8863—2004　　蝶阀 静压寿命试验规程

4.1.2.4 常规阀门产品标准

GB/T 12235—2007 石油、石化及相关工业用钢制截止阀和升降式止回阀

GB/T 12236—2008 石油、化工及相关工业用的钢制旋启式止回阀

GB/T 12237—2007 石油、石化及相关工业用的钢制球阀

GB/T 12238—2008 法兰和对夹连接弹性密封蝶阀

GB/T 12243—2005 弹簧直接载荷式安全阀

GB/T 12244—2006 减压阀 一般要求

GB/T 12246—2006 先导式减压阀

GB/T 28778—2012 先导式安全阀

JB/T 5299—2013 液控止回蝶阀

JB/T 8937—2010 对夹式止回阀

4.1.2.5 供热专用阀门产品标准

GB/T 35842—2018 城镇供热预制直埋保温阀门技术要求

GB/T 37827—2019 城镇供热用焊接球阀

GB/T 37828—2019 城镇供热用双向金属硬密封蝶阀

CJ/T 25—2018 供热用手动流量调节阀

CJ/T 179—2018 自力式流量控制阀

4.1.2.6 工程标准

CJJ 28—2014 城镇供热管网工程施工及验收规范

CJJ 34—2010 城镇供热管网设计规范

CJJ 88—2014 城镇供热系统运行维护技术规程

CJJ/T 81—2013 城镇供热直埋热水管道技术规程

CJJ/T 104—2014 城镇供热直埋蒸汽管道技术规程

4.1.3 阀门应用现状

阀门是国民经济各部门不可缺少的流体控制装置之一，使用量大、涉及面广、品种复杂，其质量的好坏、技术水平的高低都直接关系到各使用部门的安全生产、经济效益和长久发展。

（1）随着供热行业的快速发展，阀门行业也得到了快速发展，生产厂家迅速增加，生产水平有了较大提高，阀门产量大幅度增加，阀门市场的成套率、成套水平和成套能力都有了较大的提高。借助地区优势和国内外大型企业的投资，逐步形成了完整的阀门制造生产产业链。生产产业链的形成有利于阀门行业进行生产、质量、成本等控制，使我国阀门行业朝着专业化、规模化、精品化的健康方向发展。

（2）在供热行业阀门生产和研发的技术支持上，国内阀门并不比国外阀门落后，相反很多的产品在技术和创新上已经可以和国际企业相媲美。国内阀门行业的发展正在往高端现代化的方向前行。

（3）供热行业的阀门产品将逐渐趋于大型化、高参数化、高性能、自动化、节能化，成套比率大幅提高，因而对阀门的开发设计提出了更高的要求，促使阀门的发展更加注重产品可靠性和安全性等性能指标。

（4）当前阀门企业在分析借鉴国外先进技术的同时，应大力培养自己的技术力量，增

加研发力度，改造制约提高质量的制造装备和试验检测手段，同时兼顾新材料、新技术、新工艺在阀门上的应用，开发出高技术、高附加值、具有自主知识产权的新产品。

4.2　焊接球阀

4.2.1　结构

（1）球阀可分为浮动式和固定式，其中固定式又分为椭圆形固定式、筒形固定式和球形固定式。

（2）浮动式、椭圆形固定式、筒形固定式、球形固定式球阀的典型结构示意分别如图 4-1～图 4-4。

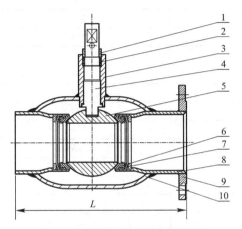

图 4-1　浮动式球阀典型结构示意
1—压盖；2—阀杆密封件；3—阀盖；4—阀杆；
5—球体；6—阀座；7—弹簧；8—阀管；9—法兰；
10——阀体；L—球阀结构长度

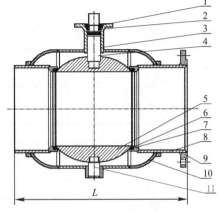

图 4-2　椭圆形固定式球阀典型结构示意
1—压盖；2—阀杆密封件；3—阀盖；4—阀杆；
5—球体；6—阀座；7—弹簧；8—阀管；9—法兰；
10—阀体；11—下阀杆；L—球阀结构长度

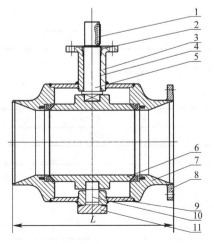

图 4-3　筒形固定式球阀典型结构示意
1—平键；2—压盖；3—阀盖；4—阀杆密封件；
5—阀杆；6—球体；7—边阀体；8—法兰；9—阀体；
10—下阀杆；11—底盖；L—球阀结构长度

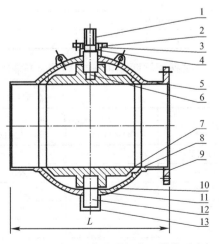

图 4-4　球形固定式球阀典型结构示意
1—平键；2—连接盘；3—压盖；4—阀杆密封件；5—阀座；
6—阀杆；7—球体；8—阀座支撑圈；9—法兰；10—副阀体；
11—阀体；12—下阀杆；13—底盖；14—阀管；L—球阀结构长度

（3）球阀按阀门内流道内径尺寸分为球阀缩径球阀和全径球阀。最小通道直径见表 4-1。

球阀最小通道直径　　　　　　　　　　　　　　　　表 4-1

公称尺寸（mm）	最小通道直径（mm）	
	缩径球阀	全径球阀
DN15	9.5	13
DN20	13	19
DN25	19	25
DN32	25	32
DN40	32	38
DN50	38	49
DN65	49	62
DN80	62	74
DN100	74	100
DN125	100	125
DN150	125	150
DN200	150	201
DN250	201	252
DN300	252	303
DN350	303	334
DN400	334	385
DN450	385	436
DN500	436	487
DN600	487	589
DN700	589	684
DN800	684	779
DN900	779	874
DN1000	874	976
DN1200	976	1166
DN1400	1166	1360
DN1600	1458	1556

（4）球阀阀体两端可配置袖管。球阀结构长度和袖管尺寸见表 4-2。

球阀结构长度和袖管尺寸　　　　　　　　　　　　　表 4-2

公称尺寸（mm）	结构长度（mm）		袖管尺寸（mm）		
	缩径球阀	全径球阀	长度	外径	壁厚
DN15	—	230	—	—	—
DN20	230	260	—	—	—
DN25	260	260	—	—	—
DN32	260	300	—	—	—
DN40	300	300	—	—	—
DN50	300	300	—	—	—
DN65	300	300	—	—	—
DN80	300	325	—	—	—

续表

公称尺寸（mm）	结构长度（mm）		袖管尺寸（mm）		
	缩径球阀	全径球阀	长度	外径	壁厚
DN100	325	350	300	108	4.0
DN125	350	390	300	133	4.5
DN150	390	520	300	159	4.5
DN200	520	635	300	219	6.0
DN250	635	689	300	273	6.0
DN300	689	762	300	325	7.0
DN350	762	838	400	377	7.0
DN400	838	915	400	426	7.0
DN450	915	991	400	478	7.0
DN500	991	1143	400	529	8.0
DN600	1143	1380	400	630	9.0
DN700	1380	1524	500	720	11.0
DN800	1524	1727	500	820	12.0
DN900	1727	1900	500	920	13.0
DN1000	1900	2000	500	1020	14.0
DN1200	2100	2430	500	1220	16.0
DN1400	2430	2680	500	1420	19.0
DN1600	2680	2950	500	1620	21.0

4.2.2 材料

球阀主要零件的材料见表 4-3。

球阀主要零件材料 表 4-3

零件名称	材料名称	材料牌号	执行标准
阀体	碳素钢管	20	GB/T 8163
	碳素钢板	Q345R	GB 713、GB/T 3274
	碳钢锻件	A105	NB/T 47008
	不锈钢管件	06Cr19Ni10	GB/T 14976
	不锈钢板材	06Cr19Ni10	GB/T 4237
球体	不锈钢锻件	06Cr19Ni10	NB/T 47010
	不锈钢钢板	06Cr19Ni10	GB/T 4237
阀杆	不锈钢棒材	20Cr13	GB/T 1220
	不锈钢锻件	06Cr19Ni10	NB/T 47010
	合金结构钢	42CrMo	GB/T 3077
阀座密封圈	聚四氟乙烯	R-PTFE	QB/T 3625、QB/T 4041
	氟橡胶（O 型圈）	—	GB/T 30308

4.2.3 性能要求

4.2.3.1 连接端

（1）当连接端采用焊接连接时，阀体两端焊接的坡口尺寸应与连接的管道尺寸配合。

93

（2）当连接端采用法兰连接时，公称压力小于或等于 PN16 的端部法兰可采用板式平焊钢制管法兰；公称压力大于 PN16 的端部法兰应采用对焊法兰。

（3）公称尺寸小于或等于 DN50 的球阀可采用螺纹连接。

4.2.3.2　阀体

（1）阀体应采用整体锻造制作、模压加工成型的钢管或板材卷制，或采用无缝钢管制作。

（2）公称尺寸大于或等于 DN200 的球阀宜设置吊耳。

4.2.3.3　球体

（1）球体可采用空心球或实心球，球体在 1.5 倍公称压力下，不应产生永久变形。

（2）阀杆与球体的连接面应能承受不小于 2 倍的球阀最大开关扭矩。

（3）球体通道应为圆形。球阀全开时，球体通道与阀体通道应在同一轴线上。

4.2.3.4　阀座

（1）球阀应为双向密封。

（2）阀座应具有补偿功能，可采用碟簧、螺旋弹簧或其他补偿结构。

4.2.3.5　阀杆

（1）阀杆应具有防吹脱结构，阀体与阀杆的配合在介质压力作用下，拆开填料压盖、阀杆密封件内的挡圈时，阀杆不应脱出阀体。

（2）阀杆应有外保护措施，外部物质不应进入阀杆密封处。

（3）阀杆及阀杆与球体的连接处应有足够的强度，在使用各类执行机构直接操作时，不应产生永久变形或损伤。阀杆应能承受不小于 2 倍的球阀最大开关扭矩。

（4）阀杆应采用耐腐蚀材料或防锈措施，使用中不应出现锈蚀现象。

4.2.3.6　阀杆密封

（1）阀杆密封件可采用 O 型橡胶圈密封或填料密封。

（2）当采用填料密封结构时，在不拆卸球阀任何零件的情况下，应能调节填料密封力。

4.2.3.7　驱动装置

（1）大于或等于 DN200 的球阀应采用传动箱驱动，小于或等于 DN150 的球阀可采用手柄驱动。

（2）除齿轮或其他动力操作机构外，球阀应配置尺寸合适的扳手操作，球阀在开启状态下扳手的方向应与球体通道平行。

（3）球阀应有全开和全关的限位结构。

（4）扳手或传动箱应安装牢固，并应在需要时可方便拆卸和更换。拆卸和更换扳手或手轮时，不应影响球阀的密封。

（5）当有要求时，应提供锁定装置，并应设计为全开或全关的位置。

4.2.3.8　焊接质量

（1）阀体采用板材卷制的对接纵向焊缝应进行 100% 射线或超声检测。

（2）阀体上的对接环向焊缝应进行 100% 超声无损检测。

（3）阀体与袖管、阀体与阀座之间环向焊缝的环向焊缝处应进行 100% 渗透无损检测。

4.2.3.9　轴向力及弯矩

阀体在承受轴向压缩力、轴向拉伸力和弯矩时，变形量不应影响球阀的操作和密封性能。轴向力及弯矩见表 4-4。

轴向力及弯矩　　　　　　　　　　　表 4-4

公称尺寸 DN(mm)	钢管外径 D_0(mm)	钢管壁厚 δ/mm	轴向力		弯矩[d,e,g](N·m)
			压缩力[a,b,c,g](kN)	拉伸力[f,g](kN)	
DN15	21	3.0	42	28	214
DN20	27	3.0	56	37	390
DN25	34	3.0	72	48	664
DN32	42	3.0	91	60	1066
DN40	48	3.5	121	80	1617
DN50	60	3.5	154	102	2642
DN65	76	4.0	224	149	4929
DN80	89	4.0	264	175	6920
DN100	108	4.0	324	215	10437
DN125	133	4.5	450	298	17981
DN150	159	4.5	541	359	26132
DN200	219	6.0	994	659	66281
DN250	273	6.0	1483	792	100425
DN300	325	7.0	2060	1101	120937
DN350	377	7.0	2397	1281	141449
DN400	426	7.0	2715	1451	161961
DN450	478	7.0	3052	1631	182473
DN500	529	8.0	3858	2062	202985
DN600	630	9.0	5173	2765	223497
DN700	720	11.0	7219	3858	406537
DN800	820	12.0	8975	4796	656410
DN900	920	13.0	10914	5832	1005815
DN1000	1020	14.0	13036	6967	1477985
DN1200	1220	16.0	17831	9529	2895609
DN1400	1420	19.0	24638	12607	5417659
DN1600	1620	21.0	31080	15903	8902324

注：

[a] 按供热运行温度 130℃、安装温度 10℃计算。

[b] 公称尺寸大于或等于 DN250 时，采用 Q235B 钢，弹性模量 E=198000MPa、线膨胀系数 α=0.0000124m/m·℃；公称尺寸小于或等于 DN200 时，采用 20 钢，弹性模量 E=181000MPa、线膨胀系数 α=0.0000114m/m·℃。

[c] 最不利工况按管道泄压时的工况计算轴向压缩力。

[d] 当公称尺寸小于或等于 DN250 时，弯矩值取圆形横截面全塑性状态下的弯矩。全塑性弯矩为最大弹性弯矩的 1.3 倍，依据最大弹性弯曲应力计算得出最大弹性弯矩。计算所用应力为屈服应力。

[e] 当公称尺寸大于或等于 DN600 时，弯矩值为管沟及管道的下沉差异（100mm/15m）形成的弯矩；当公称尺寸介于 DN250 和 DN600 之间时，弯矩值介于 DN250 和 DN600 的弯矩值之间，随着规格的增大采用等值递增的方式取值。

[f] 拉伸应力取 0.67 倍的屈服极限。公称尺寸大于或等于 DN250 时，采用 Q235B 钢，当 δ 小于或等于 16mm 时，拉伸应力 $[\sigma]L$=157MPa，当 δ 大于 16mm 时，拉伸应力 $[\sigma]L$=151MPa；公称尺寸小于或等于 DN200 时，采用 20 钢，拉伸应力 $[\sigma]L$=164MPa。

[g] 当工作管道的材质、壁厚和温度发生变化时，应重新进行校核计算。

4.2.3.10 密封性

球阀密封性能应符合国家标准《工业阀门 压力试验》GB/T 13927—2008 的规定，密封等级应符合表 4-5 的规定。

球阀密封等级　　　　　　　　　　　　　　　　　　　　　　　　　　表 4-5

球阀公称尺寸	≤DN250	DN300～DN500	≥DN600
球阀密封等级	A 级	≥B 级	≥C 级

4.2.3.11 操作力

在最大工作压差下，球阀的操作力不应大于 360N。

4.2.4 检测

每台阀门出厂前应进行以下项目的检验，出厂时应附合格证和检验报告：

(1) 外观；

(2) 焊接质量；

(3) 阀体壁厚；

(4) 壳体和球体强度；

(5) 密封性；

(6) 操作力。

球阀产品的型式检验，除上述项目外，还包括材料、轴向力及弯矩。

4.2.5 选用要求

(1) 焊接球阀适用于公称尺寸小于或等于 DN1600、公称压力小于或等于 PN25、使用温度为 0℃～180℃，使用介质为水。

(2) 供热管网的管道与阀门宜采用焊接连接；厂站内的阀门可采用法兰连接；放气阀可采用螺纹连接。

(3) 当供热系统补水能力有限，需控制管道充水流量时，管道阀门应装设口径较小的旁通阀作为控制阀门。当输送干线分段阀门需要延长关闭时间时，宜采用主阀并联旁通阀的方法，主阀和旁通阀应连锁控制，旁通阀必须在开启状态主阀方可进行关闭操作，主阀关闭后旁通阀才可关闭。

(4) 直埋热水管道应校核阀门承受的管道轴向荷载和弯矩。

(5) 地下敷设管道阀门应设置在检查室内。阀门直埋敷设时驱动装置应采取保护措施。中高支架敷设管道阀门处应设操作平台。架空敷设管道阀门应有防止无关人员操作的防护措施。

4.2.6 相关标准

(1) 行业标准《城镇供热管网设计规范》CJJ 34—2010 第 8.3.3 条：热力网管道的连接应采用焊接，管道与设备、阀门等连接宜采用焊接；当设备、阀门等需要拆卸时，应采用法兰连接；公称直径小于或等于 25mm 的放气阀，可采用螺纹连接，但连接放气阀的管道应采用厚壁管。

（2）行业标准《城镇供热管网设计规范》CJJ 34—2010第8.3.4条：

1）室外采暖计算温度低于-10℃地区露天敷设的热水管道设备附件不得采用灰铸铁制品；

2）室外采暖计算温度-30℃地区露天敷设的热水管道，应采用钢质阀门及附件。

（3）行业标准《城镇供热管网设计规范》CJJ 34—2010第8.5.1条：热力网干线、支干线、支线的起点应安装关断阀门。

（4）行业标准《城镇供热管网设计规范》CJJ 34—2010第8.5.2条：热水热力网干线应装设分段阀门。输送干线分段阀门的间距宜为2000m～3000m；输配干线分段阀门的间距宜为1000m～1500m。蒸汽热力网可不安装分段阀门。

（5）行业标准《城镇供热管网设计规范》CJJ 34—2010第8.5.3条：热力网的关断阀和分段阀均应采用双向密封阀门。

（6）行业标准《城镇供热管网设计规范》CJJ 34—2010第8.5.10条：当供热系统补水能力有限，需控制管道充水流量或蒸汽管道启动暖管需控制汽量时，管道阀门应装设口径较小的旁通阀作为控制阀门。

（7）行业标准《城镇供热管网设计规范》CJJ 34—2010第8.5.11条：当动态水力分析需延长输送干线分段阀门关闭时间以降低压力瞬变值时，宜采用主阀并联旁通阀的方法解决。旁通阀直径可取主阀直径的1/4。主阀和旁通阀应连锁控制，旁通阀必须在开启状态主阀方可进行关闭操作，主阀关闭后旁通阀才可关闭。

（8）行业标准《城镇供热管网设计规范》CJJ 34—2010第8.5.12条：公称直径大于或等于500mm的阀门，宜采用电动驱动装置。由监控系统远程操作的阀门，其旁通阀亦应采用电动驱动装置。

（9）行业标准《城镇供热管网设计规范》CJJ 34—2010第8.5.16条：当检查室内装有电动阀门时，应采取措施保证安装地点的空气温度、湿度满足电气装置的技术要求。

（10）行业标准《城镇供热管网设计规范》CJJ 34—2010第10.3.11条第3款：换热器组一、二次侧进、出口应设总阀门，并联工作的换热器，每台换热器一、二次侧进、出口宜设阀门。

（11）行业标准《城镇供热管网设计规范》CJJ 34—2010第10.3.13条：热水管网供、回水总管上应设阀门。当供热系统采用质调节时宜在一次侧管网供水或回水总管上装设自动流量调节阀；当供热系统采用变流量调节时一次侧管网宜装设自力式压差调节阀。

（12）行业标准《城镇供热管网设计规范》CJJ 34—2010第10.3.13条：热力站内二次侧各分支管路的供、回水管道上应设阀门。在各分支管路应设自动调节阀或手动调节阀。

（13）行业标准《城镇供热直埋热水管道技术规程》CJJ/T 81—2013第4.3.2条：阀门应采用能承受管道轴向荷载的钢制焊接阀门。

（14）行业标准《城市综合管廊工程技术规范》GB 50838—2015第5.1.7条：压力管道进出综合管廊时，应在综合管廊外部设置阀门。

（15）行业标准《城镇供热管网工程施工及验收规范》CJJ 28—2014第5.6.4条：阀门进场前应进行强度和严密性试验，试验完成后应进行记录，并可按本规范表A.0.13的规定填写。

（16）行业标准《城镇供热管网工程施工及验收规范》CJJ 28—2014 第 5.6.5 条：阀门安装应符合下列规定：

1）阀门吊装时应平稳，不得用阀门手轮作为吊装的承重点，不得损坏阀门，已安装就位的阀门应防止重物撞击；

2）安装前应清除阀口的封闭物及其他杂物；

3）阀门的开关手轮应安装于便于操作的位置；

4）阀门应按标注方向进行安装；

5）焊接安装时，焊机地线应搭在同侧焊口的钢管上，不得搭在阀体上；

6）阀门焊接完成降至环境温度后方可操作；

7）焊接球阀水平安装时应将阀门完全开启；垂直管道安装，且焊接阀体下方焊缝时应将阀门关闭。焊接过程中应对阀体进行降温。

（17）行业标准《城镇供热管网工程施工及验收规范》CJJ 28—2014 第 5.6.6 条：阀门安装完毕后应完全、正常开启 2 次～3 次。

（18）行业标准《城镇供热管网工程施工及验收规范》CJJ 28—2014 第 5.6.7 条：阀门不得作为管道末端的堵板使用，应在阀门后加堵板，热水管道应在阀门和堵板之间充满水。

4.2.7　使用、管理及维护

4.2.7.1　防护、包装和贮运

（1）出厂检验完成后，应将球阀内腔的水和污物清除干净。

（2）球阀的外表面应当按现行行业标准《阀门的标志和涂漆》JB/T 106 的要求涂漆。

（3）球阀的流道表面，应涂以容易去除的防锈油。

（4）球阀的连接两端应采用封盖进行防护。

（5）在运输期间，球阀应处于全开状态。

（6）球阀应装在包装箱内，保证运输过程完好。

（7）球阀出厂时应有产品合格证、产品说明书及装箱单。

（8）球阀应保存在干燥、通风的室内，不应露天存放。

4.2.7.2　阀门施工安装

（1）阀门进场前应进行强度和严密性试验，试验完成后应进行记录，可按现行行业标准《城镇供热管网工程施工及验收规范》CJJ 28 的规定填写。

（2）安装前首先检查阀门上的标志是否符合使用要求。

（3）保证球阀安装位置与管线同轴，两边侧管应保持平行，确认管线能够承受球阀自身重量，如果发现管线不能承受球阀重量，则在安装前为管线配备相应的支撑。

（4）阀门吊装应平稳，不得用阀门手轮作为吊装的承重点，不得损坏阀门，已安装就位的阀门应防止重物撞击。

（5）安装前应排除和清除在运输过程中造成的缺陷和污物，安装后特别须防止焊渣、泥沙堆积在密封面处，刮伤密封面。

（6）阀门的开关手轮应安装于便于操作的位置。

（7）阀门应按标注方向进行安装。

（8）焊接作业前保证焊管焊缝端面与斜面平整与光洁度要求，焊接时焊管与阀门的间隙均匀。

（9）焊接时阀门应处于全开位置，当焊接球阀水平安装时应将阀门完全开启；当垂直管道安装，且焊接阀体下方焊缝时应将阀门关闭。在施焊过程中，在阀座与焊缝中间应采取适当的降温措施，也避免焊接产生的高温对阀座的损伤。

（10）当焊接安装时，焊机地线应搭在同侧焊口的钢管上，不得搭在阀体上。

（11）阀门焊接完成降至环境温度后方可操作。

（12）阀门安装完毕后应正常开启 2 次~3 次。

（13）阀门不得作为管道末端的堵板使用，应在阀门后加堵板，热水管道应在阀门和堵板之间充满水。

4.2.7.3　阀门的维护检修

（1）阀门的定期检查应符合现行行业标准《压力管道定期检验规程　公用管道》TSG D7004 的规定。

（2）阀门的阀杆应灵活无卡涩歪斜，阀体应无裂纹、砂眼等缺陷。

（3）螺栓受力应均匀，不得有松动现象。

（4）法兰面应无径向沟纹，水线应完好。

（5）阀门传动部分应灵活、无卡涩，油脂应充足。

（6）电动装置应灵敏。

（7）在保管、使用期间应定期检查，发现故障及时排除。

（8）每月至少要开关一次，以清除密封处污物，延长使用寿命。

（9）应保持本阀内腔的清洁，必要时加以清洗。

（10）在系统运行过程中，必须全开或全关，严禁作调节用。

4.2.8　主要问题分析

焊接球阀常见故障及处理见表 4-6。

焊接球阀常见故障及处理　　　　　　　　　　　　　　表 4-6

序号	故障现象	故障原因	处理方法
1	阀座泄漏	1. 阀门未完全关闭； 2. 操作器限位器设定不合适； 3. 阀座环运行不正常； 4. 安装吊装不当引起阀门的损伤； 5. 阀门两端没有做好防护，杂质、砂子等杂质进入阀座； 6. 焊接时未做降温措施而烧伤； 7. 阀门没有在全开位进行安装	1. 操作阀门至全关位置，关断阀门确保泄漏已经停止； 2. 适当调整操作器限位器，关断阀门确保泄漏已经停止； 3. 清洗冲刷阀座环； 4. 检查损伤部位，及时修复； 5. 清洗阀门内腔； 6. 更换受损伤的部件； 7. 检查损伤部位，及时修复
2	阀杆泄漏	1. 阀杆螺钉或螺母松动； 2. 阀杆密封损坏	1. 拧紧阀杆螺钉或螺母阻止泄漏，但不能超过阀门允许的扭矩值； 2. 更换阀杆密封

续表

序号	故障现象	故障原因	处理方法
3	阀门难以操作	1. 齿轮箱上的限位螺栓调整不当； 2. 齿轮箱长期不保养，涡轮、蜗杆、轴套锈死； 3. 齿轮箱内蜗杆两端止推轴承损坏； 4. 齿轮箱开关时，手轮和蜗杆转动，而涡轮及指示牌不动； 5. 阀座阻塞； 6. 启动时阀腔内试验水结冰	1. 联系制造厂家； 2. 打开齿轮箱上盖，用腻子刀清理内部污垢，然后用煤油清洗涡轮、蜗杆和轴套，若锈蚀严重，将涡轮、蜗杆、轴套拆卸，彻底清理，然后回装，齿轮箱内抹上锂基润滑脂，与齿轮箱上盖结合部，若密封垫损坏，可用中性玻璃胶替代，盖上上盖紧固； 3. 打开齿轮箱，卸下蜗杆，更换损坏的止推轴承，然后恢复齿轮箱； 4. 打开齿轮箱上盖，查看限位螺栓是否断裂，限位螺栓是否弯曲。若出现断裂或弯曲，将限位螺栓由外向内拆卸，更换损坏的限位螺栓，然后恢复齿轮箱； 5. 清洗阀座区域； 6. 向阀体和阀颈位置冲洒热水

4.3 双向金属硬密封蝶阀

4.3.1 结构

（1）蝶阀基本结构和主要零部件示意如图 4-5。

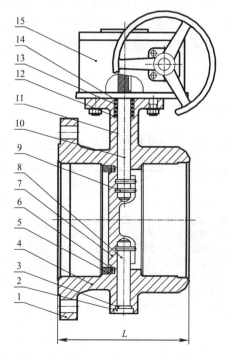

图 4-5 蝶阀基本结构和主要零部件示意

1—法兰；2—底盖；3—阀杆支承件；4—阀体；5—压簧；6—密封圈；7—蝶板；8—固定轴；

9—销；10—阀杆；11—轴套；12—填料箱；13—阀杆密封件；14—挡圈；15—传动箱；L—蝶阀结构长度

（2）蝶阀结构长度、袖管尺寸和阀座最小通道直径见表 4-7。

蝶阀结构长度、袖管尺寸和阀座最小通道直径　　　　表 4-7

公称尺寸 （mm）	结构长度 （mm）	袖管尺寸（mm）			阀座最小通道直径 （mm）
		长度	外径	壁厚	
DN200	230	300	219	6.0	138
DN250	250	300	273	6.0	185
DN300	270	300	325	7.0	230
DN350	290	400	377	7.0	275
DN400	310	400	426	7.0	321
DN450	330	400	478	7.0	371
DN500	350	400	529	8.0	422
DN600	390	400	630	9.0	472
DN700	430	500	720	11.0	575
DN800	470	500	820	12.0	670
DN900	510	500	920	13.0	770
DN1000	550	500	1020	14.0	870
DN1200	630	500	1220	16.0	970
DN1400	710	500	1420	19.0	1160
DN1600	790	500	1620	21.0	1360

4.3.2　材料

蝶阀主要零件的材料见表 4-8。

蝶阀主要零件材料　　　　表 4-8

零件名称	材料名称	材料牌号	执行标准
阀体	碳钢锻件	20、A105	NB/T 47008 GB/T 12228
	碳钢铸件	WCB	GB/T 12229
	碳素钢管	20	GB/T 8163
蝶板	不锈钢	CF8M	GB/T 12230
	碳钢	WCB	GB/T 12229
阀杆	合金钢	05Cr17Ni4Cu4Nb	GB/T1220
		20Cr13	
压簧	碳钢	20	NB/T 47008
		A105	GB/T 12228
密封圈	合金钢	05Cr17Ni4Cu4Nb	GB/T1220
填料箱	不锈钢	06Cr19Ni10	NB/T 47010
	合金钢	05Cr17Ni4Cu4Nb	GB/T1220
固定轴、销	合金钢	05Cr17Ni4Cu4Nb	GB/T1220
		20Cr13	
轴套	不锈钢	06Cr17Ni12Mo2/06Cr19Ni10＋PTFE	GB/T 12230

4.3.3 性能要求

4.3.3.1 连接端

（1）蝶阀连接端可采用焊接连接或法兰连接。

（2）当连接端采用法兰连接时，公称压力小于或等于 PN16 的端部法兰可采用板式平焊钢制管法兰；公称压力大于 PN16 的端部法兰应采用对焊法兰。

4.3.3.2 阀体

（1）阀体可采用整体锻造或铸造，也可焊接成型。

（2）蝶阀宜设置吊耳。

4.3.3.3 蝶板

（1）蝶板可以整体锻造或铸造，也可焊接成型。

（2）蝶板不应有增大阻力的直角过渡和突变。

（3）蝶板与阀杆在介质从任意方向流经蝶阀时，应能承受 1.5 倍的最大压差（或公称压力），且不应产生变形和损坏。

4.3.3.4 阀座及蝶板密封面

（1）阀座、蝶板密封面可在阀体或蝶板上直接加工，也可在阀座、蝶板上堆焊其他金属密封材料，或采用整体式金属密封圈、金属弹性密封圈等成型。

（2）阀座、蝶板密封圈与阀体或蝶板的连接可采用焊接、胀接、嵌装连接或螺栓连接。

（3）当阀座或蝶板密封面采用堆焊时，加工后的堆焊层厚度不应小于 2mm，并在堆焊后应消除产生变形和渗漏的应力。

（4）阀座表面硬度不应小于 45HRC，密封圈表面硬度不应小于 40HRC。

4.3.3.5 阀杆及阀杆轴承

（1）阀杆可为一个整体轴。当采用两个分离的短轴时，其嵌入轴孔的长度不应小于阀杆轴径的 1.5 倍。

（2）阀杆应能承受蝶板在 1.5 倍最大允许压差下的荷载。

（3）阀杆与蝶板的连接强度应能承受阀杆所传递的最大扭矩，其连接部位应设置防松动结构，在使用过程中不应松动。

（4）当阀杆与蝶板连接出现故障或损坏时，阀杆不应由于内压作用而从蝶阀中脱出。

（5）在阀体两端轴座内应设置滑动轴承，轴承应能承受阀杆所传递的最大负荷，且蝶板和阀杆应转动灵活。

（6）阀杆与蝶板及阀杆支承件之间应有防止蝶板轴向窜动的装置。

4.3.3.6 阀杆密封

（1）阀杆密封件可采用 V 形填料、O 形密封圈或其他成形的填料。

（2）阀杆密封应在不拆卸阀杆的情况下，可更换密封填料。

4.3.3.7 驱动装置

（1）蝶阀应采用传动箱操作。

（2）在最大允许工作压差的工况下，蝶阀的驱动装置应正常操作。

4.3.3.8 焊接质量

(1) 阀体采用板材卷制的对接纵向焊缝应进行 100％射线或超声检测。

(2) 阀体与袖管、阀体与阀杆大头、小头（两端）之间环向焊缝应进行 100％渗透检测。

4.3.3.9 轴向力及弯矩

阀体在承受轴向压缩力、轴向拉伸力和弯矩时，变形量不应影响蝶阀的操作和密封性能。轴向力和弯矩见表 4-4。

4.3.3.10 密封性

蝶阀密封性能应符合国家标准《工业阀门 压力试验》GB/T 13927—2008 的规定，密封等级应符合表 4-9 的规定。

蝶阀密封等级

表 4-9

蝶阀公称尺寸	≤DN800	>DN800
蝶阀正向密封等级	≥C 级	≥D 级
蝶阀反向密封等级	≥D 级	≥F 级

4.3.3.11 操作力

在最大工作压差下，蝶阀的操作力不应大于 360N。

4.3.4 检测

每台阀门出厂前应进行以下项目的检验，出厂时应附合格证和检验报告：

(1) 外观；

(2) 焊接质量；

(3) 阀体壁厚；

(4) 壳体强度；

(5) 密封性；

(6) 操作力。

蝶阀产品的型式检验，除上述项目外，还包括材料、轴向力及弯矩。

4.3.5 选用要求

(1) 双向金属硬密封蝶阀适用于公称压力小于或等于 PN25、公称尺寸小于或等于 DN1600、热水温度小于或等于 200℃、蒸汽温度小于或等于 350℃。

(2) 蒸汽管道阀门的公称压力，应根据工作压力和温度，按压力-温度额定值选用。

(3) 供热管网的管道与阀门宜采用焊接连接；厂站内的阀门可采用法兰连接；放气阀可采用螺纹连接。

(4) 当供热系统补水能力有限，需控制管道充水流量时，管道阀门应装设口径较小的旁通阀作为控制阀门。当输送干线分段阀门需要延长关闭时间时，宜采用主阀并联旁通阀的方法，主阀和旁通阀应连锁控制，旁通阀必须在开启状态主阀方可进行关闭操作，主阀关闭后旁通阀才可关闭。

(5) 直埋热水管道应校核阀门承受的管道轴向荷载及弯矩。

（6）地下敷设管道阀门应设置在检查室内。阀门直埋敷设时驱动装置应采取保护措施。中高支架敷设管道阀门处应设操作平台。架空敷设管道阀门应有防止无关人员操作的防护措施。

4.3.6 相关标准

（1）行业标准《城镇供热管网设计规范》CJJ 34—2010 第8.3.3条：热力网管道的连接应采用焊接，管道与设备、阀门等连接宜采用焊接；当设备、阀门等需要拆卸时，应采用法兰连接；公称直径小于或等于25mm的放气阀，可采用螺纹连接，但连接放气阀的管道应采用厚壁管。

（2）行业标准《城镇供热管网设计规范》CJJ 34—2010 第8.3.4条：

1）室外采暖计算温度低于−5℃地区露天敷设的不连续运行的凝结水管道放水阀门不得采用灰铸铁制品；

2）室外采暖计算温度低于−10℃地区露天敷设的热水管道设备附件不得采用灰铸铁制品；

3）室外采暖计算温度−30℃地区露天敷设的热水管道，应采用钢质阀门及附件；

4）蒸汽管道在任何条件下均应采用钢质阀门及附件。

（3）行业标准《城镇供热管网设计规范》CJJ 34—2010 第8.5.1条：热力网干线、支干线、支线的起点应安装关断阀门。

（4）行业标准《城镇供热管网设计规范》CJJ 34—2010 第8.5.2条：热水热力网干线应装设分段阀门。输送干线分段阀门的间距宜为2000m～3000m；输配干线分段阀门的间距宜为1000m～1500m。蒸汽热力网可不安装分段阀门。

（5）行业标准《城镇供热管网设计规范》CJJ 34—2010 第8.5.3条：热力网的关断阀和分段阀均应采用双向密封阀门。

（6）行业标准《城镇供热管网设计规范》CJJ 34—2010 第8.5.10条：当供热系统补水能力有限，需控制管道充水流量或蒸汽管道启动暖管需控制汽量时，管道阀门应装设口径较小的旁通阀作为控制阀门。

（7）行业标准《城镇供热管网设计规范》CJJ 34—2010 第8.5.11条：当动态水力分析需延长输送干线分段阀门关闭时间以降低压力瞬变值时，宜采用主阀并联旁通阀的方法解决。旁通阀直径可取主阀直径的1/4。主阀和旁通阀应连锁控制，旁通阀必须在开启状态主阀方可进行关闭操作，主阀关闭后旁通阀才可关闭。

（8）行业标准《城镇供热管网设计规范》CJJ 34—2010 第8.5.12条：公称直径大于或等于500mm的阀门，宜采用电动驱动装置。由监控系统远程操作的阀门，其旁通阀亦应采用电动驱动装置。

（9）《城镇供热管网设计规范》CJJ 34—2010 第8.5.16条：当检查室内装有电动阀门时，应采取措施保证安装地点的空气温度、湿度满足电气装置的技术要求。

（10）行业标准《城镇供热管网设计规范》CJJ 34—2010 第10.3.11条第3款：换热器组一、二次侧进、出口应设总阀门，并联工作的换热器，每台换热器一、二次侧进、出口宜设阀门。

（11）行业标准《城镇供热管网设计规范》CJJ 34—2010 第10.3.11条第4款：当热

水供应系统换热器热水出口装有阀门时，应在每台换热器上设安全阀；当每台换热器出口不设阀门时，应在生活热水总管阀门前设安全阀。

（12）行业标准《城镇供热管网设计规范》CJJ 34—2010 第 10.3.13 条：热水管网供、回水总管上应设阀门。当供热系统采用质调节时宜在一次侧管网供水或回水总管上装设自动流量调节阀；当供热系统采用变流量调节时一次侧管网宜装设自力式压差调节阀。

（13）行业标准《城镇供热管网设计规范》CJJ 34—2010 第 10.3.13 条：热力站内二次侧各分支管路的供、回水管道上应设阀门。在各分支管路应设自动调节阀或手动调节阀。

（14）行业标准《城镇供热直埋热水管道技术规程》CJJ/T 81—2013 第 4.3.2 条：阀门应采用能承受管道轴向荷载的钢制焊接阀门。

（15）行业标准《城镇供热直埋蒸汽管道技术规程》CJJ/T 104—2014 第 4.1.1 条：阀门的选择及安装应符合下列规定：

1）直埋蒸汽管道使用的阀门选用蝶阀时，应选用偏心硬质密封蝶阀；

2）所选阀门公称压力应比管道设计压力高一个等级；

3）阀门应进行保温，其外表面温度不得大于 60℃，并应做好防水和防腐处理；

4）井室内阀门与管道连接处的管道保温端部应采取防水密封措施；

5）工作管直径大于或等于 300mm 的关断阀门应设置旁通阀门，旁通阀门公称直径可按表 4-10 的规定选取。

旁通阀门公称直径（mm）　　　　　　　　　　　　　　　　表 4-10

工作管公称直径	DN300～DN500	DN600～DN900
旁通管公称直径	DN32～DN50	DN65～DN100

（16）行业标准《城市综合管廊工程技术规范》GB 50838—2015 要求，管道在进出综合管廊时，应在综合管廊外设置阀门。

（17）行业标准《城镇供热管网工程施工及验收规范》CJJ 28—2014 第 5.6.4 条：阀门进场前应进行强度和严密性试验，试验完成后应进行记录，并可按本规范表 A.0.13 的规定填写。

（18）行业标准《城镇供热管网工程施工及验收规范》CJJ 28—2014 第 5.6.5 条：阀门安装应符合下列规定：

1）阀门吊装时应平稳，不得用阀门手轮作为吊装的承重点，不得损坏阀门，已安装就位的阀门应防止重物撞击；

2）安装前应清除阀口的封闭物及其他杂物；

3）阀门的开关手轮应安装于便于操作的位置；

4）阀门应按标注方向进行安装；

5）焊接安装时，焊机地线应搭在同侧焊口的钢管上，不得搭在阀体上；

6）阀门焊接完成降至环境温度后方可操作；

7）焊接蝶阀的安装应符合下列规定：

① 阀板的轴应安装在水平方向上，轴与水平面的最大夹角不应大于 60°，不得垂直

安装；

② 安装焊接前应关闭阀板，并应采取保护措施。

（19）行业标准《城镇供热管网工程施工及验收规范》CJJ 28—2014 第 5.6.6 条：阀门安装完毕后应完全、正常开启 2 次～3 次。

（20）行业标准《城镇供热管网工程施工及验收规范》CJJ 28—2014 第 5.6.7 条：阀门不得作为管道末端的堵板使用，应在阀门后加堵板，热水管道应在阀门和堵板之间充满水。

4.3.7 使用、管理及维护

4.3.7.1 防护、包装和贮运

（1）出厂检验完成后，应将蝶阀内腔的水和污物清除干净。

（2）蝶阀的外表面应当按现行行业标准《阀门的标志和涂漆》JB/T 106 的要求涂漆。

（3）蝶阀的流道表面，应涂以容易去除的防锈油。

（4）蝶阀的连接两端应采用封盖进行防护。

（5）在运输期间，蝶阀应处于关闭状态。

（6）蝶阀应装在包装箱内，保证运输过程完好。

（7）蝶阀出厂时应有产品合格证、产品说明书及装箱单。

（8）蝶阀应保存在干燥、通风的室内，不应露天存放。

4.3.7.2 阀门施工安装

（1）阀门进场前应进行强度和严密性试验，试验完成后应进行记录，可按行业标准《城镇供热管网工程施工及验收规范》CJJ 28 的规定填写。

（2）安装前首先检查阀门上的标志是否符合使用要求。

（3）保证蝶阀安装位置与管线同轴，两边侧管应保持平行，确认管线能够承受蝶阀自身重量，如果发现管线不能承受蝶阀重量，则在安装前为管线配备相应的支撑。

（4）阀门吊装应平稳，不得用阀门手轮作为吊装的承重点，不得损坏阀门，已安装就位的阀门应防止重物撞击。

（5）安装前应排除和清除在运输过程中造成的缺陷和污物，安装后特别须防止焊渣、泥沙堆积在密封面处，刮伤密封面。

（6）阀门的开关手轮应安装于便于操作的位置。

（7）阀门应按标注方向进行安装。

（8）焊接作业前保证焊管焊缝端面与斜面平整与光洁度要求，焊接时焊管与阀门的间隙均匀。

（9）焊接时阀门的阀板处于开启 5°～10°状态，当焊接蝶阀水平安装时应将阀门完全关闭；焊接过程中应对阀体进行降温，以避免焊接产生的高温对阀座的损伤。

（10）当焊接安装时，焊机地线应搭在同侧焊口的钢管上，不得搭在阀体上。

（11）阀门焊接完成降至环境温度后方可操作。

（12）阀门安装完毕后应正常开启 2 次～3 次。

（13）阀门不得作为管道末端的堵板使用，应在阀门后加堵板，热水管道应在阀门和堵板之间充满水。

4.3.7.3 阀门的维护检修

（1）阀门的定期检查应符合现行行业标准《压力管道定期检验规程 公用管道》TSG D7004 的规定。

（2）阀门的阀杆应灵活无卡涩歪斜，阀体应无裂纹、砂眼等缺陷。

（3）螺栓受力应均匀，不得有松动现象。

（4）法兰面应无径向沟纹，水线应完好。

（5）阀门传动部分应灵活、无卡涩，油脂应充足。

（6）电动装置应灵敏。

（7）在保管、使用期间应定期检查，发现故障及时排除。

（8）每月至少要开关一次，以清除密封处污物，延长使用寿命。

（9）应保持本阀内腔的清洁，必要时加以清洗。

（10）在系统运行过程中，必须全开或全关，严禁作调节用。

4.3.8 主要问题分析

蝶阀常见故障及处理见表 4-11。

蝶阀常见故障及处理

表 4-11

序号	常见故障	故障分析	解决方式
1	密封面泄漏	1. 蝶阀的蝶板、密封圈夹有杂物； 2. 蝶阀的蝶板、密封关闭位置吻合不正； 3. 出口侧配装法兰螺栓受力不均或未压紧； 4. 试压方向未按要求	1. 消除杂质，清洗阀门内腔； 2. 调整涡轮或电动执行器等执行机构的限位螺钉以达到阀门关闭位置正确； 3. 查配装法兰平面及螺栓压紧力，应均匀压紧； 4. 按箭头方向进行旋压
2	阀门两端面泄漏	1. 两侧密封垫片失效； 2. 管法兰压紧力不均或未压紧； 3. 连接螺栓松动	1. 更换密封垫片； 2. 压紧法兰螺栓（均匀用力）； 3. 紧固连接螺栓
3	填料引起的外漏	1. 填料与工作介质的腐蚀性、温度、压力不相适应； 2. 装填方法不对，产生泄漏； 3. 阀门填料使用时间较长，老化引起外漏； 4. 填料压盖的预紧力不足； 5. 填料安装的数量偏少； 6. 阀杆表面光洁度不够（拉痕、刮毛和粗糙等缺陷）； 7. 填料的选型不当等	1. 应选择与工作介质相适应的填料，重新安装； 2. 仔细阅读阀门使用说明书，按正确方法装填； 3. 应及时更换填料； 4. 增加填料压盖的预紧力； 5. 增加填料； 6. 提高阀杆表面的光洁度； 7. 选择合适的填料型号
4	阀门关闭不严引起的内漏	1. 蝶板与阀杆连接松动，阀杆已到下行程，但阀板却与阀座未紧密贴合； 2. 阀杆弯扭，使蝶板不能均匀受力，引起密封不严	1. 按规范对阀门检修，紧固蝶板与阀杆的连接，从而消除故障； 2. 应检修或更换阀杆，消除故障
5	阀杆转动不灵活或卡死	1. 填料压得过紧； 2. 填料安装不规范； 3. 阀杆与衬套之间的间隙偏小； 4. 阀杆直线度不符合要求	1. 松动螺栓； 2. 按照规范要求重新安装； 3. 返厂维修； 4. 返厂维修

4.4 预制直埋保温阀门

4.4.1 结构

阀门采用钢制全焊接式球阀或蝶阀，保温结构采用高密度聚乙烯外护管、硬质聚氨酯泡沫塑料保温层。预制直埋保温阀门结构示意如图 4-6。

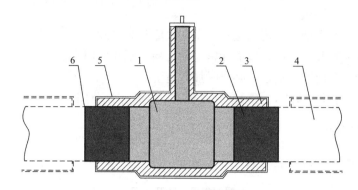

图 4-6 保温阀门结构示意
1—阀门；2—袖管；3—保温层；4—工作钢管；5—外护管；6—阀门焊接端口

4.4.2 材料

（1）球阀应符合现行国家标准《城镇供热用焊接球阀》GB/T 37827 的规定。

（2）蝶阀应符合现行国家标准《城镇供热用双向金属硬密封蝶阀》GB/T 37828 的规定。

（3）保温及外护材料性能应符合现行国家标准《高密度聚乙烯外护管硬质聚氨酯泡沫塑料预制直埋保温管及管件》GB/T 29047 的规定。

4.4.3 性能要求

（1）阀门的结构应能承受管道的轴向推力；应使阀门能在保温层之外进行开/闭操作；应能承受冷、热、潮气、地下水和盐水等地下条件的影响。

（2）保温阀门防腐保护应符合下列规定：

1）在保温阀门的工作年限内，阀门应进行防腐保护；

2）阀杆穿出保温层的部分，应采取防止水进入保温层的密封措施；

3）保温层外的阀杆结构应由抗腐蚀的金属材料制成或进行永久性的防腐保护。阀杆末端防腐保护的长度 M 不应小于 100mm，阀门防腐保护示意如图 4-7 所示。

（3）保温阀门的报警线应与管道系统一致。

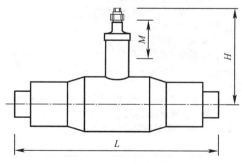

图 4-7 阀门防腐保护示意
M—阀杆末端防腐保护的长度；H—阀杆顶端距管中心线的高度；L—阀门两接口端面之间的长度

4.4.4 检测

每台阀门出厂前应进行以下项目的检验，出厂时应附合格证和检验报告：

(1) 阀门壳体、阀座密封性；

(2) 外护管外观、保温层厚度、挤压变形及划痕；

(3) 管端垂直度、管端焊接预留段长度；

(4) 外护管轴线偏心距、阀杆顶端距管中心线的高度、阀门两接口端面之间的长度；

(5) 袖管焊接质量；

(6) 报警线。

预制保温阀门产品应定期抽检保温材料性能。型式检验除上述项目外，还包括阀门的相关性能。

4.4.5 选用要求

(1) 预制保温阀门用于直埋敷设热水管道，输送介质连续运行温度大于或等于 4℃、小于或等于 120℃，偶然峰值温度小于或等于 140℃，工作压力小于或等于 2.5MPa。

(2) 阀门应在出厂前完成阀门袖管的焊接，便于阀门的预制保温。

(3) 阀门能够承受的管道轴向荷载和弯矩见表 4-4。

(4) 阀门直埋敷设时驱动装置应采取保护措施。

4.4.6 相关标准

(1) 行业标准《城镇供热管网设计规范》CJJ 34—2010 第 8.3.4 条：

1) 室外采暖计算温度低于 -10℃ 地区露天敷设的热水管道设备附件不得采用灰铸铁制品；

2) 室外采暖计算温度 -30℃ 地区露天敷设的热水管道，应采用钢质阀门及附件。

(2) 行业标准《城镇供热管网设计规范》CJJ 34—2010 第 8.5.1 条：热力网干线、支干线、支线的起点应安装关断阀门。

(3) 行业标准《城镇供热管网设计规范》CJJ 34—2010 第 8.5.2 条：热水热力网干线应装设分段阀门。输送干线分段阀门的间距宜为 2000m～3000m；输配干线分段阀门的间距宜为 1000m～1500m。

(4) 行业标准《城镇供热管网设计规范》CJJ 34—2010 第 8.5.3 条：热力网的关断阀和分段阀均应采用双向密封阀门。

(5) 行业标准《城镇供热直埋热水管道技术规程》CJJ/T 81—2013 第 4.3.2 条：阀门应采用能承受管道轴向荷载的钢制焊接阀门。

(6) 行业标准《城镇供热管网工程施工及验收规范》CJJ 28—2014 第 5.6.4 条：阀门进场前应进行强度和严密性试验，试验完成后应进行记录，并可按本规范表 A.0.13 的规定填写。

(7) 行业标准《城镇供热管网工程施工及验收规范》CJJ 28—2014 第 5.6.5 条：阀门安装应符合下列规定：

1) 阀门吊装时应平稳，不得用阀门手轮作为吊装的承重点，不得损坏阀门，已安装就位的阀门应防止重物撞击；

2）安装前应清除阀口的封闭物及其他杂物；

3）阀门的开关手轮应安装于便于操作的位置；

4）阀门应按标注方向进行安装；

5）阀门焊接完成降至环境温度后方可操作。

（8）行业标准《城镇供热管网工程施工及验收规范》CJJ 28—2014 第5.6.6 条：阀门安装完毕后应完全、正常开启 2 次～3 次。

（9）行业标准《城镇供热管网工程施工及验收规范》CJJ 28—2014 第5.6.7 条：阀门不得作为管道末端的堵板使用，应在阀门后加堵板，热水管道应在阀门和堵板之间充满水。

4.4.7 使用、管理及维护

（1）保温阀门在移动及装卸过程中，不应碰撞、抛摔和在地面拖拉、滚动。不应损伤阀门的执行机构、手轮、外护管及保温层。

（2）移动阀门时，应使用吊装带，不应从阀门执行机构和手轮处吊装阀门。

（3）运输过程中，保温阀门应固定牢靠。

（4）露天存放时应用篷布遮盖，避免受烈日照射、雨淋和浸泡。

（5）当温度低于－20℃时，不宜露天存放。

4.4.8 主要问题分析

预制直埋保温阀门常见故障及处理见表4-12。

预制直埋保温阀门常见故障及处理 表4-12

序号	故障现象	故障原因	处理方法
1	聚乙烯外护管焊缝开裂	1. 长时间紫外线照射； 2. 低温下受外力伤害	1. 运输和贮存期间，使用遮阳设施，避免日照； 2. 运输和施工中按标准避免出现外力伤害
2	聚氨酯保温层塌陷和破损	1. 运输和施工中受外力撞击； 2. 聚乙烯外护管焊缝处进水，产生高温水水煮	1. 运输和施工中按标准避免出现外力伤害； 2. 按照标准要求，保证焊缝接口质量
3	阀杆处保温层进水	阀杆处密封不合格，外界水进入保温层	阀杆穿出保温层的部分，应采取密封措施，防止水进入保温层
4	运行后阀门关不上或关闭不严	长时间不开关阀门	加强运维管理，定期开关阀门

4.5 手动流量调节阀

4.5.1 结构

（1）供热用手动流量调节阀按结构形式分为直杆直通式和斜杆直通式。典型结构示意如图4-8。

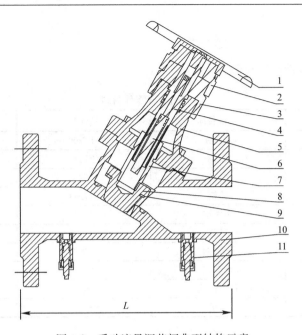

图 4-8　手动流量调节阀典型结构示意

1—手轮；2—刻度盘；3—压盖；4—阀杆；5—阀盖；6—限位杆；7—升降螺母；8—阀瓣；
9—密封垫；10—阀体；11—测试嘴；L—结构长度

（2）调节阀按端部连接形式分为法兰连接和内螺纹连接。结构尺寸见表 4-13。

调节阀结构尺寸　　　　　　　　　　　　　　表 4-13

公称直径 DN (mm)	法兰连接结构长度（mm）		内螺纹连接结构长度（mm）	阀体最小壁厚 (mm)	阀盖最小壁厚 (mm)	阀杆最小直径 (mm)
	系列 1	系列 2				
15	130	90	90	5	5	10
20	150	115	100	6	6	12
25	160	125	120	6	6	14
32	180	180	140	6	7	18
40	200	200	170	7	7	18
50	230	230	200	7	8	20
65	290	290	—	8	8	20
80	310	310	—	8	9	24
100	350	350	—	9	10	28
125	400	400	—	10	12	32
150	480	480	—	11	12	32
200	600	495	—	12	14	36
250	730	622	—	13	16	40
300	850	698	—	14	18	44
350	—	787	—	14	18	44
400	—	914	—	16	19	46
450	—	946	—	18	20	48
500	—	978	—	20	21	50
600	—	1295	—	22	23	56

4.5.2 材料

调节阀的主要零件材料见表4-14。

调节阀主要零件材料　　　　　　　　　　　　　表 4-14

零件	材料名称	材料牌号	执行标准
阀体	灰铸铁	HT200	GB/T 9439
	铸钢	ZG200	GB/T 12229
阀盖	灰铸铁	HT200	GB/T 9439
	铸钢	ZG200	GB/T 12229
阀座	不锈钢	2Cr13	GB/T 1220
阀瓣	不锈钢	1Cr13	GB/T 1220
阀杆	不锈钢	2Cr13	GB/T 1220
阀杆螺母	合金钢	ZQSn6-6-3	GB/T 1176
手轮	球墨铸铁	QT400-18	GB/T 1348
填料	石棉	YS350F	JC/T 1019

4.5.3 性能要求

（1）调节阀的适用条件：

1）环境温度：$-40℃\sim+70℃$；

2）环境相对湿度：$5\%\sim100\%$；

3）工作介质为热水，设计温度：小于或等于200℃；

4）设计压力：小于或等于2.5MPa。

（2）调节阀的工作压差应为在 0.02 MPa～0.4 MPa。

（3）公称直径小于或等于DN40的调节阀宜采用内螺纹连接；DN50可采用内螺纹连接或法兰连接；大于DN50宜采用法兰连接。

（4）阀座内径应与流通截面积直径一致。

（5）调节阀上应有直行程标尺或数显轮等开度指示装置。开度指示装置可读分度不得超出最大行程的10%。对最大行程小于5mm产品宜采用数显轮作为开度指示装置。

（6）调节阀行程传动机构在开关动作转换时的空行程不应大于最大行程的5%。

（7）调节阀在关闭时，在公称压力下，应保证阀瓣与阀座密封良好。

（8）调节阀的理论调节特性曲线应为下弦的对数曲线，调节阀开度在15%～90%范围内，比流量应小于开度。调节阀的实际调节特性应符合以下规定：

1）当阀权度小于20%时，比流量应大于开度；

2）当阀权度在30%～50%范围内，实际特性呈线性，比流量与开度近似相等；

3）当阀权度大于等于60%时，调节阀开度在15%～70%范围内，比流量小于开度。

4.5.4 检验

每台阀门出厂前应进行以下项目的检验，出厂时应附合格证和检验报告：

（1）外观；

(2) 阀体和阀盖的尺寸、强度及密封性；

(3) 阀杆与阀杆螺母；

(4) 手轮；

(5) 标尺和行程指示；

(6) 行程传动机构。

调节阀产品的型式检验，除上述项目外，还包括流通能力和调节性能。

4.5.5 选用要求

(1) 手动流量调节阀是一种静态水力工况平衡用阀，具有等百分比的流量特性曲线。当系统流量发生变化时，安装了该阀的各个支路的流量会按比例增大或减小，保持初调节时的流量分配方案，用以改善管网系统中液体流动状态，达到管网液体平衡和节约能源的目的。

(2) 选用调节阀时，流通能力按表 4-15 选择。调节阀的理论调节特性曲线为下弦的对数曲线，开度在 15%～90% 范围内，比流量小于开度。选用时应考虑实际特性，阀权度为 30%～50% 时呈线性，比流量与开度近似相等；阀权度小于 20% 时，比流量大于开度；阀权度大于或等于 60% 时，比流量小于开度。

调节阀的流通能力和局部阻力系数   表 4-15

公称直径 DN（mm）	流通能力	局部阻力系数
20	4.0	16
25	6.3	16
32	10	16
40	16	16
50	25	16
65	60	10
80	95	7
100	155	6.5
125	275	5.0
150	450	4.0
200	1050	2.5
250	1600	2.5
300	2300	2.5
350	3125	2.5
400	4000	2.5
450	5250	2.5
500	6500	2.5
600	9250	2.5

(3) 水力工况计算时，局部阻力系数可按表 4-15 选取。

(4) 当公称直径小于或等于 DN40 的调节阀宜采用内螺纹连接；DN50 可采用内螺纹连接或法兰连接；大于 DN50 宜采用法兰连接。

(5) 调节阀前的管道上应设除污器。

4.5.6 相关标准

（1）行业标准《城镇供热管网设计规范》CJJ 34—2010 第 14.5.1 条和 14.5.2 条：要求在建筑物入口处设置调节阀。

（2）行业标准《城镇供热管网设计规范》CJJ 34—2010 第 10.3.13 条：热力站内各分支管路的供、回水管道上应设阀门。在各分支管路没有自动调节装置时宜装设手动调节阀。

（3）行业标准《城镇供热管网设计规范》CJJ 34—2010 第 14.5.2 条：在建筑物热力入口处，采暖、通风、空调系统应分系统设水力平衡调节装置，生活热水系统循环管上宜设水力平衡调节装置。

4.5.7 使用、管理及维护

4.5.7.1 运输与贮存

（1）调节阀运输及贮存时应垂直放置。

（2）调节阀在运输及贮存过程中不应被损伤，且不应受雨淋及腐蚀性介质的侵蚀。

（3）调节阀应贮存在室内干燥、通风良好且无腐蚀性介质常温环境中。

（4）调节阀试验结束后，应将调节阀内的水排尽，清除表面的污物，并应对内表面进行干燥。

（5）清洁完成后应将阀瓣置于关闭位置。

4.5.7.2 调节阀安装

（1）手动流量调节阀属于调节型阀门，建议在调节阀上游位置安装过滤装置，减少杂质对阀件的损伤及卡堵，导致关闭泄漏。

（2）阀体箭头方向必须与介质流动方向一致。

（3）调节阀可安装在供水管上，也可安装在回水管上，建议安装在回水管上，回水管路温度较低些，方便调试及检修。

（4）水平安装、垂直安装均可。

（5）手轮是调节操作部分，安装时应留有空间方便调试操作。

（6）安装前应清除管道内部杂质，防止杂物进入阀内损伤密封件。

（7）法兰连接时，阀体法兰与管道连接应保持自然同轴，避免产生剪切力，连接螺栓应自然锁紧。

4.5.7.3 使用与调试

调节阀调试前，可按以下操作步骤进行：

（1）将待调系统的所有调节阀调至全开位置；

（2）检查各系统循环水泵，确保其运行正常，以满足系统设计流量；

（3）以热源为起点，由近及远，逐个调节各支线、各用户流量。最近的支线、用户，将其通过的流量调节到设计流量的 $80\%\sim85\%$；较近的支线、用户，通过流量应为设计流量的 $85\%\sim90\%$；较远的支线、用户，通过流量是设计流量的 $90\%\sim95\%$；最远支线、用户，通过流量按设计流量的 $95\%\sim100\%$ 调节；

（4）启动循环水泵，按由近至远的顺序，逐个调节各支线上的调节阀，将其流量调至过渡流量，记下相应的阀门流量、压差值和开度；

（5）测试各个调节阀的最终流量，达到调试目标值，调试结束；

（6）在调试过程中，如个别支线流量调不到要求值，多半存在故障，待排除故障后，重新调试。

4.5.7.4　保养和维护

（1）不定期对调节阀前过滤器清理，保证管路通畅，有助于保持调节阀流量的准确性。

（2）运行期结束要满水保养管路及阀门，保证管道满水不被氧化腐蚀。

（3）阀门应该与管道一起做保温处理，避免介质能量散发及非运行期阀体被冻裂。

（4）保持阀门井室干燥，避免雨水浸泡阀体，导致阀体的腐蚀，降低产品的整体使用寿命。

4.5.8　主要问题分析

手动流量调节阀常见故障及处理方法见表 4-16。

手动流量调节阀常见故障及处理方法　　　　　　　　　表 4-16

序号	故障现象	故障原因	处理方法
1	手轮刻度不准确	手轮传动齿轮未组装好松动	拆卸从新组装，清除内部杂物
2	测试流量不准确	1. 仪表内部存在气体； 2. 插针未导通介质； 3. 当前阀门信息与手机录入有误； 4. 阀门刻度偏差	1. 打开仪表排气阀进行排气； 2. 重新将插针插到位； 3. 从新检查并准确录入信息； 4. 逆时针调节至阀门刻度，流量准确性高
3	流量不满足要求	1. 阀门开度未调整好； 2. 管路其他阀门未开启； 3. 过滤器及阀门堵塞	1. 重新调整开度，测试流量； 2. 管路阀门全部进行开启； 3. 清除过滤器杂物，将阀门全开冲洗阀门杂物，保持管路通畅
4	阀杆密封漏水	1. 压盖松动； 2. 密封件损坏	1. 重新压紧压盖； 2. 更换密封件

4.6　自力式流量控制阀

4.6.1　结构

（1）自力式流量控制阀的典型结构示意如图 4-9。

（2）控制阀的感压元件形式分为波纹管和膜片。

（3）自力式流量控制阀可根据设计或实际要求设定流量，设计选用时可按不同规格控制流量可调范围进行选择，基本参数和阀体结构长度见表 4-17。

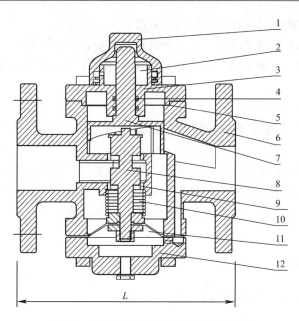

图 4-9　自力式流量控制阀典型结构示意

1—锁盖；2—刻度盘；3—上阀盖；4—O型密封圈；5—阀盖密封元件；6—阀体；7—旋塞；

8—阀瓣；9—铜套；10—弹簧；11—隔膜；12—盖板 L—结构长度

控制阀的基本参数和阀体结构长度　　表 4-17

公称直径（mm）	控制流量可调范围（m³/h）	结构长度（mm）	
		螺纹连接	法兰连接
20	0.1～1.0	130	—
25	0.2～2.0	130	160
32	0.5～4.0	140	180
40	1.0～6.0	—	200
50	2.0～10.0	—	230
65	3.0～15.0	—	290
80	5.0～25.0	—	310
100	10.0～35.0	—	350
125	15.0～50.0	—	400
150	20.0～80.0	—	480
200	40.0～160.0	—	495
250	75.0～300.0	—	622
300	100.0～450.0	—	698
350	200.0～650.0	—	787

4.6.2　材料

调节阀的主要零件材料见表 4-18。

主要零件材料   表 4-18

零件	材料名称	执行标准
阀体阀瓣	灰铸铁	GB/T 12226
	铜合金	GB/T 12225
	铸钢	GB/T 12229
	球墨铸铁	GB/T 12227
	不锈钢	GB/T 1220
阀杆	黄铜	GB/T 13808
	不锈钢	GB/T 1220
弹簧	不锈钢、65Mn	GB/T 1239.2 GB/T 23934
感压元件	三元乙丙橡胶、丁腈橡胶	

4.6.3　性能要求

（1）控制阀适用于温度 4℃～150℃热水，公称压力等级分为 1.6MPa 和 2.5MPa。

（2）工作压差应为在 0.02 MPa～0.40 MPa。

（3）流量刻度示值应在流量控制特性试验装置上进行标识，应以流量计的显示流量值标定控制阀的流量刻度示值。

（4）控制阀的感压元件应能承受 0.3MPa 的压力。

（5）控制阀的流量控制相对误差不应大于 8%。

（6）控制阀启闭各 30000 次以上应能正常工作。

（7）控制阀应能按照设计或实际要求设定流量，并能自动消除系统的压差波动，保持流量不变。

4.6.4　检验

每台阀门出厂前应进行以下项目的检验，出厂时应附合格证和检验报告：

（1）外观；

（2）阀体强度；

（3）流量控制相对误差。

控制阀产品的型式检验，除上述项目外，还包括感压元件强度和耐久性。

4.6.5　选用要求

（1）自力式流量控制阀适用于定流量的质调节运行系统，根据用户的负荷限定最大流量，保证系统内的各个热用户的流量按设定的流量进行分配。系统采用自力式流量控制阀，不能变流量运行。

（2）完成流量控制功能的主要部件有：自动阀组和手动阀芯，当手动阀芯设定某一流量值时，自动阀组就会维持设定流量不变，自动阀组的动力来源是手动阀芯两端的压差，压差是由弹簧和膜片来设定的。当系统前端压力增大时，膜片就会带动自动阀芯关小阀口；当前端压力减小时，弹簧就会推动感压膜片，带动阀芯打开阀口来维持压差恒定；当手动阀芯设定某一流量时，自动阀组就会自动维持设定流量的恒定。

（3）自力式流量控制阀可根据设计或实际要求设定流量，设计选用时可按不同规格控制流量可调范围进行选择，控制流量可调范围见表 4-17。

（4）应进行管网水力平衡计算，压差不够用户、末端用户及供热效果不好用户严禁安装。

（5）自力式流量控制阀不具备关断能力，不能当关断阀使用。

4.6.6 相关标准

（1）行业标准《城镇供热管网设计规范》CJJ 34—2010 第 14.5.1 条：在供水入口和调节阀、流量计、热量表前的管道上应设过滤器。

（2）行业标准《城镇供热管网设计规范》CJJ 34—2010 第 14.5.2 条：在建筑物热力入口处，采暖、通风、空调系统应分系统设水力平衡调节装置，生活热水系统循环管上宜设水力平衡调节装置。

（3）行业标准《城镇供热管网设计规范》CJJ 34—2010 第 10.3.13 条：热力网供、回水总管上应设阀门。当供热系统采用质调节时宜在热力网供水或回水总管上装设自动流量调节阀；当供热系统采用变流量调节时宜装设自力式压差调节阀。热力站内各分支管路的供、回水管道上应设阀门。在各分支管路没有自动调节装置时宜装设手动调节阀。

4.6.7 使用、管理及维护

4.6.7.1 运输与贮存

（1）控制阀运输及贮存时应垂直放置。

（2）在运输及贮存过程中不应被损伤，且不应受雨淋及腐蚀性介质的侵蚀。

（3）宜贮存在室内干燥、通风良好且无腐蚀性介质常温环境中。

（4）控制阀进行试验结束后，应将控制阀内的水排尽，清除表面的污物，并应对内表面进行干燥。

（5）控制阀在清洁后，应将控制阀置于 2/3 开启状态。

4.6.7.2 流量控制阀安装

（1）介质流动方向必须与阀体箭头指示方向一致。

（2）一般安装在回水管路上，当系统压力过大需要减动压时，应安装在供水管道上。

（3）水平安装、垂直安装均可，安装位置应方便安装和调试。

（4）阀门落地安装时应保证锁盖向上，高架安装时应保证锁盖顶部有足够的操作空间。

（5）阀门与管道螺纹连接时，应测量阀门内螺纹深度，避免管螺纹过度拧入阀体，使阀门发生损坏。

（6）阀门与管道法兰连接时，应保持自然同轴，避免产生剪切力，连接螺栓应保证自然锁紧。

4.6.7.3 使用与操作

（1）自力式流量控制阀不具备关断能力，不能当关断阀使用。切勿从回水管注水、冲洗管路打压。

（2）在设定流量时，打开锁盖，观察流量标尺，用扳手调节手动阀芯，把标尺刻度流量调节至所需流量即完成调节。

（3）为减少调节误差，应逆时针调节至所需流量，调节完成后锁好锁盖。

4.6.7.4　保养与维护

（1）不定期清理自力式流量控制阀前过滤器，保证管路通畅，有助于保持自力式流量控制阀流量的稳定性。

（2）运行期结束要满水保养管路及阀门，保证管道不被氧化腐蚀。

（3）阀门应该与管道一起做保温处理，避免介质能量散发及非运行期阀体被冻裂。

（4）保持阀门井室干燥，避免雨水浸泡阀体，导致阀体的腐蚀，降低产品的整体使用寿命。

（5）当流量控制发生异常时，可打开阀门底部排污孔丝堵进行排堵，保证压差导压孔通畅，维持流量恒定。

4.6.8　主要问题分析

自力式流量控制阀常见故障及处理方法见表 4-19。

自力式流量控制阀常见故障及处理方法　　　　　表 4-19

序号	故障现象	故障原因	处理方法
1	流量不满足要求	1. 流量未设定好； 2. 阀门未按水流方向安装； 3. 管路其他阀门未开启； 4. 过滤器堵塞	1. 开启密码锁盖，重新设定流量； 2. 依照阀体水流方向重新安装； 3. 管路阀门全部进行开启； 4. 清除过滤器杂物，保持过滤器通畅
2	手动旋塞拧不动	1. 手动旋塞发生腐蚀； 2. 导压孔堵塞； 3. 膜片损坏	1. 拆下除锈涂抹防锈油，保证满水保养管路； 2. 拆卸下阀盖清除堵塞物，保证导压孔通畅； 3. 进行膜片更换
3	锁盖打不开	1. 锁盖腐蚀； 2. 内部锁芯卡住	1. 敲击锁盖上方，进行左右旋转，保证锁盖干燥并涂抹防锈油； 2. 反方向进行密码操作，保证密码刻度到位准确
4	手动阀杆漏水	密封圈损坏	更换密封圈

第 5 章　设备及装置

5.1　概述

5.1.1　供热设备及装置类型

城镇供热系统的厂站工程有热源厂、热力站、中继泵站，应用的设备及装置种类较多，主要设备有锅炉、换热器、水泵，还有水处理、定压、监控、计量等附属装置。本章所述设备及装置包括换热设备、燃气锅炉烟气冷凝热能回收装置、隔绝式气体定压装置和热计量装置。

5.1.2　应用现状

换热设备的发展历史可追溯到 20 世纪，它既可是一种单独的设备，如加热器、冷却器和凝汽器等；也可是某一工艺设备的组成部分，如化工合成塔内的热交换器或发动机的冷凝器。由于制造工艺和科学水平的限制，早期的换热设备只能采用简单的结构，而且传热面积小、体积大，如管式换热器等。随着制造工艺的发展，逐步形成一种管壳式换热器，不仅单位体积具有较大的传热面积，而且传热效果也较好，长期以来在工业生产中成为一种典型的换热器。20 世纪 20 年代出现板式换热器，并首先应用于食品工业。以板代管制成的换热器，结构紧凑，传热效果好，因此陆续发展为多种形式。30 年代初，瑞典首次制成螺旋板换热器。接着英国用钎焊法制造出一种由铜及其合金材料制成的板翅式换热器，用于飞机发动机的散热。30 年代末，瑞典又制造出第一台板壳式换热器，用于纸浆工厂。在此期间，为了解决强腐蚀性介质的换热问题，人们开始对新型材料制造换热器进行研究。60 年代左右，由于空间技术和尖端科学的迅速发展，迫切需要各种高效能紧凑型的换热器，再加上冲压、钎焊和密封等技术的发展，换热器制造工艺得到进一步完善，从而推动了紧凑型板面式换热器的蓬勃发展和广泛应用。此外，自 60 年代开始，为了适应高温和高压条件下的换热和节能的需要，典型的管壳式换热器也得到了进一步的发展。70 年代中期，为了强化传热，在研究和发展热管的基础上又创制出热管式换热器。

中国换热设备产业起步较晚，1963 年抚顺机械设备制造有限公司按照美国 TEMA 标准制造出了中国第 1 台管壳式换热器；1965 年兰州石油机械研究所研制出中国第 1 台板式换热器；苏州兴化工机械有限公司（原苏州化工机械厂）在 20 世纪 60 年代研制出中国第 1 台螺旋板式换热器。之后兰州石油机械研究所首次引进德国施密特（Schmidt）换热器技术，原四平换热器总厂引进法国威卡伯（Vicarb）换热器技术，国内换热器行业在消化吸收国外技术的基础上，开始获得了较快发展。20 世纪 80 年代后，中国出现了自主开发传热技术的高潮时期，大量的强化传热技术原件被推向市场，国内出现了折流杆换热器、高效重沸器、高效冷凝器、双壳程换热器、板壳式换热器、表面蒸发式空冷器等一批优良的新结构高效换热器。

随着我国大气治理和能源结构调整，燃气锅炉等的天然气利用设备的应用越来越广泛，我国天然气储量少、对外依存度高，燃气的高效利用和节能尤为重要，国内自主研发出燃气锅炉烟气冷凝热能回收装置，并作为最直接和经济有效的节能设备应用于供热和工业等领域。通常燃气锅炉等热能动力设备排烟温度约为 $150℃\sim250℃$，造成能源浪费和环境污染。利用燃气锅炉烟气冷凝热能回收装置，将排烟温度降到露点温度以下，可回收利用烟气显热和水蒸气凝结时放出的大量潜热，提高燃气锅炉热效率，烟气冷凝水可资源化再利用，并对排烟有一定的吸收净化作用，节能、节水、减排环保效益潜力巨大。

随着国家经济建设的快速发展和能源需求的不断扩大，石油、化工、电力、冶金、船舶、食品、制药等传统行业，对高效节能、高温高压的换热产品的需求越来越大。在可持续、能再生、低污染的新能源不断得以发展的当下，新材料、新结构、高效率、集成化的换热设备的研制使用已成潮流趋势，换热设备作为能源生产和供应使用过程中实现节能减排的重要产品之一，仍将在国民经济发展中占有非常重要的地位。

隔绝式气体膨胀定压装置是由隔膜式气压罐（简称隔膜罐）、电控箱及其附属设备组成，利用密闭罐体内所存储气体的压缩膨胀性能，使供暖、空调系统压力保持在一定范围内的设备。

隔绝式气体膨胀定压装置主要用于建筑物及规模较小的热力站，近年来随着新技术和新材料的应用，隔绝式气体定压装置发展很快，尤其是大量国外的定压装置进入中国并在一些重要工程中应用，使得定压装置的适应范围越来越广泛，已经扩展到罐内液体介质温度小于 $100℃$ 的闭式流体输配系统。目前被广泛用于供暖循环水补水定压、生活热水系统、锅炉补水、太阳能集热循环、热水器、中央空调循环水稳压系统、变频及恒压给水系统和消防成套供水设备等。因此隔绝式气体膨胀定压装置用于闭式水循环系统中，可以起到平衡水量及压力的作用，避免了安全阀频繁开启和自动补水装置的频繁启动补水。同时罐内的隔膜结构保证了管路系统内的液体与罐体壁面不接触，罐壁内部无锈蚀，外部无凝露现象，使用寿命大大延长。与暖通空调系统中传统的开式膨胀水箱相比，具有安装方便（不必安装在系统最高点）、占用空间小、无二次污染等优点。

5.1.3 设备及装置标准

5.1.3.1 工程标准

设备及装置相关工程标准见表 5-1。

设备及装置相关工程标准 表 5-1

序号	标准编号	标准名称
1	GB 50015—2019	建筑给水排水设计标准
2	GB 50041—2020	锅炉房设计标准
3	GB 50054—2011	低压配电设计规范
4	GB 50093—2013	自动化仪表工程施工及验收规范
5	GB 50169—2016	电气装置安装工程 接地装置施工及验收规范
6	GB 50236—2011	现场设备、工业管道焊接工程施工规范

序号	标准编号	标准名称
7	GB 50264—2013	工业设备及管道绝热工程设计规范
8	GB/T 50627—2010	城镇供热系统评价标准
9	GB 50736—2012	民用建筑供暖通风与空气调节设计规范
10	GB/T 50893—2013	供热系统节能改造技术规范
11	GB 51131—2016	燃气冷热电联供工程技术规范
12	CJJ 28—2014	城镇供热管网工程施工及验收规范
13	CJJ 34—2010	城镇供热管网设计规范
14	CJJ/T 55—2011	供热术语标准
15	CJJ 88—2014	城镇供热系统运行维护技术规程
16	CJJ/T 223—2014	供热计量系统运行技术规程
17	JGJ 173—2009	供热计量技术规程

换热器和换热机组设备的设计选型和布置应符合国家现行标准《锅炉房设计标准》GB 50041 和《城镇供热管网设计规范》CJJ 34 的相关要求，其中用于供暖的换热设备及生活热水换热设备的选型附加量应符合国家现行标准《民用建筑供暖通风与空气调节设计规范》GB 50736 和《建筑给水排水设计规范》GB 50015 的有关规定。

燃气锅炉烟气冷凝热能回收装置的设计使用应符合现行国家标准《城镇供热系统评价标准》GB/T 50627 和《燃气冷热电联供工程技术规范》GB 51131 的有关规定。

隔绝式气体定压装置的设计使用应符合国家现行标准《锅炉房设计标准》GB 50041 和《城镇供热管网设计规范》CJJ 34 的有关规定。

热计量装置的设计使用应符合现行行业标准《城镇供热管网设计规范》CJJ 34 和《供热计量技术规程》JGJ 173 的有关规定。

供热设备及装置的施工、试运行和验收应满足现行行业标准《城镇供热管网工程施工及验收规范》CJJ 28 的有关要求，运行、维护应符合现行行业标准《城镇供热系统运行维护技术规程》CJJ 88 的有关规定；热计量装置的运行核查、管理维护还应同时满足现行行业标准《供热计量系统运行技术规程》CJJ/T 223 的要求；燃气锅炉烟气冷凝热能回收装置的调试及节能测试还应同时符合现行国家标准《供热系统节能改造技术规范》GB/T 50893 的有关规定。

5.1.3.2 产品标准

设备及装置相关产品标准见表 5-2。

设备及装置相关产品标准　　表 5-2

序号	标准编号	标准名称
1	GB/T 150—2011	压力容器
2	GB/T 151—2014	热交换器
3	GB/T 3797—2016	电气控制设备
4	GB/T 5657—2013	离心泵技术条件（Ⅲ类）
5	GB 7251.1—2013	低压成套开关设备和控制设备　第1部分：总则
6	GB 7251.3—2017	低压成套开关设备和控制设备　第3部分：由一般人员操作的配电板（DBO）

序号	标准编号	标准名称
7	GB 7251.4—2017	低压成套开关设备和控制设备 第 4 部分：对建筑工地用成套设备（ACS）的特殊要求
8	GB/T 12233—2006	通用阀门 铁制截止阀与升降式止回阀
9	GB/T 12236—2008	石油、化工及相关工业用的钢制旋启式止回阀
10	GB/T 12237—2007	石油、石化及相关工业用的钢制球阀
11	GB/T 12238—2008	法兰和对夹连接弹性密封蝶阀
12	GB/T 12243—2005	弹簧直接荷载式安全阀
13	GB/T 14549—1993	电能质量 公用电网谐波
14	GB/T 28185—2011	城镇供热用换热机组
15	GB/T 32224—2015	热量表
16	GB/T 38536—2020	热水热力网热力站设备技术条件
17	CJ/T 467—2014	半即热式换热器
18	CJ/T 515—2018	燃气锅炉烟气冷凝热能回收装置
19	CJ/T 501—2016	隔绝式气体定压装置
20	NB/T 47013.2—2015	承压设备无损检测 第 2 部分：射线检测
21	NB/T 47013.3—2015	承压设备无损检测 第 3 部分：超声检测
22	NB/T 47004.1—2017	板式热交换器 第 1 部分：可拆卸式板式换热器

5.2　换热器

将热量从热流体传递到冷流体的间壁式设备称为换热器。在城镇供热系统中，由于用户用热系统的承压、热媒介质与城镇供热管网系统的压力或供热介质不一致，或是因系统运行调节不便、失水率过大、安全可靠性不能保证等原因，需要使用换热器将城镇供热管网与用户用热系统隔离并且进行热量的传递。另外，在地形落差大的集中供热热水管网中，由于地势高差形成的水力势能影响，需将热水供热管网分成多个级制以降低管网的设计及运行压力，也需要使用换热器。

根据供热介质划分，换热设备可分为水-水换热器和汽-水换热器两大类。

根据结构形式，换热设备又可分为板式热交换器、管壳式（列管式）热交换器、容积式热交换器、半容积式热交换器、半即热式热交换器等。在城镇供热中这几种换热器都是比较常用的。

容积式热交换器、半容积式热交换器、半即热式热交换器从结构形式上说都属于管壳式热交换器。

优良的换热器具有传热效率高，流体阻力小，强度足够大，结构合理，运行安全可靠，节省材料，制造、安装、检修方便等特点。

热交换器的材料、设计、制造、检验、验收及其安装、使用等应符合现行国家标准《压力容器》GB/T 150、《热交换器》GB/T 151 等有关标准的规定。

5.2.1　结构

5.2.1.1　板式热交换器

板式热交换器是由一系列金属板片和密封垫叠装组合在支撑框架上，通过板片进行热量交换的快速热交换器。板片之间形成窄薄的矩形通道，加热介质与被加热介质都以较高的流速流动，形成强烈热交换效果，具有换热效率高、热损失小、结构紧凑轻巧、占地面积小、安装清洗方便等特点。

5.2.1.2　管壳式热交换器

管壳式热交换器是由圆筒形壳体和装配在壳体内的热交换管束组成的热交换器。管壳式（列管式）换热器是主要由壳体、管束、管板和封头等部分组成，壳体多呈圆形，内部装有平行或螺旋管束，管束两端固定于管板上。在管壳式热交换器内进行换热的两种流体，一种在管内流动，其行程称为管程；一种在管外流动，其行程称为壳程。管束的壁面即为传热面，为提高流体换热系数，可在壳体内安装一定数量的横向折流挡板，加热介质与被加热介质都以较高的流速流动，是能获得强烈热交换的快速热交换器之一。它的优点是运行可靠、使用清洗方便。

5.2.1.3　容积式热交换器

容积式热交换器是壳体容积具有储存热水功能的管壳式热交换器。容积式热交换器的换热管束安装在壳体内，壳体有较大的贮存和调节能力，出水温度较稳定，但被加热水流速较慢、传热系数小、热效率低，且罐容积的30%由低于供热温度的常温水占用，导致加热容积过大。导流型容积式热交换器是改进的容积式水加热器，该类热交换器具有多行程管束和导流装置，在保持传统型容积式热交换器优点的基础上，克服了被加热水无组织流动、冷水区域大、产水量低等缺点，储罐的有效储热容积为85%～90%。容积式热交换器的有效贮热容积宜大于或等于30min设计小时热水量。

由于设备本身构造的限制，加热盘管距容器底有一段高度，当冷水由下进、热水从上出时，加热盘管以下部分的水不能充分加热，加热合格的热水贮热容积为加热管束以上部分壳体容积。容积式热交换器适用于要求供水温度稳定、噪声要求低的建筑，如宾馆、饭店、医院、疗养院、高档公寓等。

5.2.1.4　半容积式热交换器

半容积式热交换器是由快速式热交换器与贮存容器组合，有适量贮存热水容积的管壳式热交换器。半容积式热交换器实质上是一个快速热交换器插入一个贮存容器内组成的设备，半容积式热交换器的工作过程是被加热水由循环泵送入快速热交换器，加热好的水经连通管输送至贮热容器内。半容积式热交换器的有效贮热容积应大于或等于15min设计小时热水量。

半容积式热交换器与容积式热交换器构造上的最大区别就是，前者的加热与贮存是分开的，被加热水为强制循环加热；而后者的加热与贮存连在一起，被加热水为自然循环加热。半容积式热交换器适用于机械循环的热水系统。

5.2.1.5　半即热式热交换器

半即热式热交换器是带有预测装置具有较少贮水容积的管壳式快速热交换器。其特点是在热交换器的热水出水端的热传感器带有积分预测装置，可读出瞬间流入冷水和流出热水的平均温度，随时向热媒控制阀发出信号，按需要调节热媒量，以保证输出热水达到规定温度。它的换热部分实质上是一个快速热交换器，但它与普通快速热交换器之根本区别在于它有一套完整、灵敏、可靠的温度安全控制装置，可保证安全供水。适用于各种机械循环热水供应系统。

5.2.2　材料

热交换设备的材质应与换热介质理化特性及换热系统的压力和温度相适应。城镇供热系统中使用的热交换部件材质通常为碳钢、合金钢、不锈钢、铜、钛、铝等金属，密封材料为耐高温的丁腈橡胶、三元乙丙橡胶、氟橡胶、聚四氟乙烯包覆垫等。

换热介质理化特性对换热器材质的确定至关重要，例如，热源水含 Cl^- 含量较高时换热器材质就不宜采用不锈钢。

换热器的密封垫材料应考虑腐蚀和温度，根据行业标准《板式热交换器　第 1 部分：可拆卸板式热交换器》NB/T 47004.1—2017 附录 A 规定：丁腈橡胶的适用温度为 $-20℃\sim110℃$；三元乙丙橡胶的适用温度为 $-50℃\sim150℃$；氟橡胶的适用温度为 $-35℃\sim180℃$。

5.2.3　性能要求

（1）热交换器应高效、紧凑、使用寿命长、便于维护管理，其类型、构造、材质应与换热介质理化特性及换热系统使用要求相适应。

（2）热交换器的承压和耐温应满足供热系统的设计压力和温度。

（3）热交换器内部阻力降不宜大于 50kPa，且应符合供热系统的要求。

（4）热交换器选型应提供下列技术资料：

1）一次侧计算供、回水温度；

2）二次侧计算供、回水温度；

3）一次侧压力损失；

4）二次侧压力损失；

5）计算传热温差；

6）计算工况传热系数；

7）污垢系数；

8）换热面积；

9）接管管径及流速；

10）外形尺寸及运行重量。

5.2.4　检测

（1）热交换器主要受压元件用材料及焊接材料应有质量证明文件，热交换器应按质量证明文件及相应标准对材料进行验收。

（2）热交换器应逐台进行压力试验。

（3）热交换器应提供质量证明文件，并应包括以下内容：

1）产品合格证；

2）产品使用说明书；

3）产品总装图；

4）产品流程组合图；

5）产品质量证明书；

6）压力试验检验报告；

7）无损检测检验报告。

5.2.5　选用要求

（1）供暖系统可选用板式热交换器或管壳快速式热交换器。当供热介质温度小于或等于150℃时，宜选用板式热交换器。板式热交换器的板型、单片面积、板间流速及流程组合应根据给定工况确定。

（2）生活热水供应系统热交换器可按下列原则选用：

1）宜选用容积式热交换器；

2）当一次侧供热介质供应能满足用水设计秒流量耗热量，且二次侧供水温度波动幅度满足用户要求，或系统设有贮热设备时，可选用板式热交换器或管壳快速式热交换器；

3）当一次侧供热介质供应能满足设计小时耗热量，被加热水有强制循环措施时，可选用半容积式热交换器；

4）当一次侧供热介质供应能满足用水设计秒流量耗热量，且系统对冷热水压力平衡稳定要求不高时，可选用带有出水温度预测装置的半即热式热交换器；

（3）当换热介质含有较大粒径杂质时，应选择高通过性的流道形式与尺寸；

（4）当供热介质参数随季节变化时，热交换器应按最不利工况进行设计计算；

（5）热交换器计算时应考虑换热表面污垢的影响；快速热交换器应考虑污垢修正系数；容积式热交换器应考虑水垢热阻；

（6）热交换器台数的选择和单台能力的确定应能适应热负荷的分期增长，并考虑供热可靠性的需要；

（7）热交换设备选型时，应根据实际工况偏离选型工况的条件确定其交换量的附加值。供暖热交换器的附加系数取值应符合国家标准《民用建筑供暖通风与空气调节设计规范》GB 50736—2012中第8.11.3条第2款，生活热水热交换设备的附加系数取值应符合国家标准《建筑给水排水设计标准》GB 50015—2019第6.5.7条和6.5.10条。

5.2.6　相关标准

（1）行业标准《城镇供热管网设计规范》CJJ 34—2010第5.0.6条：蒸汽供热系统应采用间接换热系统。

（2）行业标准《城镇供热管网设计规范》CJJ 34—2010第10.3.2条第1款：有下列情况之一时，用户采暖系统应采用间接连接（即通过换热器与一次管网连接）：

1）大型集中供热热力网；

2）建筑物采暖系统高度高于热力网水压图供水压力线或静水压线；

3）采暖系统承压能力低于热力网回水压力或静水压力；

4）热力网资用压头低于用户采暖系统阻力，且不宜采用加压泵；

5）由于直接连接，而使管网运行调节不便、管网失水率过大及安全可靠性不能有效保证。

（3）国家标准《锅炉房设计标准》GB 50041—2020第10.2.1条：换热器容量应根据生产、采暖通风和生活热负荷确定；采用2台及以上换热器时，当其中1台停止运行，其余换热器容量宜满足60%～75%总计算热负荷的需要。

（4）行业标准《城镇供热管网设计规范》CJJ 34—2010第10.3.10条：热力站换热器的选择应符合下列规定：

1）间接连接系统应选用工作可靠、传热性能良好的换热器，生活热水系统还应根据水质情况选用易于清除水垢的换热设备；

2）列管式、板式换热器计算时应考虑换热表面污垢的影响，传热系数计算时应考虑污垢修正系数；

　　3）计算容积式换热器传热系数时应按考虑水垢热阻的方法进行；

　　4）换热器可不设备用，换热器台数的选择和单台能力的确定应能适应热负荷的分期增长，并考虑供热可靠性的需要。

　　（5）行业标准《城镇供热管网设计规范》CJJ 34—2010 第 10.3.10 条：热力站的汽水换热器宜采用带有凝结水过冷段的换热设备，并应设凝结水水位调节装置。

　　（6）国家标准《民用建筑供暖通风与空气调节设计规范》GB 50736—2012 第 8.11.3 条第 2 款：换热器的总换热数量应在换热系统设计热负荷的基础上乘以附加系数，换热器附加系数取值宜按表 5-3 的规定；供暖系统的换热器还应满足，当一台停止工作时，剩余换热器的设计换热量应保障供热量的要求，寒冷地区不应低于涉及供热量的 65％，严寒地区不应低于设计供热量的 70％。

换热器附加系数取值表 表 5-3

系统类型	采暖及空调供热	空调供冷	水源热泵
附加系数	1.1～1.15	1.05～1.1	1.15～1.25

　　（7）国家标准《建筑给水排水设计标准》GB 50015—2019 第 6.5.3 条：医院集中热水供应系统的热源机组及水加热设备不得少于 2 台，其他建筑的其他建筑热水供应系统的水加热设备不宜少于 2 台，当一台检修时，其余各台的总供热能力不得小于设计小时供热量的 60％。

　　（8）国家标准《建筑给水排水设计标准》GB 50015—2019 第 6.5.4 条：医院建筑应采用无冷温水滞水区的水加热设备。

　　（9）国家标准《建筑给水排水设计标准》GB 50015—2019 第 6.5.7 条：水加热器的加热面积计算时，由于水垢和热媒分布不均匀影响传热效率的系数，采用 0.6～0.8 。

　　（10）国家标准《建筑给水排水设计标准》GB 50015—2019 第 6.5.10 条：导流型容积式水加热器或加热水箱（罐）等的容积附加系数应符合下列规定：

　　1）导流型容积式水加热器、贮热水箱（罐）的计算容积的附加系数应按其有效贮热容积系数 η 计算：导流型容积式水加热器 η 取 0.8～0.9；被加热侧为自然循环时，卧式贮热水罐 η 取 0.80～0.85；立式贮热水罐 η 取 0.85～0.90；被加热侧为机械循环时，卧、立式贮热水罐 η 取 1.0。

　　2）当采用半容积式水加热器、带有强制罐内水循环水泵的水加热器或贮热水箱（罐）时，其计算容积可不附加。

　　（11）国家标准《锅炉房设计标准》GB 50041—2020 第 10.2.2 条：换热器间布置应符合下列规定：

　　1）应有检修和抽出换热排管场地；

　　2）与换热器连接的阀门应便于操作和拆卸；

　　3）换热器间高度应满足设备安装、运行和检修时起吊搬运要求；

　　4）通道的宽度不宜小于 0.7m。

　　（12）行业标准《城镇供热管网设计规范》CJJ 34—2010 第 10.3.11 条：热力站换热设备的布置应符合下列规定：

　　1）换热器布置时，应考虑清除水垢、抽管检修的场地；

2）并联工作的换热器宜按同程连接设计；

3）换热器组一、二次侧进、出口应设总阀门，并联工作的换热器，每台换热器一、二次侧进、出口宜设阀门；

4）当热水供应系统换热器热水出口装有阀门时，应在每台换热器上设安全阀；当每台换热器出口不设阀门时，应在生活热水总管阀门前设安全阀。

（13）行业标准《城镇供热管网工程施工及验收规范》CJJ 28—2014 第 8.4.6 条第 7 款：热力站试运行时，当换热器为板式换热器时，两侧应同步逐渐升压至工作压力。

（14）行业标准《城镇供热管网工程施工及验收规范》CJJ 28—2014 第 6.4.10 条：换热设备应有货物清单和技术文件，安装前应对下列进行项目验收：

1）规格、型号、设计压力、设计温度、换热面积、重量等参数；

2）产品标示牌、产品合格证和说明书；

3）换热设备不得有缺损件、表面应无损坏和锈蚀，不应有变形和机械损伤，紧固件不应松动。

（15）行业标准《城镇供热系统运行维护技术规程》CJJ 88—2014 第 5.3.6 条第 1 款：

1）水/水换热系统启动流程：启动二次网循环水泵，并开启一次网回水阀门，打开供水阀门，关闭站内一级网连通阀门，进行冷态试运和系统升温；

2）汽/水换热系统启动流程：启动二次网循环水泵，使二级网冷态试运行，进行蒸汽暖管，开启蒸汽阀门；

3）生活热水供应系统启动流程：启动循环泵，并开启一次网回水阀门，打开供水阀门，关闭一级网连通阀门，调整一级网供水阀门，控制生活用水水温。

（16）行业标准《城镇供热系统运行维护技术规程》CJJ 88—2014 第 5.6.3 条第 1 款：

1）水/水换热系统：在一级网转入冷运后，应逐步降低一级网的流量直至停运，热源循环泵应在二级网循环水泵停运前停止运行；

2）汽/水换热系统：应逐步降低蒸汽管网的蒸汽量直至全部停止，并应逐步降低二级网的流量直至停运；

3）生活热水供应系统：应与一级网解列后停止生活热水系统水泵。

5.2.7 使用、管理及维护

为使换热设备长期正常运行，应对换热设备进行必要的日常运行管理和维护。

（1）热力站换热设备的布置应考虑运输、安装、清洗、抽管、检修及操作的空间。

（2）热力站试运行时，板式换热器两侧应同步逐渐升压至工作压力。

（3）热力站的换热器设备的启动应符合以下要求：

1）水/水换热系统启动流程：启动二次网循环水泵，并开启一次网回水阀门，打开供水阀门，关闭站内一级网连通阀门，进行冷态试运和系统升温；

2）汽/水换热系统启动流程：启动二次网循环水泵，使二级网冷态试运行，进行蒸汽暖管，开启蒸汽阀门；

3）生活热水供应系统启动流程：启动循环泵，并开启一次网回水阀门，打开供水阀门，关闭一级网连通阀门，调整一级网供水阀门，控制生活用水水温。

（4）热力站的换热器设备停止运行应符合以下要求：

1）水/水换热系统：应逐步降低一级网的流量直至停运；

2）汽/水换热系统：应逐步降低蒸汽管网的蒸汽量直至全部停止，并应逐步降低二级网的流量直至停运；

3）生活热水供应系统：应与一级网解列后停止生活热水系统水泵。

（5）运行期间应定期对换热系统设备的运行情况进行检查，并记录换热设备进、出口的压力和温度，检查周期不应大于 24h。检查内容至少应包括：设备外观是否完好、设备基础和支架是否松动开裂、设备及连接管是否有渗漏、保温结构是否脱落、运行压力和温度是否正常、设备运行是否有振动异响等。

（6）日常运行操作应特别注意防止温度、压力的波动，首先应保证压力稳定，绝不允许超压运行。

（7）换热设备经长时间运转后，由于介质的腐蚀、冲蚀、积垢等原因，使管子内外表面都有不同程度的锈蚀结垢，甚至堵塞。所以在停热检修时必须进行彻底清洗，常用的清洗（扫）方法有风扫、水洗、汽扫、化学洗清和机械清洗等。

5.2.8　主要问题分析

城镇供热系统中主要使用的是水/水或汽/水之间进行热交换的板式、管壳式换热设备。城镇供热系统中换热设备的常见故障与处理方法见表 5-4。

换热设备常见故障与处理方法　　　　　　　　　　表 5-4

序号	故障现象	故障原因	处理方法
1	内漏（两种介质互串）	1. 换热管（片）穿孔、开裂； 2. 换热管与管板胀口（焊口）裂开； 3. 内部法兰密封泄漏	1. 更换或堵死泄漏的换热管（片）； 2. 重胀（补焊）或堵死泄漏处； 3. 紧固内部法兰或更换密封垫片
2	外漏（密封处泄漏）	1. 垫圈或垫片承压不足、腐蚀、老化开裂； 2. 螺栓强度不足，松动或腐蚀； 3. 法兰刚性不足与密封面缺陷； 4. 法兰不平或错位，垫片质量不好或老化	1. 紧固法兰螺栓，更换垫圈或垫片； 2. 更换为高强螺栓，紧固螺栓或更换螺栓； 3. 更换法兰或处理缺陷； 4. 重新组对或更换法兰，更换垫片
3	换热效果变差	1. 换热管（面）结垢； 2. 水质不好、油污、微生物多； 3. 内部隔板（流道）短路	1. 化学或射流清洗污垢； 2. 增加补水处理，净化介质，加强水质管理； 3. 更换罐（壳）内的隔板，或更换换热板片
4	压力降超过允许值	壳内、管内等流道内结垢严重	化学或射流清洗污垢，并加强补水水质的管理
5	振动严重	1. 介质流动频率引起振动； 2. 外部管道振动引起的共振	1. 改变流速或改变换热设备的固有频率； 2. 加固管道，减小管系振动

5.3　换热机组

5.3.1　结构

换热机组由换热器、水泵、管路、变频器、电控柜、仪表、控制系统及附属设备等组成，以实现流体间热量交换的整体换热装置，工作原理及结构构成如图 5-1。

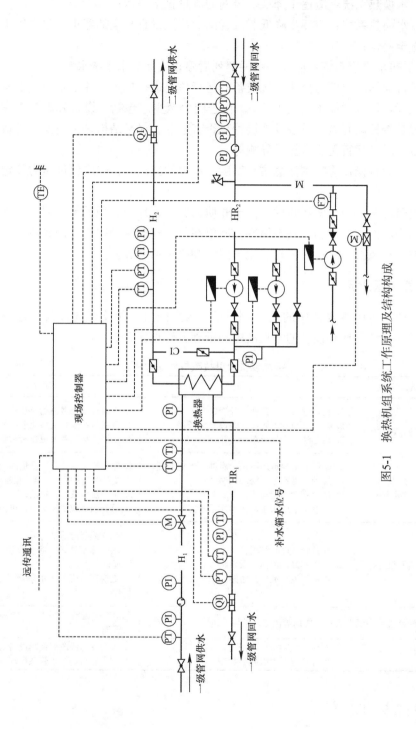

图5-1　换热机组系统工作原理及结构构成

5.3.2　材料

换热机组上各部件使用的材料，应符合表 5-5 的规定。

换热机组材料选用表　　　　　　　　　　　表 5-5

材料名称	材质	执行标准
钢板	Q235	GB/T 700
钢管	20、10	GB/T 8163
法兰	Q235B	GB/T 9112
弯头、三通、异径接头	10、20	GB/T 12459
槽钢	Q235	GB/T 706
角钢	Q235	GB/T 706

5.3.3　性能要求

换热机组应配置自动控制系统，机组的控制系统性能如下：

（1）控制系统应有参数测量功能。应能对温度、压力、流量、热量等参数模拟量进行实时检测，对水泵启停、运行等状态量进行监测，并能完成相应参数的数据处理物理量的上下限比较、数据过滤等。

（2）控制系统应有数据存储功能。应能按设定的时间间隔采集和存储被测参数，储存的历史数据在掉电后不应丢失。

（3）控制系统应有自我诊断、自恢复功能。控制器通电后应自动自检。

（4）控制系统应有日历、时钟显示和密码保护功能。

（5）控制系统应具备现场显示、操作功能。在现场应能通过操作键盘进行功能选取、对参数现场设定、报警设置等。

（6）控制系统应有控制调节功能。控制器应能对热力站和其他现场过程设备进行自动控制和调节，满足对热力站的优化控制功能，应实现按需供热的要求。

（7）控制系统应根据二次侧供水压力或供、回水压差调节二次侧流量；并能手动设定二次侧的供水压力或供回水压差。

（8）控制系统应具有自动定压补水功能。

（9）控制系统的报警功能应符合下列规定：

1）控制器应支持数据报警和故障报警；

2）故障和报警记录应自动保存，掉电不应丢失；

3）报警时，控制器显示屏上应有报警显示和电控柜内声或光的报警。

（10）控制系统应具有对二级网超高压、超低压、超高温联锁保护功能。

（11）控制系统应具有水箱液位指示、报警及联锁保护功能。

（12）控制器应在主动或被动方式下与监控中心进行数据通信。当有数据报警和故障报警时，控制器应将报警信号上传至监控中心。

5.3.4　检测

（1）换热机组必须具有外观、压密性、水泵运转等的出厂检测合格证。

（2）外观要求：

1）换热机组表面的漆膜应均匀，不应有气泡、龟裂和剥落等缺陷，电控柜内应干燥、清洁、无杂物；

2）底座外形尺寸误差应小于 5‰，设备定位中心距误差应小于 2‰，设备安装螺栓孔距与中心线的误差应小于 2mm，管道的水平偏差和垂直偏差应小于 10mm；

3）法兰密封面与接管中心线平面垂直度偏差不应大于法兰外径的 1‰，且不大于 3mm；

4）汽水流向、接管标记及换热机组标志牌应完整、正确。

（3）严密性：换热机组在设计压力下，系统不得损坏或渗漏。

（4）压力降：换热机组管路及设备的压降，在设计条件下一、二次侧均不应大于 100kPa。二次侧的换热器应小于 50 kPa，其余的由过滤器、软连接、止回阀、关断阀、管路管件联箱等阻力加起来不应大于 50 kPa。

（5）水泵运转：水泵运转时应无杂音和异常现象。

（6）控制系统：应有参数测量和数据储存功能，应具备现场显示和操作功能，应有自我诊断、自恢复、控制器通电后应自动自检的功能，应具有连锁和故障报警功能，以及将数据和报警信号上传至监控中心的功能。

5.3.5 选用要求

（1）换热机组的额定热负荷宜为 0.1 MW～7MW。

（2）机组一、二次侧的总阻力均不应大于 100kPa。

（3）换热机组的设计温度和设计压力应符合表 5-6 的规定。

换热机组设计温度和设计压力　　　　　　　　　　　　表 5-6

项目		设计温度（℃）		设计压力（MPa）
		供水（汽）	回水	
一次侧	蒸汽	≤350	—	≤2.5
	热水	≤200	—	≤2.5
	空调冷水	≥0		≤1.6
二次侧	散热器供暖	≤85	≤60	—
	生活热水	≤60		—
	空调热水	60	50	—
	空调冷水	7	12	—
	地面辐射供暖	≤50	—	—

5.3.6 相关标准

行业标准《城镇供热管网设计规范》CJJ 34—2010 第 10.3.3 条：在有条件的情况下，热力站应采用全自动组合换热机组。

国家标准《锅炉房设计标准》GB 50041—2020 第 10.2.3 条：全自动组合式换热机组选择时，应结合热力网系统情况，对机组的换热量、热力网系统的水力工况、循环水泵和补给水泵的 流量、扬程进行校核计算。

5.3.7　使用、管理及维护

（1）控制环路可能出现的最大资用压差值大于 300kPa 或大于调节阀的最大关闭压差时，在热力站内的一次侧应设置差压控制器。

（2）换热机组的搬运应按照制造厂提供的安装使用说明书进行，不得将换热机组上的设备作为应力支点。

（3）安装过程中应对易损仪表采取保护措施，可将易损仪表拆卸后保管，调试时再安装。

（4）安装前应核对基础尺寸，无误后方可安装。

（5）换热机组应有接地保护装置，仪表应与电气分别接地，接地电阻应小于或等于 4Ω，并应符合现行国家标准《自动化仪表工程施工及质量验收规范》GB 50093、《数据中心设计规范》GB 50174 和《计算机场地通用规范》GB/T 2887 的规定。

（6）换热机组的接地示意如图 5-2 所示，并应符合下列规定：

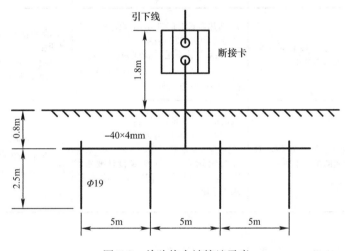

图 5-2　单独热力站接地示意

1）垂直、水平接地体应采用镀锌钢材，其截面应符合现行国家标准《电气装置安装工程 接地装置施工及验收规范》GB 50169 的规定；

2）距地面 1.8m 处应设置断接卡，地面以上部分 2m 内应安装塑料保护管。

（7）换热机组可利用建筑物基础内的钢筋做接地装置。

（8）换热机组的绝热应符合现行国家标准《工业设备及管道绝热工程设计规范》GB 50264 及下列规定：

1）换热机组内的换热器和管道均应进行保温；

2）用于供暖、空调、生活热水的换热机组保温后的外表面温度不得大于 50℃，用于制冷的水-水换热机组保温后其外表面不应结露；

3）换热器的保温外护层应为可拆卸式的结构。

（9）换热机组内的热媒水和补给水的水质应符合现行行业标准《城镇供热管网设计规范》CJJ 34 的规定。

（10）热力站内环境温度应为 0℃～30℃，相对湿度应小于或等于 90%。

（11）热力站内的配电柜应设置浪涌保护器。

（12）换热机组在运行前，与之相连的系统应单独进行水压试验，并应已清洗完毕。

（13）换热机组运行调试阶段，应按说明书的要求定期拆卸清洗过滤器。

（14）运行人员应严格按照制造厂家提供的操作规程操作。

（15）热力站运行噪声应符合现行国家标准《声环境质量标准》GB 3096 的规定。

（16）换热机组停运后，应采取充水保养措施。

（17）对需要带电维护的控制器及系统，换热机组停运后不应断电或定期进行通电维护。

5.3.8　主要问题分析

换热机组在使用中最常见的故障及处理方法见表 5-7。

换热机组常见故障与处理　　　　　　　　　　表 5-7

序号	故障现象	故障原因	处理方法
1	一次侧供水温度正常，但二次侧供水温度不足	1. 换热器长时间使用出现结垢或堵塞等原因影响传热； 2. 一次水量不足，表现为：一次回水温度偏低，与二次回水温度接近，且一次供回水压差较小	1. 清洗换热器，或者增加换热面积； 2. 调整一次网的平衡或尽量减少一次侧的阻力
2	二次侧供水温度够高，但是二级网的末端不热	测量机组二次侧的流量： 1. 二次侧的流量满足设计要求，是二级网不平衡的问题； 2. 二次侧的流量不满足设计要求，则是供热机组的内阻太大，致使热水送不出去	1. 调整二次管网平衡； 2. 清洗机组的换热器和过滤器，或改造消除机组内的阻力瓶颈

5.4　燃气锅炉烟气冷凝热能回收装置

通常燃气锅炉等热能动力设备排烟温度约为 150℃～250℃，排烟中水蒸气体积含量约为 15%～20%，排烟热损失中包含烟气显热和水蒸气凝结潜热（潜热约占燃气燃烧放出化学热的 11%），造成能源浪费和环境污染。利用燃气锅炉烟气冷凝热能回收装置，将排烟温度降到露点温度以下，可回收利用烟气显热和水蒸气凝结时放出的大量潜热，提高燃气锅炉热效率，烟气冷凝水可资源化再利用，并对排烟有一定的吸收净化作用，可将排烟温度降至 30℃～50℃以下，锅炉热效率提高 10%以上，减少大量雾气排放，实现节能、节水、减排环保目的。

燃气锅炉烟气冷凝热能回收装置是使燃气锅炉烟气中大部分水蒸气冷凝，同时回收利用烟气显热和潜热的换热设备。

5.4.1　结构

烟气冷凝热能回收装置主要由烟气入口导流段、烟气冷凝换热器和烟气出口导流段组成。按烟气与被加热介质是否接触可分为间壁式烟气冷凝热能回收装置和直接接触式烟气冷凝热能回收装置两种类型。根据工程安装空间条件及有利于强化传热和减小阻力的要求，确定结构形式，烟气冷凝热能回收装置结构示意如图 5-3 和图 5-4。

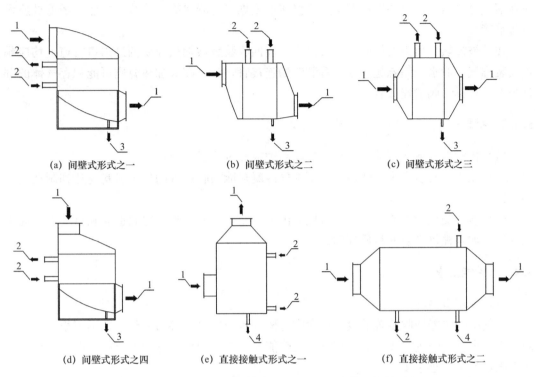

(a) 间壁式形式之一　　(b) 间壁式形式之二　　(c) 间壁式形式之三

(d) 间壁式形式之四　　(e) 直接接触式形式之一　　(f) 直接接触式形式之二

图 5-3　被加热介质为水的烟气冷凝热能回收装置结构示意
1—烟气；2—被加热水；3—冷凝水；4—排水

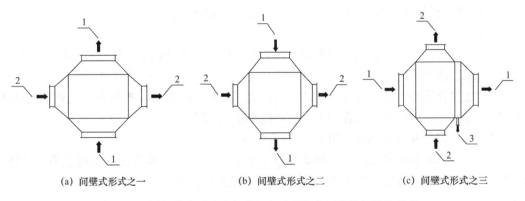

(a) 间壁式形式之一　　(b) 间壁式形式之二　　(c) 间壁式形式之三

图 5-4　被加热介质为空气的烟气冷凝热能回收装置结构示意
1—烟气；2—空气；3—冷凝水

（1）烟气与被加热介质流动方向宜采用逆向流动。间壁式烟气冷凝热能回收装置中烟气与烟气冷凝水宜采用同向流动。

（2）烟气冷凝热能回收装置的底座和支撑结构应满足强度和安全要求。

（3）烟气冷凝热能回收装置的烟气侧应设置密闭检查孔，并应便于观察和清洁。

（4）烟气冷凝热能回收装置的烟气与被加热介质的进出口均应预留安装温度、压力或压差等仪表的连接管。

（5）间壁式烟气冷凝热能回收装置的底部最低处应设置烟气冷凝水管，烟气冷凝水不应在烟气冷凝热能回收装置内存留。直接接触式烟气冷凝热能回收装置的底部最低处应设置排水管。

（6）被加热介质为液体时，烟气冷凝热能回收装置被加热介质的进出口管道上均应预留安装排气、泄水、超温超压报警等装置的连接管，且宜在被加热介质可能积存气体的部件顶部设置排气阀的连接管。

5.4.2 材料

（1）接触烟气或冷凝液的材料，应耐腐蚀或经过耐腐蚀处理。

（2）在正常安装及规定使用条件下烟气冷凝热能回收装置的加工材料应达到制造商声明的使用寿命。

（3）涉及安全的重要材料，其特性应由烟气冷凝热能回收装置制造商和材料供应商予以保证，如：提供必要的材质证明。

5.4.3 性能要求

（1）使用寿命

烟气冷凝热能回收装置的设计寿命应与燃气锅炉的设计寿命一致，且不应小于 15 年；对在役的燃气锅炉进行改造时，烟气冷凝热能回收装置的设计寿命不应小于燃气锅炉的使用年限，且不应小于 10 年。

（2）耐腐蚀性能

烟气冷凝热能回收装置中，与烟气接触的表面和烟气冷凝水管应采用防腐蚀表面改性材料或耐腐蚀材料及防腐蚀加工工艺，且焊接处应采取防腐蚀措施。

（3）耐温性能

烟气冷凝热能回收装置的最高允许工作温度不应小于燃气锅炉本体的最高排烟温度。

（4）承压能力

当被加热介质为液体，且为间壁式烟气冷凝热能回收装置时，被加热介质管道的承压能力应大于用热系统的最大工作压力，且不应小于 0.8MPa。

（5）烟气阻力和被加热介质阻力

烟气冷凝热能回收装置的烟气阻力和被加热介质阻力，应符合锅炉系统总阻力要求。烟气冷凝热能回收装置的烟气阻力宜按表 5-8 的规定执行。

烟气冷凝热能回收装置烟气阻力 表 5-8

锅炉出力		烟气阻力（Pa）
蒸汽锅炉 D(t/h)	热水锅炉 Q(MW)	
$D \leqslant 6$	$Q \leqslant 4.2$	$\leqslant 50$
$8 \leqslant D \leqslant 10$	$5.6 \leqslant Q \leqslant 7.0$	$\leqslant 90$
$12 \leqslant D \leqslant 20$	$8.4 \leqslant Q \leqslant 14$	$\leqslant 120$
$25 \leqslant D \leqslant 40$	$17.5 \leqslant Q \leqslant 29$	$\leqslant 150$

锅炉出力		烟气阻力（Pa）
蒸汽锅炉 D(t/h)	热水锅炉 Q(MW)	
50≤D≤80	35≤Q≤58	≤200
90≤D≤100	64≤Q≤70	≤230
130≤D≤160	91≤Q≤116	≤280

注：当使用的锅炉出力表中未列出时，采用直线内插法确定。

（6）换热性能

烟气冷凝热能回收装置的换热性能主要从排烟温度、燃气利用热效率和烟气余热回收率等方面进行要求。

1）排烟温度

当被加热介质为液体时，在名义工况下，烟气冷凝热能回收装置的出口烟温与被加热介质进口温度之差不应大于 5℃，且应比烟气中水蒸气的露点温度低 5℃以上。

2）燃气利用热效率和烟气余热回收率

名义工况下，燃气利用热效率和烟气余热回收率宜根据烟气冷凝热能回收装置的进口烟温和过剩空气系数确定。当燃气为天然气、过剩空气系数为 1.1 且被加热介质为水时，燃气利用热效率和烟气余热回收率应符合表 5-9 的规定。

燃气利用热效率和烟气余热回收率 表 5-9

进口烟温（℃）	≥250	≥200	≥150	≥100
燃气利用热效率（%）	≥15	≥12	≥10	≥7
烟气余热回收率（%）	≥60	≥55	≥50	≥42

3）耗能量

烟气冷凝热能回收装置所消耗能量（按发电平均效率折算为一次能源的能量）应小于烟气冷凝热能回收装置名义输出热量的 5%。

（7）外观

1）烟气冷凝热能回收装置内外表面应整洁，不应有划痕、锈斑等缺陷。

2）烟气冷凝热能回收装置标志牌、烟气及被加热介质连接管的流向标记等应完整、正确、清晰，安装应牢固，并应置于明显位置。

5.4.4　检测

每台产品出厂前应进行外观、烟气导流段接口尺寸、承压能力检验。

产品的检测除以上项目外，还应包括排烟温度、耐温性能、耐腐蚀性能、烟气阻力、被加热介质阻力、被加热介质温度、燃气利用热效率、烟气余热回收率、节能量检验。

5.4.5　选用要求

（1）燃气锅炉烟气冷凝热能回收装置增设于燃气锅炉尾部的排烟出口处，将排烟温度降至烟气露点温度以下，可同时回收利用烟气的显热和潜热。

（2）应根据设备使用寿命、耐腐蚀性、承压能力、换热性能、烟气与被加热介质阻力等指标，选用防腐高效低阻型烟气冷凝热能回收装置。

（3）燃油锅炉、直燃机与其他天然气燃烧设备的烟气冷凝热能回收装置，可参考行业标准《燃气锅炉烟气冷凝热能回收装置》CJ/T 515—2018，并根据各自用能设备特点及运行工况进行设计选用。

（4）主要选型依据为燃气锅炉容量、锅炉负荷率、排烟温度与排烟余压、被加热介质温度及流量、安装空间与经济性等。

（5）燃气锅炉烟气冷凝热能回收装置宜单台炉配置；当多台燃气锅炉共用一台烟气冷凝热能回收装置时，烟气冷凝热能回收装置宜安装在共用烟道上，且各燃气锅炉尾部至烟气冷凝热能回收装置之间的烟气流动力均衡，各烟道间夹角应尽可能小，确保各台锅炉烟气流动相互不受影响甚至阻碍；每台燃气锅炉尾部出口烟道应安装烟道阀，烟道阀应密封可靠，防止烟气回流。

（6）烟气冷凝热能回收装置中被加热水的出口温度高于100℃时，应在出水管路上设置安全阀，且保证被加热水工作压力高于汽化压力。

（7）燃气锅炉全年或长期连续运行时，为便于烟气冷凝热能回收装置维护保养与检修，应设旁通烟道，并在烟气冷凝热能回收装置的进口、出口烟道和旁通烟道上设置密封可靠的烟道阀。

（8）大型烟气冷凝热能回收装置或烟气冷凝热能回收装置安装位置较高时，为便于维护保养与检修，应设置检修平台；当烟气冷凝热能回收装置安装在室外时，还应采取防冻、防雨和防晒等防护措施。

5.4.6 相关标准

（1）国家标准《城镇供热系统评价标准》GB/T 50627—2010 第4.2.2-9条：燃气锅炉排烟温度较高，有条件时可设烟气冷凝器回收部分热量。

（2）国家标准《供热系统节能改造技术规范》GB/T 50893—2013 第5.3.7条：燃气（油）锅炉排烟温度和运行热效率不符合本规范表4.3.1-1、表4.3.1-2的规定时，宜设置烟气冷凝回收装置。烟气冷凝回收装置应满足耐腐蚀和锅炉系统寿命要求，并应使锅炉系统在原动力下安全运行。

（3）国家标准《供热系统节能改造技术规范》GB/T 50893—2013 第6.3.1条：烟气冷凝回收装置的安装应符合下列规定：烟气冷凝回收装置及被加热水系统应进行保温；烟气流向、被加热水流向应有标识；烟气进出口均应设置温度、压力测量装置；被加热水进出口均应设置温度及压力测量装置，并宜设置热计量装置或热水流量计。

（4）国家标准《供热系统节能改造技术规范》GB/T 50893—2013 第6.3.2条：烟气冷凝回收装置调试应按下列步骤进行：

1）烟气侧应进行吹扫，水侧应进行冲洗，水、气管道应畅通；

2）被加热水系统充水后应进行冷态循环，每台烟气冷凝回收装置的被加热水量应达到最低安全值；

3）应进行热态调试，锅炉和被加热水系统的连锁控制应运行正常；启动时，应先开启被加热水系统，后启动锅炉；停炉时，应先停炉，待烟温降低后，再停止被加热水系统；

4）进行单机调试时，应校对烟道阻力和背压、调节燃烧器、控制燃气和空气的比例、测试烟气成分。烟气余热回收装置对锅炉燃烧系统、烟风系统影响应降到最小；

5）单机试运行及调试后，应进行联合试运行及调试，并应达到设计要求。

（5）国家标准《供热系统节能改造技术规范》GB/T 50893—2013 第 6.3.3 条：烟气冷凝回收装置的节能测试应分别在供热系统正常运行后的供暖初期、供暖末期及严寒期进行。测试时锅炉实际运行负荷率不应小于 85%，每次测试次数不应少于 2 次，每次连续测试时间不应少于 2h，取 2 次测试值平均值，节能测试数据按该规范表 D.0.5 填写。对于设有辅机动力的烟气冷凝回收装置，计算节能率时应将辅机能耗计入输入值。

（6）国家标准《燃气冷热电联供工程技术规范》GB 51131—2016 第 7.2.6 条：余热锅炉及余热吸收式冷（温）水机的排烟热量宜配置烟气热回收装置回收利用。

（7）国家标准《燃气冷热电联供工程技术规范》GB 51131—2016 第 7.3.7 条：发电机组的余热利用设备应根据运行介质要求，采取防止腐蚀的措施。

（8）国家标准《燃气冷热电联供工程技术规范》GB 51131—2016 第 13.3.14 条：利用烟气余热的冷（温）水机组、锅炉，应使冷（温）水机组、锅炉能安全接受烟气余热，当余热利用设备停止运行时，烟气应能经旁通直接排放。当烟气余热总量超过冷（温）水机组、锅炉的正常需求时，应自动或者手动调节余热烟气进入设备的流量。

5.4.7　使用、管理及维护

（1）运行调试及节能测试

燃气锅炉烟气冷凝热能回收装置的调试及节能测试应符合国家标准《供热系统节能改造技术规范》GB/T 50893—2013 第 6.3.2 条和第 6.3.3 条的规定。

（2）使用与管理

1）设备启动：启动前系统应充满被加热介质（如水或空气），确保流量达到设计要求；启动后观察出口介质温度和压力，确保汽化温度高于介质出口温度 20℃以上，严禁被加热液体汽化。

2）设备运行：锅炉负荷升高后，观察被加热介质（液体）温度，严禁汽化；观察被加热介质压力，严禁超压；观察烟气进出口压降，压降超过初始运行的 1.2 倍时，应清洗烟气侧换热管或检查排水管是否堵塞；观察设备进口管路上的过滤器压降，压降超过初始运行的 1.5 倍时，应及时清洗；经常检查烟气冷凝水排水管是否通畅，若发生堵塞，应及时清除堵塞物；相同燃气锅炉运行工况下，装置出口烟气温度升高，燃气利用热效率降低，应检查原因，若换热器表面结垢，应清洗处理。

3）设备停止：清洗烟气侧换热管，防止结垢影响换热性能；关闭装置的进、出口阀门；若被加热介质为水，宜满水保养，降低换热管内氧腐蚀；冬季设备不运行时，应泄水或小流量运行或注入防冻液，防止换热管冻裂。

4）被加热介质为水时，烟气冷凝热能回收装置进水前应加装过滤器，且被加热水水质应符合国家标准《工业锅炉水质》GB/T 1576 的给水标准。

（3）维护与保养

1）烟气冷凝热能回收装置启动前，应对换热器烟气侧表面进行吹扫和清水冲洗，并检查烟气冷凝水排水管是否通畅。

2）烟气冷凝热能回收装置停止运行后，应对换热器烟气侧表面进行清水冲洗，防止杂质和灰尘沉积换热器表面，降低传热性能；人员进入设备内部清洗或检查时，应踩在换热器上部的检修支架，严禁直接踩换热器表面，以免破坏换热器表面防腐层，影响设备使用寿命；被加热介质为水的间壁式烟气冷凝热能回收装置，夏季宜采用满水保养；若冬季室外温度低于0℃，烟气冷凝热能回收装置设置在室外时，应采取防冻措施，避免换热管冻裂。

5.4.8　主要问题分析

燃气锅炉烟气冷凝热能回收装置常见故障与处理见可表5-10。

烟气冷凝热能回收装置常见故障与处理　　　　　　　　　表5-10

序号	故障现象	故障原因	处理方法
1	换热器故障	1. 干烧； 2. 冻裂	1. 高温烟气通过时，须确保被加热介质流量满足设计要求； 2. 低温条件下，设备不运行应将被加热介质排净或通入防冻液或持续通入安全流量的被加热介质
2	烟道法兰处冷凝水渗漏	1. 密封胶脱落； 2. 法兰不平或错位	1. 清理原有密封胶后重新打密封胶； 2. 更换或矫正法兰
3	传热差	1. 烟垢； 2. 水垢	1. 使用前和停止运行后需清洁处理； 2. 加强过滤和水质管理
4	阻力大	1. 烟垢； 2. 水垢	1. 定期清洗烟气侧； 2. 加强过滤和清洗，加强水质管理
5	烟气冷凝水排出不畅	烟气冷凝水的排水管堵塞	清理烟气冷凝水排水管内杂质

5.5　隔绝式气体定压装置

隔绝式气体定压装置利用密闭罐体内所存储气体的压缩膨胀性能，使供暖、空调水系统压力保持在一定范围内，并容纳管路中液体的膨胀量，还可以从一定程度上有效防止水锤的发生。

隔膜罐中的橡胶隔膜将液体介质和气体介质完全隔开，当管路中的液体工质充入隔膜内胆后，密封在罐内的气体被压缩。根据波义耳气体定律，即在一个闭合的系统内，如温度和气体量保持不变时，一定质量的理想气体所产生的压力与它所占有的体积成反比，便可利用气体压缩后的膨胀特性稳压、供水。当密闭系统水温升高时，压力增大，水压高于预充氮气压力，加热膨胀的水量进入膨胀罐；当系统水温降低时，预充惰性气体（氮气居多）压力将隔膜推到底部，使得罐体内的水进入管路。依靠罐内气体的压缩和膨胀，在补给水泵停运时，仍保持系统压力在允许的波动范围内，使系统不汽化，实现补给水泵间断运行。受该装置的罐体容积和热水系统补水量的限制，适于系统水容量小于500m³的小型热水系统。

应用于太阳能系统时，隔绝式气体定压装置的工作介质可由水扩展到乙二醇水溶液（通常乙二醇含量不超过49％）。

5.5.1 结构

隔绝式气体定压装置的主体设备隔膜罐（diaphragm pneumatic vessel）是利用内装膜体来隔绝空气和水的金属罐，亦被称为闭式膨胀罐、闭式定压罐或气压罐。罐体（tank body）是能够承受系统压力的闭式金属罐，膜体（diaphragm body）是具有耐热性能和强度的不透气的橡胶薄膜，附属装置通常包括压力表、检修法兰、补气口、支架等。

隔膜罐是通过隔膜将气体（通常为氮气）与系统内部的液体分成两部分的密闭式压力容器，其特点是液气分离，液体进入橡胶囊体的内部，囊体外部与罐体之间充满惰性气体（氮气居多），由于液气分离，所以不会产生气体溶解于液体的情况，可一次充气长期使用。

隔膜罐可分为立式和卧式两种，通常为立式罐，只有容积非常大时会考虑用卧式罐。罐体内部的隔膜一般分为囊式和帽式。囊式隔膜是内囊式，如图 5-5 中虚线所示，连接口紧固在检修法兰 A 之间，故可更换。帽式隔膜的罐常用于系统水容量较小的场合，隔膜是直接固定在罐体内部，系统中的膨胀水体由 A 点进入罐体，膜体位置如图 5-6 中虚线所示，隔膜损坏时无法进行更换。

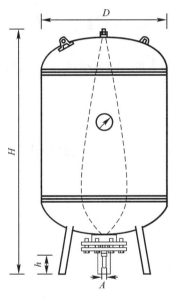

图 5-5 囊式隔膜罐

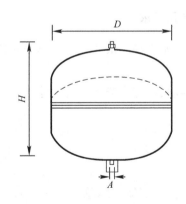

图 5-6 帽式隔膜罐

5.5.2 材料

(1) 罐体及法兰材料采用不低于 Q235B 标准的碳钢或不锈钢材质。

(2) 隔膜材料宜采用 IIR（丁基橡胶）、NBR（丁腈橡胶）、EPDM（三元乙丙橡胶）或气密性较好的并用类橡胶材质，橡胶膜体采用阻氧型丁基橡胶材料，不应采用再生橡胶材料。

5.5.3 性能要求

(1) 隔绝式气体定压装置的有效容积不应超过罐体总容积的 30%，以确保定压稳定性；容水量大于 $0.5m^3$ 的隔膜罐，罐内压力达到设计压力时，最小容水量不应小于罐体设计容水量的 0.5%。

（2）丁基橡胶隔膜隔氧性应为天然橡胶的 7 倍，具备在 70℃温度下在空气中能长时间运行的热稳定性，并具有优秀的吸能性、耐臭氧及化学不变性。

（3）膜体与罐体的连接应紧密，法兰处应有不小于 4mm 宽边。罐体上的连接孔处应采取防止膜体压入连接孔的措施。罐体要满足一定的承压能力，即在设计压力下，罐体不应破裂或变形，且膜体不应损坏；从严密性角度，膜体和定压装置在设计压力下不应泄漏。

（4）电控箱的箱体面板上设置显示器，显示定压装置工作状态、故障声光报警等，有清晰的功能指示标志图形和文字。

（5）有补气设备的定压装置，其罐体直接连接补气设备。

（6）罐体或连接管上设置有安全阀、压力表、排水阀、排气阀和充气口。

（7）设备金属构体上应有接地点，主接地点与设备任何有关的、因绝缘损坏可能带电的金属部件之间的电阻不应超过 0.1Ω。连接接地线的螺钉和接线点不应做其他机械紧固用。

5.5.4 检测

每台隔绝式气体定压装置出厂前应经过规范的外观、承压能力、严密性、缺气报警、补气控制、启停机和接地检测。

产品的型式检验除以上项目外，还应包括最小容水量、损坏报警、电气性能及外壳防护等级检测。

5.5.5 选用要求

（1）热水系统内水的总容量小于或等于 $500m^3$ 时，定压补水装置可采用隔膜式气压水罐。

（2）隔膜罐容积按下列公式计算：

$$v \geqslant v_{\min} = \frac{\beta v_t}{1 - \alpha} \tag{5-1}$$

$$\alpha = \frac{p_1 + 100}{p_2 + 100} \tag{5-2}$$

式中：v——隔膜罐实际总容积（m^3）；

  $v_{\min}$——隔膜罐最小总容积（m^3）；

  v_t——隔膜罐调节容积（m^3），不宜小于 3min 平时运行的补水泵流量；当采用变频泵时，补水泵流量可按额定转速时补水泵流量的 1/3～1/4 确定；

  β——容积附加系数，隔膜式气压罐可取 1.05；

  α——综合考虑隔膜罐容积和系统的最高运行工作压力等因素的系数，宜取 0.65～0.85，必要时可取 0.5～0.9；

p_1、p_2——补水泵启动压力和停泵压力（表压）（kPa）。

（3）隔膜罐工作压力（表压）

在运行过程中，工作压力的确定主要涉及四个重要压力值：

1) 安全阀开启压力 P_4，不得使系统内管网和设备承受压力超过其运行工作压力；

2) 膨胀水量开始流回补水箱时电磁阀开启压力 P_3，宜取 $0.9P_4$；

3) 补水泵启动压力 P_1，满足定压点下限要求，并增加 10kPa 的富余量。定压点下限应符合：循环水温度 T 为 60℃～95℃时，应使系统最高点的压力高于大气压力 10kPa 以上；循环水温度 T 小于或等于 60℃时，应使系统最高点的压力高于大气压力 5kPa 以上；

4) 补水泵停泵压力 P_2，宜取 P_2 等于 $0.9P_3$。

5.5.6　相关标准

（1）国家标准《锅炉房设计标准》GB 50041—2020 第 10.1.13 条：热水系统内水的总容量小于或等于 500m³ 时，定压补水装置可采用隔膜式气压水罐。定压补水点宜设在循环水泵进入母管上；补给水泵的选择符合该规范第 10.1.7 条的要求，设定的启动压力，应使系统内水不汽化。

（2）行业标准《城镇供热管网设计规范》CJJ 34—2010 第 10.3.9 条：间接连接采暖系统定压点宜设在循环水泵吸入口侧。定压值应保证管网中任何一点采暖系统不倒空、不超压。定压装置宜采用高位膨胀水箱或氮气、蒸汽、空气定压装置等。空气定压宜采用空气与水用隔膜隔离的装置。成套氮气、空气定压装置中的补水泵性能应符合该规范 10.3.8 条的规定。定压系统应设超压自动排水装置。

5.5.7　使用、管理及维护

（1）定压装置的布置应便于操作、调试和维修。

（2）隔绝式气体定压装置通常在温度为 4℃～40℃、相对湿度小于或等于 90％的工作环境下使用，产品宜贮存在室内干燥、通风良好且无腐蚀性介质常温环境中，如露天放置，应采取防雨、防晒及防潮等措施。

（3）隔绝式气体定压装置绝不允许气体预设压力超过允许操作压力，罐体内的气体应为惰性气体（如氮气）。在供热系统中应在设备旁设置警告装置以防人员烫伤；设备必须安装在有足够承载能力的地面上，并充分考虑到在罐体充满水后的总重量。

（4）用于供暖空调系统的定压装置中橡胶隔膜的工作温度上限值为 70℃，用于太阳能集热循环系统的橡胶隔膜的工作温度上限值为 110℃～130℃。如出现系统温度过高或者过低时，通常采用设置中间罐（缓冲罐）的方式，防止温度过高或者过低影响隔膜（气囊）的使用寿命。

（5）定压装置每年均应进行至少一次的例检（根据压力容器强制监检要求）。

5.5.8　主要问题分析

隔绝式气体定压装置在工程中通常易产生的问题如下两点：

（1）易产生有效容积、总容积的概念混淆，在设计提出有效容积的要求后，总容积应根据前述要求进行选型，应以总容积大小进行采购；

（2）应当注意内部隔膜的材质区分，合格的材质为丁基橡胶材质，天然橡胶、丁腈橡胶、丁苯橡胶均不能达到供热系统的性能要求。

5.6 热计量装置

5.6.1 结构与原理

热计量装置是用于测量及显示载热介质流经热交换系统释放热量的装置。供热行业应用的热计量装置包括：

（1）热量表

热量表采集流经热量表载热介质的质量和其在热交换系统的进水口和出水口的温度，使用质量焓差法热量计算公式经过计算得到系统释放或吸收的热量值。

（2）由单独流量计、温度传感器及热量计算装置组成的热计量装置

流量传感器是用于采集载热介质质量流量或体积流量的部件。

配对温度传感器分别安装在进水管和出水管上，用来测量进出介质温度，配对温度传感器使用配对铂电阻温度传感器。

计算器用来采集流量传感器的流量信号及配对温度传感器的阻值信号，并将其转换成对应的流量及温度值，根据热量计算公式，计算得出热量值。除了上述功能外，计算器还具有显示、数据存储、通信等基本功能。

（3）热量分摊装置

用于对热量表的计量值进行分摊。分摊装置主要有：通断时间面积法装置、温度面积法装置、散热器热分配表法装置、流量温度法装置、户用热量表法装置等。

5.6.2 热量表的分类

热量表的分类方法较多，常用的分类方法包括：按流量测量原理分类、按基本结构分类、按使用功能分类、按口径分类、按使用用途分类等。

5.6.2.1 按流量测量原理分类

热量表根据流量传感器测量原理不同，可分为超声波式、机械式、电磁式、涡街式、孔板式等。

（1）超声波式热量表

超声波式流量传感器的工作原理是超声波的某项特性与液体的流速相关，通过检测超声波这一特性的变化来测量液体的流动速度的，根据测量原理的不同，较常用的分为两种：传播时间法和多普勒效应法。

传播时间法是利用超声波在流动流体中传播时，顺水流传播速度与逆水流传播速度差来计算流体流速的。根据检测速度差的方法不同，传播时间法又细分为：时差法、频差法和相位差法。

多普勒法是利用声学多普勒原理，通过测量流体中散射体散射的超声波多普勒频移来确定流体流量的，适用于含悬浮颗粒、气泡等流体流量测量。

由于不同原理的超声波式流量传感器特点各不相同，使得其应用范围也不相同，目前应用于热量表的超声波式流量传感器的测量原理以传播时间法为主。

采用超声波式流量传感器的热量表统称超声波式热量表。超声波热量表的特点有：

1）测量管内无可动部件，可长时间保持稳定的计量性能；

2）对水质要求较低，适用于水质较差的环境；

3）流量测量范围高，优质的超声波热量表量程比可达到 250：1；

4）功耗低，使用电池供电可实现 10 年以上的使用寿命；

5）对安装条件要求低，设计合理的超声波热量表甚至不需要直管段。

（2）机械式热量表

机械式流量传感器主要是利用管道中流动的水流推动热量表的叶轮转动，水的流速与叶轮的转速成正比这一原理进行工作的。

机械式流量传感器根据结构的不同又分为旋翼式和螺翼式。一般 DN15～DN40 小口径户用表使用旋翼式结构，DN50～DN300 大口径管网表使用螺翼式结构。旋翼式结构又可分为单流束和多流束两种：单流束表是水在表内从一个方向单股推动叶轮转动；多流束表是水在表内从多个方向推动叶轮转动。螺翼式又分为垂直螺翼式和水平螺翼式两种结构。采用机械式流量传感器的热量表统称机械式热量表。机械式热量表的特点有：

1）成本相对较低；

2）使用过程中存在机械磨损，计量精度会随着使用时间的加长而降低；

3）如果供热管网的水质较差，机械式热量表容易出现堵塞或叶轮卡住不转的情况。

（3）电磁式热量表

电磁式流量传感器测量的基本原理是利用法拉第电磁感应定律，即导电性的液体在流动时切割磁力线，会产生感应电动势，因此可应用电磁感应定律来测定流速。采用电磁式流量传感器的热量表统称电磁式热量表。电磁式热量表的特点有：

1）测量管内无可动部件，也无阻碍流体流动的节流部件，不会引起附加压力损失，可测量脏污、腐蚀性等介质；

2）测量精度较高；

3）成本高；

4）流量测量范围低；

5）功耗较高。

（4）涡街式热量表

涡街流量传感器采用卡门涡街测量原理测量流量。涡街流量传感器利用在流体中安放非流线型阻流体，流体在该阻流体下游两侧交替地分离释放出一系列漩涡，在给定流量范围内，漩涡的分离频率与流量成正比，得到流体流量的方法。采用涡街式流量传感器的热量表统称涡街式热量表。涡街式热量表的特点有：

1）适用于蒸汽计量；

2）结构简单牢固、安装维护方便；

3）直管段要求长；

4）不适用于管内有较严重的旋转流和管道产生振动的场所。

（5）孔板式热量表

孔板式流量传感器是节流式差压流量计中应用最广泛的一种流量计，标准孔板作为节流部件，当流体流经标准孔板时产生缩流现象，在孔板的前后产生静压差，在已知有关参数的条件下，根据流动连续性原理和伯努利方程可以推导出差压与流量之间的关系而求得流量。采用孔板式流量传感器的热量表统称孔板式热量表。孔板式热量表的特点有：

1）标准孔板制造简单、运行可靠、使用周期长；

2）各类流量计中唯一获得国家标准组织认可，仅需干式校准即可投用的流量计；

3）适用于液体计量、蒸汽计量或汽液两相计量；

4）流量计量范围窄，压损大；

5）直管段要求长。

5.6.2.2 按基本结构分类

根据组成热量表的三部分（计算器、流量传感器、温度传感器）基本结构，可分为整体式热量表和组合式热量表。

（1）整体式热量表

热量表的三个组成部分中，有两个以上的部分在理论上（而不是形式上）不可分割地结合在一起。比如，机械式热量表当中的标准机芯式（无磁电子式）热量表的计算器和流量传感器不能任意互换，户用超声波热量表计算器与流量传感器不能任意互换，检定时也只能对其进行整体检测。

（2）组合式热量表

组成热量表的三个部分可以分离，在同型号的产品中可以相互替换，检定时可以对各部件进行分体检测。

5.6.2.3 按使用功能分类

热量表按使用功能可分为：用于供暖分户计量的热计量表、用于空调系统的冷计量表和冷热计量表。

（1）热计量表

热计量表是指测量和显示载热液体经热交换设备所释放（供热系统）热能量的仪表。

（2）冷计量表

用于计量低温时冷量的仪表，一般而言流体介质温度为2℃～30℃，温差不大于20K。

（3）冷热计量表

冷热计量表能够分别计量热量和冷量并将计量的能量值按热量和冷量分别记录在不同的存储器中的仪表。冷热量表的冷热计量转换，是由程序软件完成的，当供水温度高于回水温度时，为供热状态，这时冷热量表计量的是供热量；当供水温度低于回水温度时，是制冷状态，冷热量表自动转换为计量制冷量。

5.6.3 性能要求

（1）计量性能要求

热量表为多参量计量仪表，热量表计量性能包括热量计量、流量计量、温度及温差计量。热量表准确度等级分1级、2级、3级。不同准确度等级热量表计量性能要求见现行国家标准《热量表》GB/T 32224。

热量表的最大允许误差是与相关参数的选取有直接关系的，以DN20口径准确度等级为2级、$\Delta\theta_{min}=3K$、$q_p=2.5m^3/h$ 的热量表为例，当该热量表工作在温差 $\Delta\theta$ 为15K，流量 q 为 $0.25m^3/h$ 时，该热量表的最大允许误差 $E_h=4.0\%$；当温差 $\Delta\theta$ 为3K，流量 q 为 $2.5m^3/h$ 时，该热量表的最大允许误差 $E_h=7.02\%$。

（2）热量表流量传感器性能指标

1）热量表流量性能指标由流量下限 q_i、常用流量 q_p 和流量上限 q_s 确定。常用流量与流量下限之比为热量表的"量程比"，量程比的大小是体现热量表流量传感器技术水平最直观的指标之一。热量表的量程比应为 25、50、100、250。流量上限与常用流量之比不应小于 2。

热量表的常用流量与热量表的公称口径并非一一对应，DN15 口径热量表对应多种常用流量。表 5-11 为热量表常用流量及流量传感器连接尺寸和方式。

常用流量及流量传感器连接尺寸和方式　　　　表 5-11

常用流量 q_p (m³/h)	选择 1			选择 2			选择 3		
	法兰连接 DN	螺纹连接	流量传感器长（mm）	法兰连接 DN	螺纹连接	流量传感器长（mm）	法兰连接 DN	螺纹连接	流量传感器长（mm）
0.6	15	$G\frac{3}{4}B$	110	15	$G\frac{3}{4}B$	130	20	G1B	190
1.0	15	$G\frac{3}{4}B$	110	15	$G\frac{3}{4}B$	130	20	G1B	190
1.5	15	$G\frac{3}{4}B$	110	15	$G\frac{3}{4}B$	165	20	G1B	130 / 190
2.5	20	G1B	130	20	G1B	190	25	$G1\frac{1}{4}B$	160 / 260
3.5	25	$G1\frac{1}{4}B$	160	25	$G1\frac{1}{4}B$	260	25	$G1\frac{1}{4}B$	130
6	32	$G1\frac{1}{2}B$	180	32	$G1\frac{1}{2}B$	260	25	$G1\frac{1}{2}B$	260
10	40	G2B	200	40	G2B	300	—	—	—
15	50	—	200	50	—	300	50	—	270
25	65	—	200	65	—	300	—	—	—
40	80	—	225	80	—	350	80	—	300
60	100	—	250	100	—	350	100	—	360
100	125	—	250	125	—	350	—	—	—
150	150	—	300	150	—	500	—	—	—
250	200	—	350	200	—	500	—	—	—
400	250	—	400 / 450	250	—	600	—	—	—
600	300	—	500	300	—	800	—	—	—
1000	400	—	600	400	—	800	—	—	—

2）热量表流量传感器在常用流量下的最大压损 Δp 不应超过 25kPa。

（3）热量表温度性能指标

热量表温度指标由温差上限（$\Delta\theta_{max}$）、温差下限（$\Delta\theta_{min}$）、温度上限（θ_{max}）、温度下限（θ_{min}）决定。

1）热计量表的温差下限 $\Delta\theta_{min}$ 不大于 3K，冷计量表及冷热计量表的温差下限 $\Delta\theta_{min}$ 不大于 2K。

2）热计量表温差上限 $\Delta\theta_{max}$ 根据产品设计的能力和用户要求决定，一般不低于 45K。

3）管网热量表温度下限（θ_{min}）、温度上限（θ_{max}）范围一般为 2℃～150℃，户用热量表范围一般为 4℃～95℃，冷量表一般为 2℃～35℃。

（4）法规管理要求

1）为了保证热量表应用时的公正性，影响热量表计量性能的可拆部件应有可靠且有效的封印予以保证，以避免热量表计量性能被肆意修改而失去公正性。

2）热量表应使用正确的计量单位，对应各参数的基本计量单位分别为：

① 热量：焦耳（J）或瓦时（W·h）；

② 流量：立方米（m³）或吨（t）；

③ 瞬时流量：立方米每小时（m³/h）或吨每小时（t/h）；

④ 温度：摄氏度（℃）；

⑤ 温差：开尔文（K）或摄氏度（℃）。

实际使用中可以使用基本计量单位或其十进制倍数。

5.6.4 检测与检定

（1）根据国家市场监督管理总局 2020 年颁布的《实施强制管理的计量器具目录》，用于贸易结算的 DN15～DN50 热量表（热能表）需要进行周期检定。

（2）热量表检定装置是完成热量表计量性能和技术参数检定的综合计量检定装置，热量表检定装置应符合现行行业标准《热量表检定装置》CJ/T 357 的要求。

（3）热量表的检定方法见行业标准《热能表》JJG 225—2001，该规程于 2001 年颁布，由于当时制定规程的部门与制定标准的部门缺少有效沟通，造成规程使用的产品名称与标准使用的产品名称不一致，最新修订的规程名称已变更为"热量表"。国家市场监督管理总局的文件中还是使用规程中的产品名称"热能表"。

（4）检定周期：公称尺寸小于或等于 DN50 的户用热量表，检定周期一般为 5 年。公称尺寸大于 DN50 的热量表，检定周期一般为 2 年。

5.6.5 选用要求

（1）热量表选型的基本原则如下：

1）热量表应符合现行国家标准《热量表》GB/T 32224 标准要求；

2）准确度：户用热计量表应选择准确度优于 3 级的热量表；热源、楼栋和热力站及贸易结算用热计量表宜选择准确度优于 2 级的热量表；

3）外壳防护等级：安装于室外可能被浸泡环境的热量表，外壳防护等级应符合 IP68 的规定，冷计量表、冷热计量表的外壳防护等级应符合 IP65 的规定。

（2）规格

热量表规格的选择应依照设计流量进行，兼顾管道口径。热量表的常用流量可按照设计流量的 120% 选择，使热量表工作在合理的流量范围内。必要时可以缩小管道口径选择热量表的规格。

（3）流量量程比

热量表的流量量程比（常用流量与最小流量之比）在使用中非常重要，合理选择适用于所应用工况流量范围的热量表可以有效提高计量准确度。通常热量表的流量传感器工作在小流量时，其流量测量误差会相应加大，所以应尽可能选择量程比大的热量表。

热量表的最小流量必须小于应用工况的最小流量，热量表的常用流量必须大于所应用工况的最大流量。

（4）最小温差

随着供热系统的规模越来越大，水力失衡的问题也越来越突出，为了保证供热效果，实际运行中会通过加大流量的方式解决水力失衡的问题，这就造成了实际供回水温差要远低于设计温差，很多供热系统会出现（2～3）℃左右的供回水温差。热量表的计量精度与温差的大小密切相关，实际供回水温差越小，计量误差越大；如果实际运行的温差为3.5℃，当使用最小温差为 3K（℃）的热量表计量时，由温差计量误差造成的最大偏差为3.93%；如果使用最小温差为 2K（℃）的热量表计量，由温差计量误差造成的最大偏差降为 2.79%；因此为了提高计量精度应尽量采用最小温差小的热量表。目前常规热量表的最小温差可以做到 2K（℃）。

5.6.6 相关标准

（1）行业标准《供热计量系统运行技术规程》CJJ/T 223—2014 第 3.2.1 条：热量结算点处应设置热量结算表。集中供热系统中的热量结算表准确度等级不应低于二级，居民用户的热量计算表准确度等级不应低于三级。

（2）行业标准《供热计量系统运行技术规程》CJJ/T 223—2014 第 3.2.2 条：集中供热系统设置的热量结算表，应经过首次鉴定合格后方可安装使用。第 3.2.3 条规定：热量结算表应按照国家规定的检定周期报送当地的计量检定机构进行检定，检定不合格的不得使用。

（3）行业标准《供热计量系统运行技术规程》CJJ/T 223—2014 第 3.2.4 条：热量结算表应具备首次检定合格证和产品合格证，并应经首次运行核查合格后方可使用。在检定周期内，热量结算表应定期进行核查，运行核查不合格的应及时分析原因，并应及时进行维修和更换。

（4）行业标准《供热计量系统运行技术规程》CJJ/T 223—2014 第 3.2.6 条：热量结算表宜具有数据远传功能，终端显示数据应与现场数据一致。

（5）行业标准《供热计量技术规程》JGJ 173—2009 第 3.0.1 条：集中供热的新建建筑和既有建筑的节能改造必须安装热量计量装置。强制条款第 3.0.2 条规定：集中供热系统的热量结算点必须安装热量表。

（6）行业标准《供热计量技术规程》JGJ 173—2009 第 3.0.3 条：设在热量结算点的热量表应按《中华人民共和国计量法》的规定检定。

（7）行业标准《城镇供热系统运行维护技术规程》CJJ/T 88—2014 第 6.4.5 条：除用户以外的热计量设备应定期进行检查，检查周期宜为 15d。

（8）行业标准《城镇供热系统运行维护技术规程》CJJ/T 88—2014 第 6.7.3 条：户计量分室控温供热系统应定期对热计量装置进行维护与校验等热计量装置大于使用年限时应进行更换，

（9）行业标准《城镇供热系统运行维护技术规程》CJJ/T 88—2014 第 6.7.4 条：供热结束后应对热计量记录计时分析，当本供热周期热计量数据已与上一年差值大于±20%时，应对热计量设备进行检查，并应及时更换不合格的热计量装置。

（10）行业标准《城镇供热系统运行维护技术规程》CJJ/T 88—2014 第 6.7.6 条：热计量设备的更换应符合设计要求，不得随意改动。

5.6.7 使用、管理及维护

5.6.7.1 热量表的安装

（1）安装形式

热量表的安装形式分为水平安装、垂直安装及任意角度安装。特别是机械式热量表，对安装形式有特别要求，在安装时要特别注意热量表上标注的对安装形式的要求。热量表安装形式示意如图 5-7 所示。

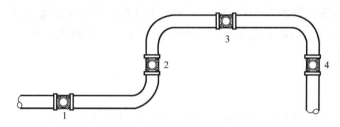

图 5-7　热量表安装形式示意

1—最合理的安装位置；2—适于安装允许垂直安装的热量表；3—不适合安装的位置，管路的最高点，此位置可能集气造成不满管；4—不适合安装的位置，管道中有气体时会造成计量误差

（2）安装位置

热量表的安装位置可以是进水管道也可以是回水管道，安装时要特别注意热量表上标注的对安装位置的要求，禁止任意调换热量表规定的安装位置。可以现场设置安装位置的热量表，在确定安装位置后，一定要将计算器设置在相应的安装位置。

（3）户用型热量表及配件安装要求

1）热量表的安装形式应根据生产企业提供的产品使用说明书要求选择；

2）热量表安装前应将管道进行清洗；

3）供水管道宜安装过滤器；

4）热量表的流量传感器前后应安装活接头及截止阀，以便于热量表在使用过程中的拆下检修或更换；

5）热量表计算器的安装位置及角度应便于观察、读数；

6）温度传感器除固定安装于流量传感器上的一只，另外一只应采用测温球阀或测温三通安装；

7）户用热量表及附件安装示意如图 5-8 所示。

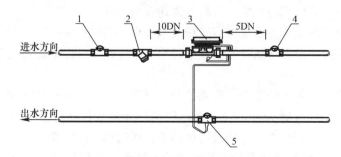

图 5-8　户用热量表及附件安装示意

1—截止阀或锁闭阀；2—过滤器；3—热量表；4—截止阀；5—测温阀或测温管箍

（4）楼栋型和工业型热量表的安装

1）流量传感器及计算器安装环境要求：

① 流量传感器的安装位置周围应具备可供维护、检修的空间；

② 流量传感器安装点的供水管道必须安装过滤器；

③ 流量传感器连接管道不能保证有效承重时，应对流量传感器进行可靠支撑；

④ 流量计的安装应尽量避开有强烈机械振动影响的位置，特别是要避开可能引起流量计信号处理单元、超声换能器、流量测量管等部件发生共振的环境；

⑤ 流量传感器的前后应安装截止阀，在更换故障流量传感器时，关闭阀门排空管路系统内的水；

⑥ 流量传感器的连接法兰部位应平滑，不得有影响流体状态的台阶及凸起，特别是法兰垫片，安装时一定要注意，垫片不得向连接处管内伸出；

⑦ 按照生产厂家使用说明书的要求确定流量传感器上、下游侧的直管段长度，在流量传感器上、下游直管段范围内，管道内壁应清洁，无明显凹凸痕、锈蚀、结垢和起皮现象。如果使用说明书中没有规定，则流量传感器上游侧距离扰动部件至少 10 倍公称通径（10DN），下游侧 5DN；

⑧ 计算器安装前应检查内部时钟，日期及时间应校准一致，安装位置应能方便读数。

2）温度传感器的安装

① 温度传感器的安装点应避开管路的高位，避免管道内因不满管影响测量准确度。在条件具备时，尽量选择距离流量传感器或计算器最近的位置，使温传线最短同时便于布线。

② 在有分支的管路安装温度传感器时安装点必须远离管路汇集点，距离汇集点的尺寸应按照生产厂家使用说明书的要求，如果使用说明书中没有规定，则温度传感器上游侧距离汇集点至少 10 倍公称通径（10DN）。

③ 温度传感器安装完毕应进行可靠封印。

5.6.7.2 热量表的使用维护

（1）建立健全管理制度

1）建立热量表档案

热量表档案包括：热量表生产企业名称、产品型号、产品编号、安装地点、安装时间、维修更换记录等。

2）建立热量表维护制度：设置专职维护人员、配置必要的检测设备、制定过滤器清洗周期、显示数据分析、规定检验检定周期等。

（2）使用维护

1）热量表正式使用后应通过运行数据检查热量表流量传感器的安装位置及安装方向是否正确，供回水温度传感器安装是否正确。

2）供暖初期系统冷运行时，应特别注意热量表的热量值的变化，发现问题应及时对热量表进行相关检测，避免产生计量纠纷。

3）定期监测热量表的运行数据并进行整理、分析，发现问题及时处理。

4）定期巡查热量表安装现场，包括供热系统管路、通信线路及通信设备是否异常，及时发现并处理可能引起热量表运行异常或数据传输异常的因素和隐患。

5）供暖结束到供暖开始期间，应对生产厂家承诺的电池寿命即将到期的热量表统一更换电池。

6）按照相关标准、规程及使用单位制定的周期检定（抽检）规定，严格进行周期检定（抽检）。

5.6.8 主要问题分析

热量表常见问题与处理方法见表5-12。

热量表常见问题与处理方法 表 5-12

序号	问题现象	问题原因	处理方法
1	热量表无流量计量或流量计量偏差较大	1. 流量计内严重结垢； 2. 机械式热量表叶轮被异物堵塞或卡住； 3. 机械式热量表叶轮磨损	1. 在水质较差的地区需定期清洗热量表，最差的情况需要每年进行清洗； 2. 清理叶轮； 3. 更换叶轮及叶轮轴
2	热量表温差或温度计量偏差较大	1. 温度传感器安装位置不合理，与水流汇合点距离太近； 2. 电池容量不足	1. 调整温度传感器安装位置，尽量远离换热器出口之类的水流汇集点； 2. 更换电池
3	热量计算误差较大	将流量计计量的体积值直接当成质量值用于焓差法热量计算	将体积值根据时间、温度换算成质量值后再根据焓差法计算公式计算热量值

第6章 补偿器

6.1 概述

6.1.1 补偿器类型

供热管道一般都是在常温下安装，高温下运行，当管道投入运行后由于介质温度升高会引起管道热膨胀，停热时温度降低管道收缩，介质温度越高、管段越长，其热胀冷缩量也越大，这样将使管道截面产生很高的应力及应力变化，如果应力及应力变化量超过管道截面或者接头的承受极限，就会使管道造成严重变形或开裂，由此可能引起管道破坏而无法正常运行。

为了解决这个问题，往往在管道设计时通过人为地利用固定支架等将复杂管系划分成为若干个形状比较简单的独立管段，一般有直线管段、Z形管道段、L形管段及U形管段等，通过对这些独立管段进行热应力分析计算，利用管道补偿元件的变形来吸收管道热胀冷缩，释放管道应力，保证管道的正常安全运行。Z形管道段、L形管段及U形管段可利用转弯管段自身的柔性吸收管道热胀冷缩；直线管段需要设置补偿装置吸收管道热胀冷缩。补偿装置通常称为补偿器或膨胀节。

6.1.1.1 按结构类型

（1）方形补偿器

用与直管同径的4个90°弯头或弯管构成Ⅱ形管段，利用弯曲变形吸收管道热胀冷缩。

（2）波纹管补偿器

可以安装在直管段或Z形、L形或U形等各种布置形式的管段上，利用波纹管的波形变化吸收管道热胀冷缩。

（3）套筒补偿器

安装在直管段上，利用芯管和外套管相对滑动吸收管道轴向热胀冷缩。

（4）球形补偿器

一般两台或三台为一组，安装在Z形、L形或U形管段上，利用球体相对于壳体的折曲角度变化来吸收管道热胀冷缩。球型补偿器又称万向球型接头、万向旋转补偿器等。

（5）旋转补偿器

一般两台为一组，安装在与补偿管段垂直的管道上，利用芯管和外套管同心旋转吸收管道热胀冷缩。

6.1.1.2 按密封形式

（1）填料密封补偿器

补偿器的内、外套之间填入密封填料，工作时密封填料相对补偿器的密封表面来回滑动，密封填料与补偿器的密封表面按设计密封比压紧密接触，达到密封要求。套筒补偿器、球形补偿器、旋转补偿器属于填料密封补偿器。

（2）焊接密封补偿器

无填料密封，补偿元件与管道焊接连接，主要依靠补偿元件的自身形变吸收管道的热胀冷缩的补偿器。方形补偿器、波纹管补偿器属于此类。

6.1.1.3 按约束形式

（1）无约束型补偿器

无约束型补偿器不能承受管道内介质所产生的压力推力。套筒补偿器、轴向型波纹管补偿器属于此类。

（2）约束型补偿器

约束型补偿器能承受管道内介质所产生的压力推力。方形补偿器、复式拉杆型波纹管补偿器、球形补偿器、旋转补偿器和压力平衡型套筒补偿器、压力平衡型轴向型波纹管补偿器属于此类。

6.1.1.4 按补偿方向

（1）轴向补偿器

在工作时产生轴线方向的变形，主要用于补偿与补偿器轴线垂直管段的位移。套筒补偿器、轴向型波纹管补偿器、压力平衡型补偿器属于此类。

（2）横向补偿器

横向补偿器在工作时产生与轴线垂直方向的变形，用于补偿与补偿器轴线垂直管段的位移。复式拉杆型波纹管补偿器属于此类。

（3）角向补偿器

角向补偿器需成组安装，在工作时每个补偿器产生角偏转，补偿器组可补偿多方向管段的位移。铰链型波纹管补偿器、球形补偿器属于此类。

6.1.2 相关标准

6.1.2.1 工程标准

CJJ 28—2014	城镇供热管网工程施工及验收规范
CJJ 34—2010	城镇供热管网设计规范
CJJ/T 81—2013	城镇供热直埋热水管道技术规程
CJJ 88—2014	城镇供热系统运行维护技术规程
CJJ/T 104—2014	城镇供热直埋蒸汽管道技术规程
CJJ/T 223—2014	供热计量系统运行技术规程

补偿器的设计选型和使用布置应符合现行行业标准《城镇供热管网设计规范》CJJ34、《城镇供热直埋热水管道技术规程》CJJ/T 81 和《城镇供热直埋蒸汽管道技术规程》CJJ/T 104 的相关要求。

补偿器的施工施工、安装、验收应符合现行行业标准《城镇供热管网工程施工及验收规范》CJJ 28 的有关要求，运行、维护应符合现行行业标准《城镇供热系统运行维护技术规程》CJJ 88 的有关规定。

6.1.2.2 材料标准

GB/T 699—2015	优质碳素结构钢

GB/T 711—2017	优质碳素结构钢热轧钢板和钢带
GB/T 713—2014	锅炉和压力容器用钢板
GB/T 1348—2019	球墨铸铁件
GB/T 3077—2015	合金结构钢
GB/T 3274—2017	碳素结构钢和低合金结构钢热轧钢板和钢带
GB/T 4237—2015	不锈钢热轧钢板和钢带
GB/T 8163—2018	输送流体用无缝钢管
GB/T 14976—2012	流体输送用不锈钢无缝钢管
JB/T 6617—2016	柔性石墨填料环技术条件
JB/T 7370—2014	柔性石墨编织填料
JB/T 7758.2—2005	柔性石墨板技术条件
JC/T 1019—2006	石棉密封填料

6.1.2.3 产品标准

GBT 37261—2018	城镇供热管道用球型补偿器
GB/T 12777—2019	金属波纹管膨胀节通用技术条件
CJ/T 402—2012	城市供热管道用波纹管补偿器
JB/T 12936—2016	旋转补偿器
美国《膨胀节制造商协会标准》（EJMA）	
英国《金属波纹膨胀节》BS 6129 PART 1	
德国《单层波形膨胀节》AD 压力容器规范 B13	
法国《波形膨胀节设计规定》CODAP C.8 章	
日本《波纹管膨胀节》JIS B 2352	
日本《压力容器的膨胀节》JIS B 8277	

6.1.3 应用和发展

国外从 20 世纪 40 年代开始使用球形补偿器用于管道补偿。世界上第一个球形补偿器采用的是软密封结构，处于球形补偿器中心位置的球体外表面上有一个为了实现密封功能的密封腔，密封材料靠法兰压盖压紧。美国 ATS 公司在 1978 年首次提出了可在管网全压运行条件下加注密封填料的设计理念，并于 1979 年研制成功世界上首台注填式球形补偿器。该公司又在 1985 年对球形补偿器进行了改进，推出了整体插座焊接式结构。

我国从 20 世纪 70 年代开始研制球形补偿器，北京冶金设备研究所于 1974 年研制成功我国第一台球形补偿器，并开始在全国各地推广应用。1988 年，我国航空工业部所属606 研究所，结合国外先进经验，成功研究出注填补偿器技术，并将注填式补偿器技术用于了球形补偿器，于 1989 年研制成功我国首台注填式球形补偿器。

套筒补偿器也是填料密封补偿器的一种，利用工作芯管与外套的轴向滑动来吸收管道的轴向位移。由于其具有结构简单、成本低和补偿量大等特点，20 世纪 70 年代前得到了比较广泛的应用，但当时密封材料不够过关，易发生泄漏，自 80 年代开始逐步被金属波纹膨胀节取代。由于金属波纹管属于薄壁多层结构，技术参数多，设计制造较为复杂，在管道中属于薄弱环节，不耐冲击，用奥氏体不锈钢制作的波纹管又不耐氯离子腐蚀，在工作工况下波纹管容易出现爆裂现象，而套筒补偿器的整体结构强度高，刚度大，耐冲击，再加上密封材料的技术水平又得到了很大的提升，加之又开发出了可注填式套筒补偿器，有效地改善了套筒补偿器的密封结构和密封性能，安全可靠性大幅度提升，甚至出现了无泄漏、免维护产品，使得套筒补偿器在 2005 年之后又得到了广泛推广应用。

旋转补偿器的密封结构类同套筒补偿器，两者不同之处在于运动方式有别，套筒补偿器是工作芯管相对外套做轴向伸缩运动，而旋转补偿器则是工作芯管相对外套绕其公共中心线做相对旋转运动。在管网布置上同球形补偿器采用两台或三台为一组，利用其旋转角度变化来吸收管道位移。与球形补偿器不同的是旋转补偿器的工作芯管相对其外套只能在一条公共轴线上发生旋转运动，而球形补偿器则是其球体相对外套即可绕外套轴线做旋转运动，还可以绕其球心在任意平面内发生偏转运动，其运动范围比旋转补偿器更广，适合对空间管网进行位移补偿。

金属波纹管膨胀节是热力管网和设备进行热补偿的关键部件之一，具有位移补偿、减振降噪和密封的作用。波纹管产品具有一百多年的历史。1885 年，勒瓦尔（Levavssewr）和威兹曼（Witzemann）研制出了金属软管产品，1952 年，出现了用不锈钢制成的单层和双层金属波纹管。其良好的承压能力、理想的柔性和足够的位移疲劳寿命，推动了西方国家金属波纹管膨胀节理论研究和制造工艺的发展。美国膨胀节制造商协会（EJMA）成立于 1955 年，第 1 版 EJMA 标准于 1958 年发布。在经过几十年大量研究成果和应用经验的汇集提炼后，EJMA 标准已成为当前内容最为详尽的标准，涵盖了波纹管膨胀节的设计、制造、检验、性能试验及膨胀节的选型与应用等内容，有力地推动了全世界金属波纹膨胀节产品的技术发展和广泛应用。

我国波纹管研制始于 50 年代，最早起始于仪器仪表行业，侧重于弹性元件研究。金属波纹膨胀节在我国真正应用于管道补偿并推向市场应该是在 20 世纪 80 年代初期。随着我国航天、海洋、钢铁、化工、能源等事业的不断发展，也同时推动了我国金属波纹管行业的迅猛发展。

金属波纹管膨胀节，又称金属波纹管补偿器。其核心元件金属波纹管，利用波纹管的形变对设备、管道进行补偿。金属波纹管膨胀节在管系中承受系统压力作用的同时，吸收因温度变化而引起的热胀冷缩变形位移或因某种原因而引起的机械位移和振动，降低设备、管道的受力，减少其金属截面上的应力，保护设备和管道安全运行。随着国内工业水平的不断进步，金属波纹管膨胀节的设计制造技术也在不断发展，目前的技术参数已达到：压力从真空到 10MPa 以上，温度从零下 200℃以下到 1000℃以上。随着金属波纹管膨胀节的产品结构多样化，功能多样化，可以实现对各种类型设备和管道进行有效补偿，在石油、化工、电站、供热、制冷、车辆、船舶、航空、航天、电器等行业中得到广泛应用。

金属波纹管膨胀节种类繁多，有不同的分类方式。按照截面形状分：有圆形、椭圆形、矩形以及多边形等；按照补偿方式分有轴向型、角向型和横向型以及万能型等；按照波纹管波形分有 U 形、S 形、C 形、Ω 形、V 形、碟形等；按照波纹管成型方式分有机械胀型、液压成型、滚压成型、焊接成型及电积存成型等；按照介质作用分有内压式、外压式和内外压式等；按照结构特点分有单式、复式及有约束型和无约束型等；按照连接方式分有端管焊接、法兰连接、螺纹连接、卡箍和卡套连接等；按照安装位置分有架空敷设和地沟敷设安装以及直埋敷设安装等；按照功能来分有位移补偿、消声减振、敏感元件等；按照用途分有管道补偿、容积补偿、设备消声减振、高压电器开关、仪器仪表弹性元件以及阀门密封等。而在每一种类型之中，根据工况技术要求不同还有不同的结构特性。例如，带固定限位拉杆、带保护套、带导流套、带隔热衬里及耐磨衬套等。膨胀节按其应用领域可分为压力容器用膨胀节和压力管道用膨胀节等。

6.2　球形补偿器

球形补偿器是填料密封补偿器形式中的一种，其工作性能如同万向节，球体既可以绕其轴线做圆周转动，又可以绕其球心在任意平面内做折曲偏转。因此在管道系统中又被称为"万向接头"，亦称"万向旋转补偿器"。

球体是球形补偿器的核心元件，由于球壳结构刚度大、强度高，不易产生变形，同时球体经过精密加工，表面做防腐耐磨处理，有利于保持补偿器的密封长期有效，具有较高的使用寿命。

球形补偿器在其外套组件中安装定位球瓦，球瓦置于球体中心的两侧，对球体起到定位支撑作用，保持球体相对外套在确定的位置上绕球心自由转动。球瓦采用减磨材料，如灰铸铁、球墨铸铁等，在具有较高的抗压强度同时具有较好的减磨性，在对球体产生强有力的支撑同时保护球体密封表面不受伤害。由外套、球瓦、球体形成容纳密封填料的空腔——密封填料函，在腔中注入密封填料，并使其达到规定的密度及密封比压的要求，保证补偿器在介质温度、压力作用下及补偿位移过程中无泄漏。其密封材料主要由膨胀石墨为基体的可压缩密封填料组成，具有耐高温、抗老化、耐腐蚀、回弹率高、自润滑性好、摩擦系数低等特点。

球形补偿器一般不能单独使用，必须由两台或三台组成一个补偿器组，利用球体相对外套的角度变化来吸收补偿器组两端直线管道的轴向位移。由于球形补偿器具有万向性，因此可以对空间管道（管道布置不在一个平面上）进行补偿。球形补偿器组具有较强的补偿能力，相对补偿量大，可以加长被补偿管段，减少管网系统补偿器数量，降低工程造价。其带有注料嘴装置，可以实现管网不停压注料维护，提高管网运行质量和效率。球形补偿器内压推力由自身约束，管道支架无内压推力作用。

6.2.1　结构

球形补偿器主要由外套组件、球瓦、密封材料、球体及注料嘴等组成，其结构示意如图 6-1。

6.2.1.1　按注料嘴形式分类

球形补偿器按注料嘴形式分为普通式和旋阀式。

（1）普通注料嘴主要用于产品组装。

（2）旋阀式注料嘴带有旋阀开关，主要用于产品在线维护。当球形补偿器出现渗漏需要维护时，松开注料嘴封闭螺栓，连接高压注料枪，打开注料嘴旋阀开关，通过高压注料设备将密封填料注入球形补偿器的填料函中，之后关闭旋阀开关，卸掉注料枪，拧紧封闭螺栓。在线维护时一般要对球形补偿器外圆周多个注料嘴依次对称注料，达到无泄漏状态时即完成注料维护工作。

6.2.1.2　按端口连接形式分类

（1）焊接连接

焊接坡口尺寸及形式应符合现行国家标准《气焊、焊条电弧焊、气体保护焊和高能束焊的推荐坡口》GB/T 985.1、《埋弧焊的推荐坡口》GB/T 985.2的规定。坡口表面不应有裂纹、分层、夹杂等缺陷。

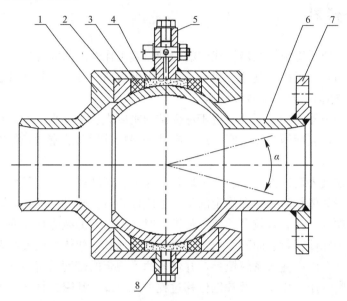

图 6-1　球形补偿器结构示意

1—外套组件；2—球瓦；3—密封环；4—密封填料；5—旋阀式注料嘴；
6—球体；7—法兰；8—普通式注料嘴；α—最大折曲角

（2）法兰连接

法兰应符合现行国家标准《钢制管法兰　第 1 部分：PN 系列》GB/T 9124.1、《钢制管法兰　第 2 部分：Class 系列》GB/T 9124.2的规定，亦可以按用户要求选择。

（3）螺纹连接

根据用户要求，螺纹连接主要用于 DN50 以下较小管径。

6.2.1.3　按介质分类

（1）输送热水球形补偿器

热水介质设计温度小于或等于200℃，根据介质温度不同，补偿器应采用与温度相适应的密封填料。

（2）输送蒸汽球形补偿器；

蒸汽介质设计温度小于或等于350℃，根据介质温度不同，补偿器应采用与温度相适应的密封填料。

6.2.2　材料

6.2.2.1　球体和外套组件（壳体）

球体和外套组件可采用不同的工艺方法制作，比如锻造、铸造或组焊。采用组焊工艺时，在机械加工前应按现行国家标准《承压设备焊后热处理规程》GB/T 30583 的规定对球体和外套组件进行消除应力热处理。同一台球形补偿器应采用相同的材料制造。

(1) 球体和外套组件材料的许用应力应按现行国家标准《压力容器　第 2 部分：材料》GB/T 150.2 的规定执行，强度校核应按现行国家标准《压力容器　第 3 部分：设计》GB/T 150.3 规定的方法执行。

(2) 球体和外套组件应能承受设计压力和压紧密封填料的作用力。球体和外套组件的圆周环向应力不应大于设计温度下材料许用应力。

(3) 球体和外套组件常用材料应符合表 6-1 的规定。

(4) 材料选择应与工作介质和温度相匹配，在能满足设计要求和工况条件的前提下优先选择较低标准的材料。比如热水管道用球形补偿器优先选择 Q235B 材料制造，蒸汽管道用球形补偿器一般采用 20 号钢、Q245R 材料制造，介质温度偏高或比较重要的工业蒸汽管道可采用 15CrMo 材料制造。

球体和外套组件常用材料　　　　　表 6-1

工作温度℃	常用材料	执行标准
≤300	Q235B/C	GB/T 3274
	20#	GB/T 711、GB/T 8163
	Q345	GB/T 8163、GB/T 3274
	Q245R	GB/T 713
≤350	Q345R	GB/T 713
	15CrMo	GB/T 3077
	15CrMoR	GB/T 713

6.2.2.2　球瓦

(1) 球瓦应采用铸件制造。

(2) 球瓦应能承受 2 倍以上设计压力所产生的内压轴向力作用。

(3) 球瓦不应有冷隔、裂纹、气孔、疏松等缺陷。

(4) 球瓦与球体接触的内表面粗糙度不应大于 Ra3.2。

(5) 球瓦材料可按表 6-2 的规定选取。对于热水或 1.6MPa 及以下设计压力可采用灰铸铁制造，推荐灰铸铁牌号：HT200、HT250，对于蒸汽介质应采用球墨铸铁制造，推荐球墨铸铁牌号：QT400-18。

球瓦材料　　　　　表 6-2

工作温度℃	材料	执行标准
≤200	灰口铸铁	GB/T 3420
≤350	球墨铸铁	GB/T 1348

6.2.2.3　密封环

(1) 密封环应采用柔性石墨编织填料（编制盘根）或柔性石墨填料环制作。当密封环采用柔性石墨编织填料时，应符合现行行业标准《柔性石墨编织填料》JB/T 7370 的规定；当采用柔性石墨填料环时，应符合现行行业标准《柔性石墨填料环技术条件》JB/T 6617 的规定。

（2）密封环的设计温度应大于补偿器设计温度 50℃以上。

（3）密封环在 350℃下的烧蚀率应小于 5％，在 450℃下的烧蚀率应小于 15％。

（4）密封环压缩率不应小于 25％，回弹率不应小于 12％。

（5）密封环应对球体、外套组件和球瓦无腐蚀。

（6）密封环应对使用介质无污染。

6.2.2.4　密封填料

（1）密封填料可为密封材料和高温润滑剂配制的鳞片状或泥状物。密封材料与球体接触表面的摩擦系数不应大于 0.15，且应具有一定的自润滑性。当密封填料采用柔性石墨时，柔性石墨的润滑与密封性应符合现行行业标准《柔性石墨板技术条件》JB/T 7758.2 的规定。

（2）密封填料在设计压力和设计温度下运行时应无泄漏。

（3）密封填料在 350℃下的烧蚀率应小于 5％，在 450℃下的烧蚀率不应大于 15％。

（4）密封填料压缩率不应小于 25％，回弹率不应小于 35％。

（5）密封填料与球体接触表面的摩擦系数不应大于 0.15。

（6）密封填料应具有良好的可注入性。

（7）密封填料应具有较好的化学稳定性和相容性，对球体、外套组件和球瓦等元件应无腐蚀。

（8）密封填料对工作介质无污染。

6.2.2.5　注料嘴

（1）阀体和阀芯材料应符合现行国家标准《优质碳素结构钢》GB/T 699 碳素钢的规定。

（2）螺纹应符合现行国家标准《普通螺纹 基本尺寸》GB/T 196 的规定。

6.2.2.6　法兰及紧固件

（1）法兰应符合现行国家标准《钢制管法兰 第 1 部分：PN 系列》GB/T 9124.1、《钢制管法兰 第 2 部分：Class 系列》GB/T 9124.2 的规定，螺栓、螺母等紧固件应符合现行国家标准《管法兰连接用紧固件》GB/T 9125 的规定。

（2）法兰表面及紧固件应进行防锈处理。

6.2.3　性能要求

（1）球体、外套组件及球瓦等受压受力构件应有足够的结构强度，球体和外套组件在介质最高工作压力或试验压力及填料密封比压作用下不出现任何影响补偿器性能的变形及开裂等现象。

（2）内压推力由补偿器自身约束。

（3）球体工作表面应在精加工后进行防腐耐磨处理，表面镀硬铬时应符合现行国家标准《金属覆盖层 工程用铬电镀层》GB/T 11379 的规定。镀铬层厚度不应小于 0.03mm，镀铬层应均匀，不应有损伤、脱皮、斑点及变色，不应有对强度、寿命和工作可靠性有影响的压痕、划伤等缺陷。镀铬层表面硬度不应小于 60HRC，经过抛光处理后粗糙度不应大于 Ra1.6。

（4）密封材料要适应介质温度的要求，在介质温度作用下应具有抗老化、低烧失、回弹率高、耐介质腐蚀、不氧化变硬，具有自润滑性能好、摩擦系数低、较高的抗压强度、较好的致密特性等。补偿器在试验压力和介质最高工作压力作用下无泄漏，在规定的使用寿命期内不失效。

（5）补偿器的最大转动力矩应符合设计要求，球体相对外套组件及球瓦相互转动时不应有卡死或异常声响等现象。补偿器的最大折曲角±15°，球体相对外套组件达到其最大折曲角时，介质有效流通面积降低应小于或等于 10%。

（6）补偿器的设计转动循环次数不应小于 1000 次。间歇运行及停送频繁的供热系统应根据实际运行情况与用户协商确定循环次数。

6.2.4　检测

6.2.4.1　外观
补偿器的外表面应无锈斑、氧化皮及其他异物等。

补偿器的外表面涂层应均匀、平整、光滑，不应有流淌、气泡、龟裂和剥落等缺陷。

6.2.4.2　球体镀铬
球体工作表面镀铬应符合现行国家标准《金属覆盖层　工程用铬电镀层》GB/T 11379 的规定。

球体工作表面的镀铬层应均匀，不应有脱皮、斑点及变色，不应有对强度、寿命和工作可靠性有影响的压痕、划伤等缺陷。

球体工作表面的镀铬层厚度不应小于 0.03mm，镀铬层表面粗糙度不应大于 Ra1.6，镀铬层表面硬度不应小于 60HRC。

6.2.4.3　焊接质量
（1）焊缝外观

焊缝的错边量不应大于壁厚的 15%，且不应大于 3mm。焊缝咬边深度不应大于 0.5mm，咬边连续长度不应大于 100mm，咬边总长度不应大于焊缝总长度的 10%。角焊缝焊脚高度取相邻焊件中较薄件的厚度，对焊焊缝表面应与母材圆滑过渡，焊缝余高应为相邻焊件中较薄件厚度的 0%～15%，且不应大于 4mm。焊缝和热影响区表面不应有裂纹、气孔、分层、弧坑和夹渣等缺陷。

（2）焊缝无损检测

球体和外套组件的纵向和环向对接焊缝等受压元件应采用全熔透焊接，焊接后应进行 100% 射线检测，检测结果不应低于行业标准《承压设备无损检测　第 2 部分：射线检测》NB/T 47013.2—2015 规定的Ⅱ级。球体上的组焊插接环向焊缝、外套组件上的组焊插接环向焊缝应进行 100% 渗透检测，检测结果应符合行业标准《承压设备无损检测 第 5 部分：渗透检测》NB/T 47013.5—2015 规定的Ⅰ级。

6.2.4.4　尺寸偏差
管道连接端口相对补偿器轴线的垂直度偏差不应大于补偿器公称直径的 1%，且不大于 4mm。

连接端口的圆度偏差不应大于补偿器公称直径的 0.8%，且不应大于 3mm。

补偿器与管道连接端口的外径偏差不应大于补偿器公称直径的±0.5%，且不应大于±2mm。

补偿器与管道连接端口的法兰尺寸偏差应符合现行国家标准《钢制管法兰 第1部分：PN系列》GB/T 9124.1、《钢制管法兰 第2部分：Class系列》GB/T 9124.2的规定。

其他尺寸偏差的线性公差应符合国家标准《一般公差 未注公差的线性和角度尺寸的公差》GB/T 1804—2000m级的规定。

6.2.4.5 强度和密封性

补偿器在试验压力和设计压力下不应有开裂等缺陷。

补偿器在试验压力和设计压力下应无泄漏。

6.2.4.6 转动性能和转动力矩

转动时不应有卡死现象或异常声响。

补偿器的最大转动力矩应符合设计要求。

6.2.4.7 折曲角

补偿器的最大折曲角不应大于±15°，偏差为−0.5°。

6.2.5 选用要求

（1）球形补偿器一般布置在L形、Z形及U形管道的拐弯处，一般由两个或三个组成一个补偿器组，利用球体相对外套的角位移来吸收补偿器组两端直线管道的轴向位移。两球组合一般布置在与被补偿管道的垂直管段上。

（2）当两球组合补偿位移时，由于垂直管段的角度变化，会引起被补偿管道的中心距离发生变化，导致被补偿管道端部发生横向位移，应校核该位移产生的应力不应超过管道材料的许用应力，同时管道支架也应能承受由此而产生的作用力。

（3）当两球组合补偿位移不能满足要求时，应采用三球组合。

（4）球体公称通径应与管道公称通径一致。

（5）球形补偿器承压能力不应低于管道设计压力。球形补偿器设计压力一般选择较管道设计压力高一个压力等级。

（6）球形补偿器设计耐温应高于介质最高温度或管道设计温度。

（7）球体与外套组件材料按管道工作管材料或高于管道工作管材料标准，球瓦材料应与设计压力及设计温度相匹配，密封材料要与介质温度相匹配。

（8）球形补偿器与管道的连接方式宜采用焊接连接，当用户有特殊要求时可按用户要求执行。螺纹连接主要用于DN50mm以下管径。

（9）架空安装、地沟敷设以及对直埋管网设有固定支架时，两个固定支座之间只能安装一组（2个或3个）球形补偿器。

（10）由于球形补偿器的补偿量大，球形补偿器附近的滑动支架的管托必须相应的加长。

（11）安装球形补偿器的管道固定支架需要承受补偿器及导向支架及管托的摩擦力，应有足够的强度和刚度。

（12）根据被补偿管段长度、介质最低温度与最高工作温度、管道材料热膨胀系数等计算出实际最大位移量再附加必要的安全余量，通过球形补偿器组在管道上的分布距离计算出每个球形补偿器需要的最大折曲角（偏转角度）。每个球形补偿器的计算最大折曲角应小于±15°。

（13）在条件许可的情况下增大每组球形补偿器的球心距离，可以提高补偿器组的补偿能力或降低球形补偿器的角位移量，以改善球形补偿器的工作状况。

（14）安装球形补偿器的管道允许按 1.5 倍的设计压力进行压力试验。

6.2.6　相关标准

（1）行业标准《城镇供热管网设计规范》CJJ 34—2010 第 8.4.5 条：采用波纹管轴向补偿器时，管道上应安装防止波纹管失稳的导向支座。采用其他形式补偿器，补偿管段过长时，亦应设导向支座。

（2）行业标准《城镇供热管网设计规范》CJJ 34—2010 第 8.3.3 条：热力网管道的连接应采用焊接，管道与设备、阀门等连接宜采用焊接；当设备、阀门等需要拆卸时，应采用法兰连接。

（3）行业标准《城镇供热直埋热水管道技术规程》CJJ/T 81—2013 第 4.3.3 条：补偿器、异径管等管道附件应采用焊接连接，补偿器宜设在检查室内。

（4）行业标准《城镇供热管网工程施工及验收规范》CJJ 28—2014 第 5.2.4 条：有轴向补偿器的管段，补偿器安装前，管道和固定支架之间不得进行固定。

（5）行业标准《城镇供热管网工程施工及验收规范》CJJ 28—2014 第 5.5.2 条：补偿器应与管道保持同轴。安装操作时不得损伤补偿器，不得采用使补偿器变形的方法来调整管道的安装偏差。

（6）行业标准《城镇供热管网工程施工及验收规范》CJJ 28—2014 第 5.5.4 条：补偿器安装完毕后应拆除固定装置，并调整限位装置。

（7）行业标准《城镇供热管网工程施工及验收规范》CJJ 28—2014 第 5.5.5 条：补偿器应进行防腐和保温，采用的防腐和保温材料不得腐蚀补偿器。

6.2.7　使用、管理及维护

（1）球形补偿器适应于架空管道、地沟或管廊敷设安装，对于直埋管道补偿器组应设在补偿器井里。球形补偿器应按工程设计要求及厂家的安装说明正确安装使用。

（2）应将到货的球形补偿器放置在清洁、干燥、不易与其他物件及相互之间发生碰撞的地方。安装前不要拆除包装物，不要清除防护装置及防护层等。

（3）安装前要仔细阅读安装使用说明书和工程施工图，检查补偿器的型号、规格、结构形式、连接方式及工程标号等是否正确，是否符合工程设计要求，以及补偿器在运输、保管过程当中是否有损坏，确认无误方可进行安装。

（4）吊装时不得对补偿器造成伤害，落地时应垂直放置在木方或托板上，垫离地面，球体朝下，表面应遮盖无腐蚀性遮盖物，避免泥沙等杂物进入补偿器内。搬运时禁止采用拖拉、滚动等粗暴方式，避免使补偿器上的芯管密封面、注料嘴等结构件受到撞击、磕碰、划伤等损害。

（5）安装前应按设计要求调整球形补偿器的偏转角度进行预变性处理，也称为冷紧处理。

（6）球形补偿器介质流向推荐为从活动的球体一端流入。

（7）严禁用调整球体与外套间的相对角度和强行径向偏移的方法来调整管道安装偏

差，以免影响补偿器的正常功能和补偿能力。

（8）球形补偿器的两端口应与相连接的管道对齐，错边误差小于或等于10％管道壁厚，且小于或等于2mm，对接焊缝须倒坡口全熔透焊接。

（9）球形补偿器的周围要留有足够的活动空间，所有的活动元件不得被外部构件阻挡或限制其正常活动。

（10）安装过程中不允许焊渣飞溅到球体外露表面上，更不得把焊机地线搭接在补偿器外表面上，以免损伤补偿器的密封表面。

（11）对用于气体介质的管道，做水压试验时要考虑充水时是否需要对球形补偿器加设临时支架予以承重.

（12）水压试验用水必须洁净、无腐蚀性，水压试验结束后，应尽快排尽补偿器中的积水。

（13）蒸汽管道要按设计要求安装疏水装置，定期检查疏水的有效性。蒸汽管道在首次运行或停汽重新开启时要特别谨慎，一定要缓慢逐渐开启阀门，使压力、温度缓慢增加，避免对球形补偿器和管道产生大冲击。

（14）管道试运行时要仔细检查球形补偿器的角度变化是否正常，管道支架是否发生移位变形。正常运行过程中，要定期对补球形偿器的运行状态进行检查，发现问题及时处理。

6.2.8 主要问题分析

球形补偿器属于填料密封型补偿器，密封填料在工作介质的高温作用下，会有一定的烧失量，再加上球形补偿器工作时来回偏转，密封填料也会出现少量流失，导致密封比压下降，从而出现微量泄漏现象。当出现泄漏时，可以利用专用的注料设备，在球形补偿器的外套圆周表面上设置的若干个注料嘴进行注料。在管网检修期间也可以通过这些注料嘴进行定期注料维护，保证球形补偿器长期无泄漏运行。

球形补偿器当用于直埋管道时，需要将补偿器安装在补偿器井里。

6.3 波纹管补偿器

6.3.1 结构

波纹管补偿器按照其能否吸收盲板力即波纹管的压力推力分为：无约束型波纹管补偿器和约束型波纹管补偿器两大类。

6.3.1.1 架空与管沟敷设热力管道用波纹补偿器结构

热网常见无约束型波纹补偿器包括：单式轴向型波纹管补偿器和外压轴向型波纹管补偿器，其结构形式如图6-2所示，其中外压轴向型波纹补偿器为常用结构。

约束型波纹管补偿器主要包括四种：

（1）吸收角位移的单式铰链型波纹补偿器、单式万向铰链型波纹补偿器，其结构形式如图6-3所示；

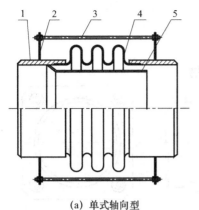

(a) 单式轴向型

1—接管；2—凸耳；3—装运杆；4—波纹管；
5—导流筒

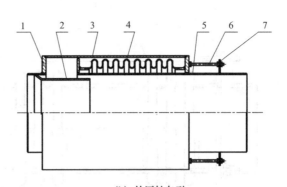

(b) 外压轴向型

1—进口管组件；2—导流筒；3—外管；4—波纹管；
5—出口管；6—装运杆；7—凸耳

图 6-2　无约束型波纹补偿器结构形式

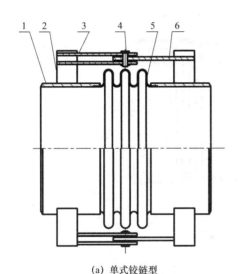

(a) 单式铰链型

1—接管；2—立板；3—副铰链板；4—销轴；
5—波纹管；6—主铰链板

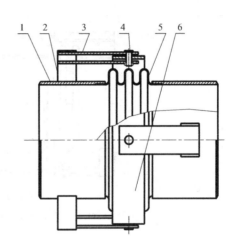

(b) 单式万向铰链型

1—接管；2—立板；3—铰链板；4—销轴；
5—波纹管；6—万向环

图 6-3　吸收角位移的约束型波纹补偿器结构形式

（2）吸收横向位移的复式拉杆型波纹补偿器、复式铰链型波纹补偿器和复式万向铰链型波纹补偿器，其结构形式如图 6-4 所示；

（3）吸收轴向位移的内（外）压直通式直管压力平衡波纹补偿器、旁通式直管压力平衡波纹补偿器，其结构形式如图 6-5 所示；

（4）吸收轴向、横向任意位移的弯管压力平衡型波纹补偿器，其结构形式如图 6-6。

6.3.1.2　直埋敷设热力管道用波纹补偿器

用于直埋管道的波纹补偿器主要用来吸收轴向位移，通常使用的是无约束型，无约束型直埋波纹补偿器包括预制直埋单向外压直埋波纹补偿器和双向外压直埋波纹补偿器，其结构形式如图 6-7 所示。

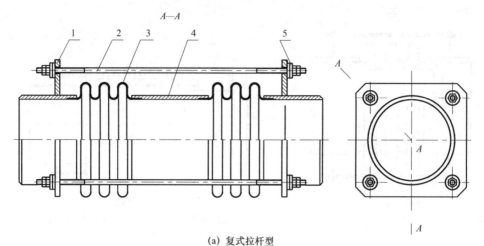

(a) 复式拉杆型

1—接管组件；2—拉杆；3—波纹管；4—中间管；5—球面和锥面垫圈

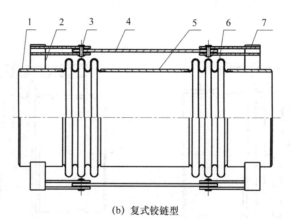

(b) 复式铰链型

1—接管；2—立板；3—销轴；4—主铰链板；5—中间管；
6—波纹管；7—副铰链板

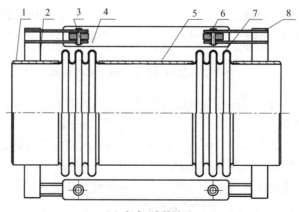

(c) 复式万向铰链型

1—接管；2—立板；3—销轴；4—拉板（一）；5—中间管；
6—万向头；7—波纹管；8—拉板（二）

图6-4　吸收横向位移的约束型波纹补偿器结构形式

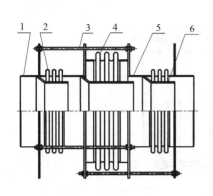

(a) 内压直通式直管压力平衡型

1—接管组件；2—工作波纹管；3—拉杆；
4—平衡波纹管；5—中间管组件；6—导流筒

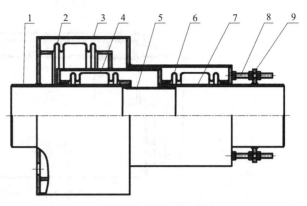

(b) 直通式外压直管压力平衡型

1—进口管组件；2—平衡波纹管；3—外管；4—工作波纹管；
5—导流筒；6—工作波纹管；7—出口管；8—装运杆；9—凸耳

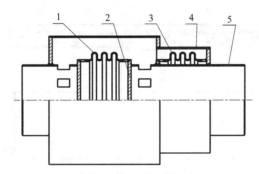

(c) 旁通式直管压力平衡型

1—波纹管；2—封板组件；3—波纹管；4—外管组件；5—接管组件

图 6-5　吸收轴向位移的压力平衡型波纹补偿器结构形式

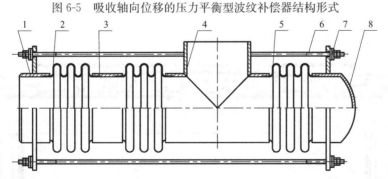

图 6-6　吸收轴向、横向任意位移的压力平衡型波纹补偿器结构形式

1—接管组件；2—工作波纹管；3—中间管；4—三通组件；5—平衡波纹管；6—拉杆；7—球面和锥面垫圈；8—封头

6.3.2　材料

（1）波纹补偿器的材料执行现行行业标准《城市供热管道用波纹管补偿器》CJ/T 402 的有关规定。波纹管材料应按工作介质、外部环境等工作条件选用。

（2）波纹补偿器的波纹管与工作介质和环境接触层材料宜选用 022Cr17Ni12Mo2 (316L)，特殊环境条件可在与环境接触侧衬耐腐蚀性能优异的材料或采用其他防腐手段，提高波纹补偿器的耐蚀性。

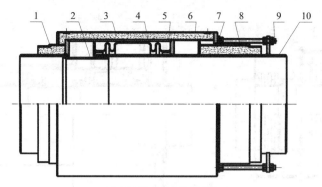

(a) 预制保温单向外压直埋型

1—进口管组件；2—导流筒；3—保温层；4—波纹管；5—外管；6—外护筒；
7—压盖组件；8—密封导向套组件；9—装运杆；10—出口管

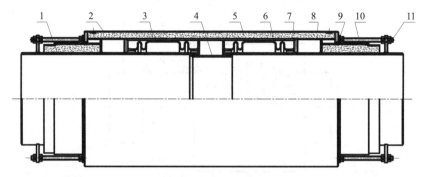

(b) 预制保温双向外压直埋型

1—接管；2—外护筒；3—波纹管；4—导流筒；5—保温层；6—波纹管；7—外管；
8—外护筒；9—压盖组件；10—密封导向套组件；11—装运杆

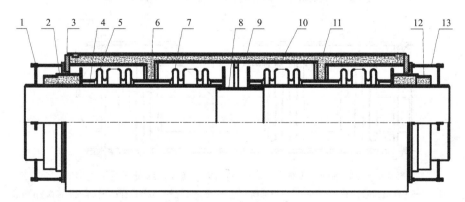

(c) 带保护波纹管的双向外压直埋型

1—凸耳；2—密封导向套组件；3—压盖组件；4—接管；5—保护波纹管；6—连接筒节；7—工作波纹管；
8—导流筒；9—保温层；10—外管；11—外护筒；12—管道保温层接口；13—装运杆

图 6-7　吸收轴向位移的直埋无约束型波纹补偿器结构形式

（3）受压筒节材料应与热网管道材料相同或优于热网管道材料。

（4）受力构件材料按工作条件选用，性能符合现行国家标准《金属波纹管膨胀节通用技术条件》GB/T 12777 的有关规定。

（5）针对沿海地区地下恶劣腐蚀环境条件，地下水位较高且地下水中含有氯离子、硫离子、碱等腐蚀性介质的地区，直埋波纹管补偿器一般采用保护波纹管隔离与密封联合保护型结构。保护波纹管选用耐腐蚀性能优异的高镍合金 Incoloy800、Incoloy825 或超奥氏体不锈钢 S31254。

（6）直埋波纹管补偿器的保温、防腐结构和材料应与热网管道相同，并应工厂预制。保温外护层外应有流向标记。

6.3.3　性能要求

（1）波纹补偿器设计压力不应低于管道的设计压力。

（2）热力管道波纹补偿器的波纹管设计疲劳寿命应执行波纹补偿器请购文件的规定，且最低设计疲劳寿命不低于 500 次。波纹管设计疲劳寿命的安全系数应按现行国家标准《金属波纹管膨胀节通用技术条件》GB/T 12777 的规定执行，以保证补偿器的使用寿命与管系寿命接近或相当。

（3）波纹补偿器的选材及其刚度、补偿量、外形与接口尺寸等特性应满足设计院或客户提出的请购文件的要求。

（4）密封机构的设计寿命应与波纹管相同。

6.3.4　检测

波纹补偿器的检验、验收按照现行国家标准《金属波纹管膨胀节通用技术条件》GB/T 12777 的有关规定执行。

波纹补偿器的试验要求与试验方法应按现行国家标准《金属波纹管膨胀节通用技术条件》GB/T 12777 的有关规定执行。

6.3.5　波纹补偿器选用要求

（1）管段划分与波纹补偿器的设置要求执行国家标准《金属波纹管膨胀节通用技术条件》GB/T 12777—2019 附录 E 的有关规定。由于波纹管及波纹补偿器构件传递扭矩和吸收扭转的能力较差，在设置固定管架和布置波纹补偿器时，应尽量避免独立管段组成的平面超过两个，以免扭转荷载作用于波纹补偿器上。

（2）对于安装了无约束型波纹补偿器的膨胀管段，两个固定支架之间应只使用一个无约束型波纹补偿器，保证每个波纹补偿器只在其设计位移范围内工作。

（3）对于安装了约束型波纹补偿器的膨胀管段，两个固定支架之间可以是三铰链组合或单独一个约束型波纹补偿器。

（4）旁通直管压力平衡型波纹补偿器仅限于流速低、对压力降要求较低的直管段补偿。

（5）波纹补偿器宜进行预变位安装，波纹补偿器的预变位有利于降低管架的弹性反力和降低波纹管应力幅值。预变位量宜为设计位移的 30%～40%。

（6）当使用条件与基准参数不同时补偿量应进行相应的修正，常有温度、压力、刚度和疲劳次数修正等。

（7）安装轴向补偿器的管段应按照要求设置导向支座，第一个导向支座与补偿器的距离不应大于 4 倍管道的公称直径，第二个导向支座与第一个导向支座的距离不应大于 14 倍管道的公称直径，其余导向支架的间距可与活动支架的间距相同。

（8）波纹补偿器选型布置见表 6-3。

波纹补偿器选型布置　　　　　　　　　　　　　　　　表 6-3

管段形式	选型图示	波纹补偿器类型	说　明
直管段	MA ⋀⋀ G ═ G ═ G ═ ▦ WZ ✕ IA ▦ WZ ═ G ═ G ═ G ⋀⋀ MA	轴向型补偿器	长直管段的两端需设置主固定管架，中间设置次固定管架
	SS ⋁⋁ DJ ⋁⋁ SS　IA ✕ ⋀⋀ ═ G DJ ✕　✕ DJ G ═ ⋀⋀ ✕ IA	3 个单式铰链型补偿器组合	管段两端设置次固定管架
	IA ✕ ⋀⋀ ═ G ═ G ═ G ▦ WZP ✕ IA ▦ WZP ═ G ═ G ═ G ⋀⋀ ✕ IA	直管压力平衡型补偿器	管段两端及中间均设置为次固定管架
L 形管段	□ PG　⋀⋀ ✕ IA　DJ ✕　DJ ✕　IA ✕	2 个单式铰链型补偿器组合	用于短管腿的伸长量与 2 个单式铰链型补偿器变形后产生的轴向缩短量相当的 L 形管段
	DJ ✕ ═ G ═ ⋀⋀ ✕ IA　DJ ✕　DJ ✕ G ║║ ⋀⋀ IA ✕	3 个单式铰链型补偿器组合	用于短管腿较长的 L 形管段

管段形式	选型图示	波纹补偿器类型	说 明
L形管段		复式铰链型补偿器	用于短管腿长度与复式铰链型补偿器长度接近的L形管段
		复式拉杆型补偿器	用于短管腿长度与复式拉杆型补偿器长度接近的L形管段
		弯管压力平衡型补偿器	用于仅适合在管道拐弯处布置1个波纹补偿器，且与其相连的管道支座和设备管口受力要求苛刻的L形管段
平面Z形管段		2个单式铰链型补偿器组合	用于中间管腿的伸长量与2个单式铰链补偿器变形后产生的轴向缩短量相当的平面Z形管段
		复式铰链型补偿器	用于中间管腿长度与复式铰链型补偿器长度接近的平面Z形管段

管段形式	选型图示	波纹补偿器类型	说　明
平面 Z 形管段		3 个单式铰链型补偿器组合	用于中间管腿长度较短，无法布置波纹补偿器的平面 Z 形管段
		复式拉杆型补偿器	用于中间管腿长度与复式拉杆型补偿器长度接近的平面 Z 形管段
		3 个单式铰链型补偿器组合	用于中间管腿较长的平面 Z 形管段
立体 Z 形管段		2 个单式万向铰链型补偿器组合	用于中间管腿的伸长量与两波纹补偿器变形后产生的轴向缩短量相当的立体 Z 形管段
		复式万向铰链型补偿器	用于中间管腿长度与复式万向铰链型补偿器长度接近的立体 Z 形管段

续表

管段形式	选型图示	波纹补偿器类型	说　明
立体 Z 形管段		2 个单式万向铰链型补偿器与 1 个单式铰链型补偿器组合	用于中间管腿较长的立体 Z 形管段，1 个单式铰链型补偿器也可以设置在下部水平管腿上
		复式拉杆型补偿器	用于中间管腿长度与复式拉杆型补偿器长度接近的立体 Z 形管段

6.3.6　相关标准

（1）行业标准《城镇供热管网设计规范》CJJ 34—2010 第 8.4.5 条：采用波纹管轴向补偿器时，管道上应安装防止波纹管失稳的导向支座。采用其他形式补偿器，补偿管段过长时，亦应设导向支座。

（2）行业标准《城镇供热管网设计规范》CJJ 34—2010 第 8.3.3 条：热力网管道的连接应采用焊接，管道与设备、阀门等连接宜采用焊接；当设备、阀门等需要拆卸时，应采用法兰连接。

（3）行业标准《城镇供热管网设计规范》CJJ 34—2010 第 8.5.14 条：地下敷设管道安装套筒补偿器、波纹管补偿器、阀门、放水和除污装置等设备附件时，应设检查室。

（4）行业标准《城镇供热直埋热水管道技术规程》CJJ/T 81—2013 第 4.3.3 条：补偿器、异径管等管道附件应采用焊接连接，补偿器宜设在检查室内。

（5）行业标准《城镇供热直埋蒸汽管道技术规程》CJJ/T 104—2014 第 3.2.3 条：当采用轴向补偿器时，两个固定支座之间的直埋蒸汽管道不宜有折角。

（6）行业标准《城镇供热直埋蒸汽管道技术规程》CJJ/T 104—2014 第 8.2.6 条：补偿器安装应符合下列规定：

1）补偿器应与管道保持同轴；

2）有流向标记箭头的补偿器安装时，流向标记应与管道介质流向一致。

（7）行业标准《城镇供热管网工程施工及验收规范》CJJ 28—2014 第5.2.4条：有轴向补偿器的管段，补偿器安装前，管道和固定支架之间不得进行固定。

（8）行业标准《城镇供热管网工程施工及验收规范》CJJ 28—2014 第5.5.2条：补偿器应与管道保持同轴。安装操作时不得损伤补偿器，不得采用使补偿器变形的方法来调整管道的安装偏差。

（9）行业标准《城镇供热管网工程施工及验收规范》CJJ 28—2014 第5.5.4条：补偿器安装完毕后应拆除固定装置，并调整限位装置。

（10）行业标准《城镇供热管网工程施工及验收规范》CJJ 28—2014 第5.5.5条：补偿器应进行防腐和保温，采用的防腐和保温材料不得腐蚀补偿器。

6.3.7　使用、管理及维护

（1）波纹补偿器安装前应先对照产品安装使用说明书检查产品，确保产品完好后再进行安装。波纹补偿器制造商提供的波纹补偿器安装使用说明书，应对波纹补偿器的结构特点、安装要求、能否承受压力推力、过程压力试验的支撑要求等做出详尽的说明。

（2）吊装及安装波纹补偿器前应制定相应方案。操作人员应了解方案内容以及波纹补偿器制造商所做的特殊说明。

（3）波纹补偿器安装前不能拆除涂黄色漆的装运固定件。安装完毕后，系统试压前应拆除波纹补偿器上涂黄色漆的装运固定件。

（4）对于分段试压的系统，应检查临时支撑是否满足受力要求；当分段试压的管段中安装有无约束型波纹补偿器时，临时支撑应能承受波纹管压力推力。

（5）系统压力试验过程中和试验完毕后，检查波纹补偿器各承压焊接接头是否泄漏，波纹管是否发生失稳，受力结构件、固定管架、导向支架是否损坏和出现明显变形，导向支架、补偿器和系统中其他活动部件在移动中是否受到阻碍。

（6）波纹补偿器的运行维护要求应执行国家标准《金属波纹管膨胀节通用技术条件》GB/T 12777—2019 附录G的规定。运行期间波纹补偿器的定期检查内容如下：

1）波纹管变形：检查波纹管在工作中有无失稳或过度位移；

2）波纹管褶皱：褶皱表明波纹管在工作或安装时承受了扭转；如果存在褶皱，应更换波纹管，且新的波纹补偿器应设置相应的约束构件，阻止扭转的发生；

3）波纹管凹坑及划痕：两者都会造成波纹管壁厚减薄、应力增加，从而缩短波纹管的疲劳寿命；

4）外部异物：波纹管波纹及其他可活动的部件间存在外部异物，会影响其正常运动，严重时可直接造成波纹补偿器失效，应及时移除这些异物；

5）波纹补偿器附属结构件检查：应检查拉杆、铰链板、立板和环板等结构件是否异常变形；

6）管道支架是否正常。

（7）当压力、温度或位移超过补偿器的设计值，或者存在波纹的异常变形，应及时联系波纹补偿器制造单位，以确定波纹补偿器是否应更换。

6.3.8　主要问题分析

波纹补偿器常见的故障为：腐蚀破裂、变形失稳和疲劳破坏。

影响其安全的主要原因是：介质腐蚀成分超标或外部环境存在腐蚀物、材料选择或设计不当、水击引起的超压、运行超温、波纹补偿器选型或安装不当等。

这些问题的解决措施如下：

（1）根据管系可根据设置固定管架的位置及需要吸收管段的热位移的方向和大小，合理选择确定波纹补偿器的类型。应避免波纹管受扭，当扭转不可避免时，应提出作用于波纹补偿器上的扭矩。

（2）合理选材，应对波纹管的材料加以规定，使其与供热介质、外界环境和工作温度相适应，以避免腐蚀应力发生的破裂。

（3）制造单位应持有相应的特种设备制造许可证，具备健全的质量管理体系和制度，以保证波纹补偿器的设计制造的质量。

（4）严格控制运行参数，规范运行操作，避免出现因阀门快速启闭引发水击现象，避免波纹补偿器因水击、突然降压、超温而受到损坏。

6.4　焊制套筒补偿器

套筒补偿器是供热管道常用的热补偿装置，采用填料进行密封。

6.4.1　结构

套筒补偿器主要由外套管、芯管及其之间的密封填料组成，芯管和外套管相对滑动，用于吸收管道轴向位移。套筒补偿器典型结构如图 6-8 所示。

套筒补偿器可以按下列方式分类：

（1）按位移补偿形式可分为单向套筒补偿器和双向套筒补偿器。单向套筒补偿器具有一个芯管；双向套筒补偿器具有两个相向安装的芯管，共用一个外套管，使用时直接在外套管安装固定支座。

（2）按约束形式可分为无约束型套筒补偿器和压力平衡型套筒补偿器。无约束型套筒补偿器不能承受管道内介质所产生的压力推力；压力平衡型套筒补偿器能承受管道内介质所产生的压力推力。

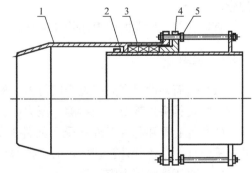

图 6-8　套筒补偿器典型结构

1—外套管；2—芯管；3—密封填料；

4—填料压盖；5—压紧部件

（3）按密封结构形式可分为单一密封套筒补偿器和组合密封套筒补偿器。单一密封套筒补偿器只具有一种密封结构形式；组合密封套筒补偿器由多种密封结构形式组合形成密封。

（4）按密封填料形式可分为成型填料套筒补偿器和非成型填料套筒补偿器。成型填料套筒补偿器由密封填料制成的成型密封圈进行密封；非成型填料套筒补偿器由压注枪压入可塑性填料进行密封。

（5）按端部连接形式可分为焊接连接套筒补偿器和法兰连接套筒补偿器。

6.4.2 材料

（1）套筒补偿器的外套管及芯管材料一般选用碳素钢或低合金钢：

热水管道用套筒补偿器可选用 20♯、Q235B、Q235C 或 Q345；

蒸汽管道用套筒补偿器可选用 20♯、Q235B、Q235C、Q345、Q245R 或 Q345R。

（2）套筒补偿器的密封填料为弹性材料：

热水管道用套筒补偿器可选用橡胶、柔性石墨或石棉；

蒸汽管道用套筒补偿器可选用柔性石墨或石棉。

6.4.3 性能要求

（1）套筒补偿器的设计压力和温度不应低于管道的设计压力和温度。

（2）补偿器的补偿量应大于安装管段的最大热膨胀量加 20mm 以上的安全余量。套筒补偿器应设有防脱装置，当管道降温收缩或固定支架失效时，芯管不得从外套筒中脱出。防脱装置可设置在套筒补偿器的内部或外部，强度应能承受管道内介质所产生的压力推力。

（3）补偿器的芯管与密封填料接触的表面需要进行抛光、涂层等防腐减摩处理。

（4）在设计温度和设计压力下，供热介质不应有明显的泄漏。密封填料的设计温度应高于补偿器设计温度 20℃，且对外套管和芯管无腐蚀、对供热介质无污染。

（5）城镇供热管道用套筒补偿器在设计压力下，密封结构无渗漏的设计位移循环次数不应小于 1000 次。间歇运行及停送频繁的供热系统应根据实际运行情况增加设计位移循环次数。

（6）套筒补偿器外表面应涂防锈油漆，芯管组件镀层外露表面及焊接坡口处应涂防锈油脂。

直埋套筒补偿器的保温结构应完全封闭，地下水不得渗入保温层。

6.4.4 检测

（1）套筒补偿器产品应逐个进行出厂检验，项目至少应包括产品外观检查、尺寸偏差检测、焊接接头外观及无损检测、压力试验。

（2）外套管和芯管组件等受压元件的焊缝应进行 100％射线检测，合格等级为 Ⅱ 级；外套管组件上法兰和外套管挡环的拼接焊缝应进行 100％超声波检测，合格等级为 Ⅰ 级。

（3）水压试验压力应为设计压力的 1.5 倍。

6.4.5 设备选用要求

（1）套筒补偿器选用时应考虑各种工况的最不利组合。温度工况包括输送介质可能出现的最高和最低温度、管道安装时可能出现的最高和最低温度、管道事故时可能出现的最高和最低温度等。套筒补偿器的设计补偿补偿量应保证在不同的安装温度下，管道在各种工况下都有足够的安全余量。

（2）套筒补偿器应安装在供热管道两个固定支架之间的直管段上。套筒补偿器轴线应与补偿管段轴线相同，补偿管段不应有折角或坡度变化。

（3）套筒补偿器的外套筒应靠近固定支架。双向套筒补偿器的外套筒应设置固定支座。

（4）采用无约束型套筒补偿器的管道，计算固定支架推力时应包括管道内压产生的不平衡力，内压不平衡力抵消系数可取 1。采用压力平衡型套筒补偿器的管道，计算固定支架推力时不需考虑管道内压不平衡力。

（5）安装套筒补偿器的管道应在套筒补偿器附近设置承重支架，避免因重力引起芯管和外套筒之间偏心影响密封效果。当补偿段较长时还应设置防止水平偏心的导向支架。

（6）工程设计时应根据管道可能出现的最高和最低温度、安装时可能的不同环境温度，计算补偿管段的伸缩量，确定各种安装温度下的套筒补偿器安装长度。安装长度应保证在管道可能出现的最高温度和最低温度下，套筒补偿器两端均留有足够的安全余量。

（7）地下敷设管道的套筒补偿器一般安装在检查室内，以便于观察运行状况，检查室的尺寸应满足套筒补偿器维修及更换的需要。

（8）套筒补偿器与管道一般采用焊接连接。

6.4.6　相关标准

（1）行业标准《城镇供热管网设计规范》CJJ 34—2010 第 8.4.4 条：采用套筒补偿器时，应计算各种安装温度下的补偿器安装长度，并应保证在管道可能出现的最高、最低温度下，补偿器留有不小于 20mm 的补偿余量。

（2）行业标准《城镇供热管网设计规范》CJJ 34—2010 第 8.4.5 条：采用波纹管轴向补偿器时，管道上应安装防止波纹管失稳的导向支座。采用其他形式补偿器，补偿管段过长时，亦应设导向支座。

（3）行业标准《城镇供热管网设计规范》CJJ 34—2010 第 8.3.3 条：热力网管道的连接应采用焊接，管道与设备、阀门等连接宜采用焊接；当设备、阀门等需要拆卸时，应采用法兰连接。

（4）行业标准《城镇供热管网设计规范》CJJ 34—2010 第 8.5.14 条：地下敷设管道安装套筒补偿器、波纹管补偿器、阀门、放水和除污装置等设备附件时，应设检查室。

（5）行业标准《城镇供热直埋热水管道技术规程》CJJ/T 81—2013 第 4.3.3 条：补偿器、异径管等管道附件应采用焊接连接，补偿器宜设在检查室内。

（6）行业标准《城镇供热直埋蒸汽管道技术规程》CJJ/T 104—2014 第 3.2.3 条：当采用轴向补偿器时，两个固定支座之间的直埋蒸汽管道不宜有折角。

（7）行业标准《城镇供热直埋蒸汽管道技术规程》CJJ/T 104—2014 第 8.2.6 条：补偿器安装应符合下列规定：

1）补偿器应与管道保持同轴；

2）有流向标记箭头补偿器安装时，流向标记应与管道介质流向一致。

（8）行业标准《城镇供热管网工程施工及验收规范》CJJ 28—2014 第 5.2.4 条：有轴向补偿器的管段，补偿器安装前，管道和固定支架之间不得进行固定。

（9）行业标准《城镇供热管网工程施工及验收规范》CJJ 28—2014 第 5.5.2 条：补偿器应与管道保持同轴。安装操作时不得损伤补偿器，不得采用使补偿器变形的方法来调整管道的安装偏差。

（10）行业标准《城镇供热管网工程施工及验收规范》CJJ 28—2014 第 5.5.4 条：补

偿器安装完毕后应拆除固定装置，并调整限位装置。

（11）行业标准《城镇供热管网工程施工及验收规范》CJJ 28—2014 第 5.5.5 条：补偿器应进行防腐和保温，采用的防腐和保温材料不得腐蚀补偿器。

（12）行业标准《城镇供热管网工程施工及验收规范》CJJ 28—2014 第 5.5.8 条：套筒补偿器安装应符合下列规定：

1）采用成型填料圈密封的套筒补偿器，填料应符合产品要求；

2）采用非成型填料的补偿器，填注密封填料应按产品要求依次均匀注压。

（13）行业标准《城镇供热系统运行维护技术规程》CJJ 88—2014 第 4.7.7 条：套筒补偿器的维护检修应符合下列规定：

1）外观应无渗漏、变形、卡涩现象；

2）套筒组装应符合工艺要求，盘根规格与填料函间隙应一致；

3）套筒的前压紧圈与芯管间隙应均匀，盘根填量应充足；

4）螺栓应无锈蚀，并应涂油脂保护；

5）柔性填料式套筒填料量应充足；

6）芯管应有金属光泽，并应涂油脂保护；

7）当整体更换，应符合原设计对补偿量和固定支架推力的要求。

（14）行业标准《城镇供热系统运行维护技术规程》CJJ 88—2014 第 4.7.9 条：维修后的管段应进行水压试验。

6.4.7 使用、管理及维护

（1）套筒补偿器运输和贮存时应垂直放置。

（2）管道施工时，补偿管段安装就位后将套筒补偿器芯管管端与管道焊接，根据管道温度调整套筒补偿器安装长度，再进行外套管管端与固定支架侧管道的焊接，最后焊接固定支架卡板。

套筒补偿器与补偿管段管道轴线应对正，如果在套筒补偿器附近有平面或竖向折角，折角应设在套筒补偿器外套筒与固定支架之间的管段上，不得采用使补偿器变形的方法来调整管道的安装偏差。采用双向套筒补偿器的两侧补偿管段均不得有折角。

（3）套筒补偿器安装完毕后应拆除运输用固定装置，并调整限位装置，保证套筒补偿器正常伸缩变形。

（4）管道充水前应检查套筒补偿器两侧管道固定支架、活动支架施工完成并达到设计强度，外套管与芯管同轴且间隙均匀。

（5）管道充水、升温和降温时应观察套筒补偿器的位移情况，不应有非正常位移或角度变化，外观应无渗漏、变形、卡涩现象。

（6）套筒补偿器运行时，芯管应有金属光泽、螺栓应无锈蚀，芯管和螺栓应涂油脂保护。套筒补偿器外防腐层应完好，除芯管伸缩段外均应保温。

（7）套筒补偿器检修时，填料压盖与芯管间隙应均匀，填料量应充足。成型密封填料圈安装应符合产品要求；非成型密封填料应按产品要求依次均匀注压。

（8）当整体更换套筒补偿器时，应校核补偿量、固定支架推力及安装长度。

（9）套筒补偿器维修后的管段应进行水压试验。

6.4.8　主要问题分析

套筒补偿器常见故障与处理方法见表 6-4。

套筒补偿器常见故障与处理方法　　　　　　　　　　　　表 6-4

序号	故障现象	故障原因	处理方法
1	渗漏	1. 密封填料磨损、老化； 2. 外套管与芯管不同心	1. 调整压紧部件，加注密封填料或更换补偿器； 2. 调整管道支架
2	变形	1. 固定装置未拆除； 2. 管道失稳	1. 拆除固定装置； 2. 调整固定支架和导向支架，或增加导向支架
3	卡涩	1. 芯管表面锈蚀； 2. 管道安装误差	1. 清理芯管表面，并涂防锈油脂； 2. 重新安装滑动支架和导向支架，不得用补偿器调整管道安装偏差
4	升温变形量过大	1. 固定支架失效； 2. 安装长度误差过大	1. 检查固定支架焊接质量，更换固定支架及部件； 2. 调整安装长度，或更换补偿器
5	降温变形量过大	1. 安装长度误差过大； 2. 安装长度未考虑管道温度低于安装温度的工况； 3. 防脱装置失效	1. 调整安装长度或更换补偿器； 2. 重新计算并调整安装长度； 3. 更换补偿器，并检查调整固定支架的设置距离

第7章 保温材料

7.1 概述

本章介绍在城镇供热行业新建、扩建、改建、运行维护中所使用的保温材料及其制品的选用、质量检验和工程验收，主要包括城镇供热行业中用于介质温度不大于350℃的蒸汽和介质温度不大于150℃的热水使用的保温材料及其制品的技术要求与检验方法。

7.1.1 分类

（1）无机硬质保温材料制品，包括硅酸钙、膨胀珍珠岩保温材料制品等。

（2）无机纤维类保温材料制品，包括下列材料：

1）纤维半硬质材料制品，包括岩棉、矿渣棉、玻璃棉、硅酸铝棉、纳米孔气凝胶等制成的复合绝热板、管壳等；

2）纤维软质材料制品，包括岩棉、矿渣棉、玻璃棉、硅酸铝棉、纳米孔气凝胶等制成的复合绝热胶毡、毯等。

（3）无机松散保温材料，包括膨胀珍珠岩粉、硅酸盐复合涂料、抹面材料等。

（4）有机聚合物高分子泡沫制品，包括下列材料：

1）硬质泡沫塑料制品，包括聚氨酯、聚异氰脲酸酯、硬质酚醛泡沫等；

2）软质（柔性）泡沫塑料制品，包括橡塑，聚乙烯泡沫塑料等。

7.1.2 保温材料标准

城镇供热用保温材料产品标准见表7-1。

城镇供热用保温材料产品标准　　　　　　　　　　　　　　表 7-1

序号	标准编号	标准名称	备注
1	GB50404—2017	硬泡聚氨酯保温防水工程技术规范	工程标准
2	GB 50411—2019	建筑节能工程施工质量验收标准	工程标准
3	CJJ 28—2014	城镇供热管网工程施工及验收规范	工程标准
4	GB/T 10303—2015	膨胀珍珠岩绝热制品	产品标准
5	GB/T 10699—2015	硅酸钙绝热制品	产品标准
6	GB/T 11835—2016	绝热用岩棉、矿渣棉及其制品	产品标准
7	GB/T 13350—2017	绝热用玻璃棉及其制品	产品标准
8	GB/T 16400—2015	绝热用硅酸铝棉及其制品	产品标准
9	GB/T 17371—2008	硅酸盐复合绝热涂料	产品标准
10	GB/T 17393—2008	覆盖奥氏体不锈钢用绝热材料规范	产品标准

续表

序号	标准编号	标准名称	备注
11	GB/T 17794—2008	柔性泡沫橡塑绝热制品	产品标准
12	GB/T 20974—2014	绝热用硬质酚醛泡沫制品（PF）	产品标准
13	GB/T 21558—2008	建筑绝热用硬质聚氨酯泡沫塑料	产品标准
14	GB/T 25997—2010	绝热用聚异氰脲酸酯制品	产品标准
15	GB/T 29047—2021	高密度聚乙烯外护管硬质聚氨酯泡沫塑料预制直埋保温管及管件	产品标准
16	GB/T 34336—2017	纳米孔气凝胶复合绝热制品	产品标准
17	GB/T 34611—2017	硬质聚氨酯喷涂聚乙烯缠绕预制直埋保温管	产品标准
18	GB/T 38097—2019	城镇供热　玻璃纤维增强塑料外护层聚氨酯泡沫塑料预制直埋保温管及管件	产品标准
19	GB/T 39802—2021	城镇供热保温材料技术条件	产品标准
20	JC/T 209—2012	膨胀珍珠岩	产品标准
21	JC/T 647—2014	泡沫玻璃绝热制品	产品标准
22	GB 8624—2012	建筑材料及制品燃烧性能分级	检测标准
23	GB/T 10294—2008	绝热材料稳态热阻及有关特性的测定　防护热板法	检测标准
24	GB/T 10295—2008	绝热材料稳态热阻及有关特性的测定　热流计法	检测标准
25	GB/T 10296—2008	绝热层稳态传热性质的测定　圆管法	检测标准
26	GB/T 10297—2015	非金属固体材料导热系数的测定　热线法	检测标准
27	GB/T 17430—2015	绝热材料最高使用温度的评估方法	检测标准
28	ASTM C 411	高温绝热材料受热面性能的试验方法（Standard Test Method for Hot-Surface Performance of High-Temperature Thermal Insulation）	检测标准
29	ASTM C 447	绝热材料最高使用温度评价方法（Standard Practice for Estimating the Maximum Use Temperature of Thermal Insulation）	检测标准
30	ASTM C 653	低密度矿物纤维隔热保温毡热阻测定方法（Standard Guide for Determination of the Thermal Resistance of Low-Density Blanket-Type Mineral Fiber Insulation）	检测标准
31	JIS K 6767	聚乙烯泡沫塑料试验方法（Cellular plastic-Polyethylene-Methods of test）	检测标准

7.1.3　应用现状

随着我国城镇化水平的不断提高，城镇集中供热管网建设工程量不断增加，新技术、新工艺、新材料被广泛地应用，在不断发展和使用过程中，各种新型保温材料也在供热系统中迅速得到推广与应用，确保了供热系统保温工程质量，减少系统的散热损失，满足管网整体安全运行和节能降耗的要求，可以有效地推动整个供热用保温材料的标准化管理，从根本上提升供热用保温材料的整体质量水平。

近年来为实现供热节能降耗，电厂、供热管网、锅炉房和热力站中大量使用了新型的保温材料，因此有必要对这些新型保温材料提出明确的技术要求。供热系统根据使用条件不同，分为架空、地沟、综合管廊、直埋等多种形式，通过规范供热用保温材料技术条件，保证供热系统、管网的安全运行和供热质量，降低散热损失，减少能耗，达到节能环保要求。不同材质的保温材料用于供热系统时，会对其有特殊的要求。因此，不能仅仅依据保温材料本身的产品标准来判断其是否可用于供热系统，而应当依据供热系统自身的使用要求提出供热系统用保温材料的技术条件，并据此选用合适的保温材料。保障系统安全有序运行，提高保温效果，有效减少管网事故发生的可能性，具有明显的社会和经济效益。

7.2 性能要求

7.2.1 保温材料的密度

无机硬质保温材料制品密度不应大于 $250kg/m^3$。纤维类保温材料制品密度不应大于 $200kg/m^3$。松散材料密度不应大于 $250kg/m^3$。有机聚合物保温材料制品密度不应大于 $100kg/m^3$。

7.2.2 保温材料的导热系数

（1）当供热介质温度为 150℃～350℃ 时，无机保温材料导热系数应符合表 7-2 的规定。

无机保温材料导热系数　　　　　　　　　　表 7-2

保温材料类别	导热系数 [W/(m·K)]	测试条件（℃）
无机硬质保温材料制品	≤0.12	350℃±5℃
无机纤维类保温材料制品	≤0.058	70℃±1℃
无机松散保温材料	≤0.12	350℃±5℃

（2）当供热介质温度小于 150℃ 时，导热系数不应大于 0.09W/(m·K)。

7.2.3 无机保温材料的使用温度

（1）当产品标准中无规定时，应根据安全使用温度，按现行国家标准《绝热材料最高使用温度的评估方法》GB/T 17430 和《高温绝热材料受热面性能的试验方法（Standard Test Method for Hot-Surface Performance of High-Temperature Thermal Insulation）》ASTM C 411，《绝热材料最高使用温度评价方法（Standard Practice for Estimating the Maximum Use Temperature of Thermal Insulations）》ASTM C 447 进行最高使用温度评价。热板温度、试样总厚度及升温速率等试验参数由供需双方商定或由制造方给出，告知第三方检测单位，但热板温度应至少高于产品正常使用温度100℃。

（2）试验时应由多块样品叠加的方法进行测试，总厚度不应低于100mm，且试样总厚度应能确保冷面温度不高于60℃，否则应继续增加样品层数。

（3）管壳制品的最高使用温度评估，可采用同质、同密度、同厚度、同胶粘剂含量的板材进行测试。试验中试样内部温度不应大于其热面平衡温度100℃。试验后的制品应无熔融、烧结、降解等现象，除颜色以外，外观应无显著变化，试样总厚度变化不应大于5.0%。

7.2.4　腐蚀性

（1）覆盖奥氏体不锈钢用的保温材料，浸出液中腐蚀性离子含量应符合现行国家标准《覆盖奥氏体不锈钢用绝热材料规范》GB/T 17393 的规定，用于奥氏体不锈钢供热设备和管道上的保温材料，其浸出液中 CL⁻ 含量不应大于 25mg/L。

（2）保温材料用于覆盖铝、铜、钢材时，可按现行国家标准《绝热用岩棉、矿渣棉及其制品》GB/T 11835 的规定，采用 90％置信度的秩和检验法，对照样的秩和不应小于 21。

7.2.5　燃烧性能

（1）保温材料选用无机材料时，其燃烧性能不应低于国家标准《建筑材料及制品燃烧性能分级》GB 8624—2012 规定的 A（A2）级。

（2）保温材料选用有机的材料时，燃烧性能等级应满足使用场所的防火等级要求。

7.2.6　各类保温材料性能要求

7.2.6.1　膨胀珍珠岩及其制品

膨胀珍珠岩可用于制成保温制品、保温填充料、轻质绝热浇注料及抹面保护层的集配料。其安全使用温度与最高使用温度相同，不应大于 600℃。膨胀珍珠岩可按现行行业标准《膨胀珍珠岩》JC/T 209 规定的堆积密度分为 200 号、250 号。膨胀珍珠岩的物理性能应符合表 7-3 的规定。

膨胀珍珠岩的物理性能　　表 7-3

标号	堆积密度（kg/m³）	质量含水率（％）	导热系数［W/(m·K)］（温度 25℃±5℃）
200 号	≤200	≤5	≤0.068
250 号	≤250	≤5	≤0.072

膨胀珍珠岩绝热制品可制成板、管壳等形式，用作保温层。膨胀珍珠岩绝热制品的安全使用温度应小于或等于 400℃。膨胀珍珠岩绝热制品按现行国家标准《膨胀珍珠岩绝热制品》GB/T 10303 的规定，密度取 200kg/m³ 和 250kg/m³ 两类。制品又分为普通型和憎水型，憎水型制品的憎水率应大于或等于 98％。膨胀珍珠岩绝热制品的物理性能应符合表 7-4 的规定。

膨胀珍珠岩绝热制品的物理性能　　表 7-4

项目		物理性能指标	
		200 号	250 号
密度(kg/m³)		≤200	≤250
导热系数［W/(m·K)］	（温度 25℃±2℃）	≤0.065	≤0.070
	（温度 350℃±5℃）	≤0.11	≤0.12
抗压强度（MPa）		≥0.35	≥0.45
质量含水率（％）		≤4	≤4

7.2.6.2　硅酸钙绝热制品

硅酸钙绝热制品可制成板、管壳等形式，用作保温层。按现行国家标准《硅酸钙绝热制品》GB/T 10699 规定制品最高使用温度 650℃，安全使用温度小于或等于 550℃。硅酸钙绝热制品的物理性能应符合表 7-5 的规定。

硅酸钙绝热制品的物理性能　　　　　　　　　　表 7-5

产品类型		I 型		II 型		
		220 号	170 号	220 号	170 号	140 号
密度(kg/m³)		≤220	≤170	≤220	≤170	≤140
质量含湿率（%）		≤7.5		≤7.5		
抗压强度（MPa）	平均值	≥0.50	≥0.40	≥0.50	≥0.40	
	单块值	≥0.40	≥0.32	≥0.40	≥0.32	
抗折强度（MPa）	平均值	≥0.30	≥0.20	≥0.30	≥0.20	
	单块值	≥0.24	≥0.16	≥0.24	≥0.16	
导热系数[W/(m·K)]	平均温度（℃） 100	≤0.065	≤0.058	≤0.065	≤0.058	
	200	≤0.075	≤0.069	≤0.075	≤0.069	
	300	≤0.087	≤0.081	≤0.087	≤0.081	
	400	≤0.100	≤0.095	≤0.100	≤0.095	
	500	≤0.115	≤0.112	≤0.115	≤0.112	
最高使用温度	匀温灼烧试验温度（℃）	650		1000		
	线收缩率（%）	≤2		≤2		
	剩余抗压强度（MPa）	≥0.40	≥0.32	≥0.40	≥0.32	
	剩余抗折强度（MPa）	≥0.24	≥0.16	≥0.24	≥0.16	
裂缝		无贯穿裂缝		无贯穿裂缝		

7.2.6.3 绝热用岩棉、矿渣棉及其制品

绝热用岩棉、矿渣棉及其制品产品分类应按现行国家标准《绝热用岩棉、矿渣棉及其制品》GB/T 11835 的规定执行。制品包括板、带、毡、缝毡和管壳。当各种制品有防水要求时，其质量含水率不应大于 1%，憎水率不应小于 98%。岩棉、矿渣棉板、带、毡/缝毡、管壳的物理性能应符合表 7-6 的规定。

绝热用岩棉、矿渣棉制品的物理性能　　　　　　表 7-6

种类	密度（kg/m³）	导热系数[W/(m·K)]	燃烧性能	安全使用温度（℃）
岩棉、矿渣棉板	61～200	≤0.048[a]	A（A₁）级	≤350
岩棉、矿渣棉带	61～100	≤0.052[a]	A（A₁）级	≤350
	101～160	≤0.049[a]		
岩棉、矿渣棉毡/缝毡	61～80[b]	≤0.049[c]	A（A₁）级	≤400
	81～100[b]	≤0.049[c]	A（A₁）级	≤400
岩棉、矿渣棉管壳	61～200	≤0.044[c]	A（A₁）级	≤350

注：[a]平均温度 70^{+5}_{-2}℃的导热系数；
　　[b]密度用标称厚度计算。
　　[c]平均温度 70℃±1℃时的导热系数。

7.2.6.4 绝热用玻璃棉及其制品

绝热用玻璃棉及其制品可按现行国家标准《绝热用玻璃棉及其制品》GB/T 13350 的规定分为玻璃棉散棉、普通玻璃棉制品、高温玻璃棉制品、硬质玻璃棉制品，见表 7-7。绝热

用玻璃棉及其制品按其形态分为玻璃棉散棉及其制品。制品包括板、毡、毯、条和管壳等。

玻璃棉产品按用途分类　　　　　　　　　表 7-7

玻璃棉产品分类	用途
玻璃棉散棉	用于绝热保温层填充
普通玻璃棉制品	板、毡、毯、管壳
高温玻璃棉制品	板、毡、管壳
硬质玻璃棉制品	板、条

普通玻璃棉制品表面应平整，不应有妨碍使用的伤痕、污迹、破损，树脂分布应均匀，当存在外保护层时，其与基材的粘结应平整牢固。卷毡制品卷心处允许有不影响使用的褶皱。管壳轴向应无翘曲，并应与端面垂直，偏心度不应大于 10%。普通玻璃棉制品的物理性能应符合表 7-8 的规定。

普通玻璃棉制品的物理性能　　　　　　　　　表 7-8

种类	标称密度 ρ（kg/m³）	导热系数［W/(m·K)］		燃烧性能	热荷重收缩温度（℃）
		平均温度 25℃±1℃	平均温度 70℃±1℃		
玻璃棉板	24≤ρ≤32	≤0.038	≤0.044	≥A（A₂）级	≥250
	32<ρ≤40	≤0.036	≤0.042		
	ρ>40	≤0.034	≤0.040		
玻璃棉毡	ρ≤12	≤0.050	≤0.058		
	12<ρ≤16	≤0.045	≤0.053		
	16<ρ≤24	≤0.041	≤0.048		
	24<ρ≤32	≤0.038	≤0.044		
	32<ρ≤40	≤0.036	≤0.042		
	ρ>40	≤0.034	≤0.040		
玻璃棉毯	ρ≤40	—	≤0.044	≥A（A₁）级	≥350
	ρ>40	—	≤0.042		
玻璃棉管壳	45≤ρ≤90	—	≤0.042	≥A（A₂）级	≥250

高温玻璃棉板、高温玻璃棉毡表面应平整，不应有妨碍使用的伤痕、污迹、破损，树脂分布基本均匀。卷毡制品卷芯处允许有不影响使用的褶皱。高温玻璃棉管壳表面应平整，纤维分布均匀，不应有妨碍使用的伤痕、污迹、破损，轴向无翘曲，并与端面垂直，管壳偏心度不应大于 10%。当存在外保护层时，其与基材的粘结应平整牢固。

高温玻璃棉制品的物理性能应符合表 7-9 的规定。

高温玻璃棉制品的物理性能　　　　　　　　　表 7-9

种类	标称密度 ρ（kg/m³）	导热系数［W/(m·K)］		燃烧性能	热荷重收缩温度（℃）
		平均温度 25℃±1℃	平均温度 70℃±1℃		
玻璃棉板	38<ρ≤40	—	≤0.039	≥A（A1）级	≥350
	ρ>40				
玻璃棉毡	38<ρ≤40				≥400
	ρ>40				
玻璃棉管壳	45≤ρ≤90				≥350

硬质玻璃棉制品的物理性能应符合表 7-10 的规定。

硬质玻璃棉制品的物理性能 表 7-10

种类	标称密度 (kg/m³)	导热系数 [W/(m·K)]		燃烧性能	弯曲破坏荷载 (N)	压缩强度 (kPa)
		平均温度25℃±1℃	平均温度70℃±1℃			
玻璃棉板	≥48	≤0.035	—	≥A（A₂）级	40	—
玻璃棉条	≥32	≤0.048			—	≥10

玻璃棉制品其他性能：

（1）当各种制品有防水要求时，其质量吸湿率不应大于 5.0%，憎水率不应小于 98.0%。

（2）无甲醛玻璃棉制品不应检出甲醛，其他制品在有要求时，甲醛释放量不应大于 0.08mg/m³。

（3）密度应均匀，面密度偏差值不应大于±10%。

玻璃棉制品的最高使用温度应符合《高温绝热材料受热面性能的试验方法（Standard Test Method for Hot-Surface Performance of High-Temperature Thermal Insulation）》ASTM C 411、《绝热材料最高使用温度评价方法（Standard Practice for Estimating the Maximum Use Temperature of Thermal Insulations）》ASTM C 447 的规定，进行高于日常使用温度至少 100℃的最高使用温度评估，试验中试样内部温度不应超过其热面平衡温度 100℃，并且试验后制品应无熔融、烧结、降解等现象，除颜色以外，外观也应无显著变化，试样总厚度变化不应大于 5.0%。

7.2.6.5 绝热用硅酸铝棉及其制品

绝热用硅酸铝棉按现行国家标准《绝热用硅酸铝棉及其制品》GB/T 16400 的规定，以化学组成及使用温度的不同分为六个种类，本标准采用 1 号和 2 号两个种类，见表 7-11。其安全使用温度与最高使用温度相同。

硅酸铝棉的种类 表 7-11

种类	最高使用温度℃
1号硅酸铝棉	≤800
2号硅酸铝棉	≤1000

绝热用硅酸铝棉制品主要为硅酸铝棉板、硅酸铝棉毡、硅酸铝棉毯、硅酸铝棉管壳。硅酸铝棉制品按生产方法分为湿法制品和干法制品。

硅酸铝棉的物理性能应符合表 7-12 的规定。

硅酸铝棉的物理性能 表 7-12

种类	渣球含量（粒径>0.212mm）（%）	导热系数ᵃ [W/(m·K)]
干法制品用棉	≤20.0	≤0.153
湿法制品用棉		

注：ᵃ 平均温度500℃±1℃的导热系数。测试导热系数时，试件的密度为192kg/m³。

硅酸铝棉毯和毡的物理性能应符合表 7-13 的规定。

硅酸铝棉毯和毡的物理性能　　　　　　　　　　表 7-13

标称密度 （kg/m³）	导热系数ᵃ ［W/(m·K)］	抗拉强度 （kPa）	渣球含量 （%）	密度允许偏差 （%）	加热线收缩率 （%）
<64	≤0.192	≥7			
64～95	≤0.178	≥14			
96～127	≤0.161	≥21	≤15.0	±15	≤5.0
128～160	≤0.156	≥28			
>160	≤0.153	≥35			

注：ᵃ 平均温度为 500℃±1℃时的导热系数。

硅酸铝棉板的物理性能应符合表 7-14 的规定。

硅酸铝棉板的物理性能　　　　　　　　　　表 7-14

标称密度 （kg/m³）	导热系数ᵃ ［W/(m·K)］	渣球含量 （%）	密度允许偏差 （%）	加热线收缩率 （%）
<64	≤0.192			
64～95	≤0.178			
96～127	≤0.161	≤15.0	±15	≤5.0
128～160	≤0.156			
>160	≤0.153			

注：ᵃ 平均温度为 500℃±1℃时的导热系数。

硅酸铝棉管（壳）的物理性能应符合表 7-15 的规定。

硅酸铝棉管（壳）的物理性能　　　　　　　　　　表 7-15

标称密度 （kg/m³）	导热系数ᵃ ［W/(m·K)］	密度允许偏差 （%）	管壳偏心度 （%）	渣球含量 （%）	加热线收缩率 （%）
<64	≤0.192				
64～95	≤0.178				
96～127	≤0.161	±15	≤10	≤20	≤5.0
128～160	≤0.156				
>160	≤0.153				

注：ᵃ 平均温度为 500℃±1℃时的导热系数。

湿法制品含水率：湿法制品含水率不应大于 1.0%。

7.2.6.6　硅酸盐复合绝热涂料及硅酸盐复合绝热制品

硅酸盐复合绝热涂料适用于异型设备和管路附件的保温，宜热态施工，最高使用温度 600℃，安全使用温度应小于或等于 550℃，密度为 40kg/m³～80kg/m³ 的毡的安全使用温度应小于 250℃；密度为 80 kg/m³～130 kg/m³ 的毡的安全使用温度应小于 450℃。

硅酸盐复合绝热涂料可按现行国家标准《硅酸盐复合绝热涂料》GB/T 17371 的分类，分为普通型和憎水型。当采用憎水型时，憎水率不应小于 98%。硅酸盐复合绝热涂料的物理性能应符合表 7-16 的规定。

性能	指标	
	优等品	合格品
外观质量	色泽均匀一致黏稠状浆体	
pH	9～11	
浆体密度(kg/m³)	≤1000	
干密度(kg/m³)	≤180	≤220
体积收缩率（%）	≤15.0	≤20.0
抗拉强度（kPa）	≥100	
粘结强度（kPa）	≥25	
导热系数〔W/(m·K)〕 平均温度350℃±5℃	≤0.10	≤0.11
平均温度70℃±5℃	≤0.06	≤0.07
高温后抗拉强度（600℃恒温4h）(kPa)	≥50	

表 7-16 硅酸盐复合绝热涂料的物理性能

注：密度为150kg/m³～180kg/m³的硅酸盐复合绝热管壳的导热系数值，在平均温度70℃时，小于或等于0.055W/(m·K)。

硅酸盐复合绝热制品（毡）物理性能应符合表7-17的规定。

硅酸盐复合绝热制品（毡）物理性能　　　　　　　　　　表 7-17

性能	指标	
密度(kg/m³)	40～80	80～130
导热系数（25℃±5℃）〔W/(m·K)〕	0.040～0.042	0.042～0.045
抗拉强度（kPa）	≥150	
加热线收缩（600℃×2h）（%）	≤2.0	
含水率（%）	≤2	
压缩回弹率（%）	≥60	

7.2.6.7　硬质聚氨酯泡沫制品

硬质聚氨酯泡沫制品按照产品制作成形工艺分为灌注型、喷涂型和预制型材（板材、瓦壳、异型结构等），分别符合现行国家标准《建筑绝热用硬质聚氨酯泡沫塑料》GB/T 21558、《高密度聚乙烯外护管硬质聚氨酯泡沫塑料预制直埋保温管及管件》GB/T 29047、《硬质聚氨酯喷涂聚乙烯缠绕预制直埋保温管》GB/T 34611、《硬泡聚氨酯保温防水工程技术规范》GB 50404、《城镇供热 玻璃纤维增强塑料外护层聚氨酯泡沫塑料预制直埋保温管及管件》GB/T 38097 等对产品的技术要求。硬质聚氨酯泡沫制品物理性能应符合表7-18的规定。

硬质聚氨酯泡沫制品物理性能　　　　　　　　　　表 7-18

性能	指标
外观质量及平均泡孔尺寸	聚氨酯泡沫塑料应无污斑、无收缩分层开裂现象。泡孔应均匀细密，泡孔平均尺寸不应大于0.5mm
空洞和气泡	聚氨酯泡沫塑料应均匀地充满工作钢管与外护层间的环形空间。任意保温层截面上空洞和气泡的面积总和占整个截面积的百分比不应大于5%，且单个空洞的任意方向尺寸不应大于同一位置实际保温层厚度的1/3

续表

性能	指标
密度(kg/m³)	保温层任意位置的聚氨酯泡沫塑料密度不应小于 60 kg/m³
导热系数（平均温度 50℃时）[W/(m·K)]	未进行老化的聚氨酯泡沫塑料在 50℃状态下的导热系数 λ_{50} 不应大于 0.033 [W/(m·K)]
压缩强度（MPa）	聚氨酯泡沫塑料径向相对形变为 10%时的压缩应力不应小于 0.3MPa
闭孔率（%）	≥90
吸水率（%）	≤8
保温层厚度	保温层厚度应符合设计要求
安全使用温度（℃）	长期使用温度 120，峰值使用温度 140

7.2.6.8　聚异氰脲酸酯泡沫制品（PIR）

（1）应用范围

聚异氰脲酸酯泡沫制品为主要原料生产的保温板、管壳管座支架等产品，应用于供热设备和管道保温，安全使用温度范围应为-183℃～150℃。

（2）产品分类

按现行国家标准《绝热用聚异氰脲酸酯制品》GB/T 25997 的规定，聚异氰脲酸酯泡沫制品压缩强度分为 A 类（普通型）和 B 类（承重型），见表 7-19。

聚异氰脲酸酯泡沫制品分类　　　　　　　　　　　　表 7-19

种类	分类	压缩强度 P（MPa）
普通型	A	0.15≤P<1.6
承重型	BⅠ	1.6≤P<2.5
	BⅡ	2.5≤P<5.0
	BⅢ	5.0≤P<10.0
	BⅣ	P≥10.0

硬质聚异氰脲酸酯泡沫制品的物理性能应符合表 7-20 的规定。

硬质聚异氰脲酸酯泡沫制品物理性能　　　　　　　表 7-20

性能		指标				
		A	BⅠ	BⅡ	BⅢ	BⅣ
导热系数 [W/(m·K)]	平均温度-20℃	≤0.029	≤0.035	≤0.042	≤0.047	≤0.070
	平均温度 25℃	≤0.029	≤0.038	≤0.045	≤0.050	≤0.080
	平均温度 70℃	≤0.035	≤0.044	≤0.052	≤0.056	≤0.090
体积吸水率（%）		≤2.0	≤1.5	≤1.5	≤1.0	≤1.0
压缩强度（MPa）		≥0.15	≥1.6	≥2.5	≥5.0	≥10.0
尺寸稳定 （%）	100℃，7d	≤5.0				
	-20℃，7d	≤1.0				
透湿系数 [ng/(Pa·m·s)]		≤5.8				

7.2.6.9　硬质酚醛泡沫制品

产品依据现行国家标准《绝热用硬质酚醛泡沫制品（PF）》GB/T 20974 分为板材、管材、瓦壳和异型构件等。硬质酚醛泡沫制品物理性能应符合表 7-21 的规定。

硬质酚醛泡沫制品物理性能 表 7-21

性能		指标		
		Ⅰ	Ⅱ	Ⅲ
压缩强度（kPa）		≥100	≥100	≥250
弯曲断裂力（N）		≥15	≥15	≥20
垂直于板面的拉伸强度（kPa）		—	≥80	—
压缩蠕变（80℃±2℃，20kPa 荷载，48h）（%）		—	—	≤3
尺寸稳定性（%）	−40℃±2℃，7d	≤2.0	≤2.0	≤2.0
	70℃±2℃，7d	≤2.0	≤2.0	≤2.0
	130℃±2℃，7d	≤3.0	≤3.0	≤3.0
导热系数［W/(m·K)］	平均温度 10℃±2℃	≤0.032	≤0.032	≤0.038
	平均温度 25℃±2℃	≤0.034	≤0.034	≤0.040
透湿系数（23℃±1℃，相对湿度 50%±2%）［ng/(Pa·s·m)］		≤8.5	≤8.5	≤8.5
		≤8.5	2.0～8.5	≤8.5
体积吸水率（V/V）（%）		≤7.0		
安全使用温度（℃）		≤150		
燃烧性能等级		不应低于 GB 8624—2012 规定的 B（B1）		

7.2.6.10 柔性泡沫橡塑绝热制品

适用于设备和管道的保温。产品依据现行国家标准《柔性泡沫橡塑绝热制品》GB/T 17794 分为板材、管材两大类。柔性泡沫橡塑制品物理性能应符合表 7-22 的规定。

柔性泡沫橡塑制品的物理性能 表 7-22

性能		指标	
		Ⅰ类	Ⅱ类
表观密度（kg/m³）		≤95	≤95
燃烧性能		氧指数≥32%，且烟密度≤75%	氧指数≥26%
		燃烧性能不应低于 GB 8624—2012 B₂（C）级	
导热系数［W/(m·K)］	−20℃（平均温度）	≤0.034	
	0℃（平均温度）	≤0.036	
	40℃（平均温度）	≤0.041	
透湿性能	透湿系数［g/(m·s·Pa)］	≤1.3×10⁻¹⁰	
	湿阻因子	≥1.5×10³	
真空吸水率（%）		≤10	
尺寸稳定性（105℃±3℃，7d）（%）		≤10.0	
压缩回弹率（压缩率 50%，压缩时间 72h）（%）		≤70	
抗老化性（150h）		轻微起皱，无裂纹，无针孔，不变形	
安全使用温度（℃）		≤60	

7.2.6.11 高压聚乙烯泡沫制品

适用于设备和管道保温，安全使用温度范围为−30℃～60℃。产品分为板材、管材两大类。高压聚乙烯泡沫制品物理性能应符合表 7-23 的规定。

高压聚乙烯泡沫制品的物理性能 表7-23

性能		指标	
		合格品	优等品
密度（kg/m³）		≤50	≤40
拉伸强度（kPa）		≥150	≥200
伸长率（%）		≥100	≥170
压缩强度（25%变形）（kPa）		≥26	≥33
撕裂强度（N/m）		≥500	≥800
压缩永久变形（%）		≤12	≤7
高低耐温尺寸变化率（%）	+70℃	≤10	≤8
	−40℃	≤5	≤3
吸水率（g/cm³）		0.004	0.002
导热系数［W/(m·K)］		0.038	0.034
氧指数（%）		≥26	≥32

注：高压聚乙烯泡沫制品的物理性能依据日本《泡沫塑料．聚乙烯．试验方法（Cellular plastics-Polyethylene—Methods of test）》JIS K 6767进行检测。

7.2.6.12 泡沫玻璃制品

适用于设备和管道的保温，安全使用温度范围为−200℃～400℃。

泡沫玻璃制品物理性能应符合表7-24的规定。

泡沫玻璃制品物理性能 表7-24

性能		指标	
		150	180
密度（kg/m³）		≤150	≤180
抗压强度（MPa）		≥0.3	≥0.4
抗折强度（MPa）		≥0.4	≥0.5
体积吸水率（%）		≤0.5	≤0.5
透湿系数［ng/(Pa·s·m)］		≤0.05	≤0.05
导热系数（平均温度）［W/(m·K)］	35℃	≤0.066	≤0.066
	−40℃	≤0.054	≤0.054
燃烧性能		GB 8624—2012规定的不燃A级	

7.2.6.13 纳米孔气凝胶复合绝热制品

适用于设备和管道保温。按照形态分为：毡、板和异形制品。按导热系数分为A类、B类、S类。

按耐热温度分为下列三类：

（1）Ⅰ型：分类温度200℃；

（2）Ⅱ型：分类温度450℃；

（3）Ⅲ型：分类温度650℃。

长期使用温度应比分类温度低50℃～150℃。

纳米孔气凝胶复合绝热制品物理性能应符合表7-25的规定。

纳米孔气凝胶复合绝热制品物理性能　　　　　　　　表 7-25

性能		指标	
导热系数 ［W/(m·K)］	耐热温度	平均测试温度 25℃	平均测试温度 300℃
	Ⅰ	A 类≤0.021 B 类≤0.023 S 类≤0.017	—
	Ⅱ		A 类≤0.036 B 类≤0.042 S 类≤0.032
	Ⅲ		
燃烧性能等级		应符合国家标准《建筑材料及制品燃烧性能分级》GB 8624—2012 规定的燃烧性能等级的要求，且Ⅰ型不应低于 B₁（B）级，Ⅱ、Ⅲ型不应低于 A（A₂）级	
加热永久线变化（%）		≥-2.0	
振动质量损失率（%）		≤1.0	
最高使用温度		使用温度大于 200℃时，应进行高于工况温度至少 100℃的最高使用温度的评估。 实验中任何时刻试样内部温度不应超过热面温度 90℃，且试验后应无熔融、烧结、降解等现象，除颜色外外观应无显著变化，整体厚度变化不应大于 5.0%	
防水性能	质量吸湿率（%）	≤5.0	
	体积吸水率（%）	≤1.0	
	憎水率（%）	≥98.0	
腐蚀性	奥氏体不锈钢	应符合现行国家标准《覆盖奥氏体不锈钢用绝热材料规范》GB/T 17393 的规定	
	铝、铜、钢	采用 90% 置信度的秩和检验法，对照样品的秩和应大于或等于 21	

7.3　检验检测

　　保温材料及其制品导热系数的测试可按现行国家标准《绝热材料稳态热阻及有关特性的测定 防护热板法》GB/T 10294、《绝热材料稳态热阻及有关特性的测定 热流计法》GB/T 10295、《绝热层稳态传热性质的测定 圆管法》GB/T 10296、《非金属固体材料导热系数的测定 热线法》GB/T 10297 的方法执行，当供热管道或异型结构的保温材料产品，制取平板试样困难时，宜采用现行国家标准《绝热层稳态传热性质的测定 圆管法》GB/T 10296、《非金属固体材料导热系数的测定 热线法》GB/T 10297 的方法进行测试。

　　绝热保温材料的物理化学性能检验报告，应由具有 CMA 检验检测资质的第三方机构提供原始文件。保温材料及其制品出厂检验和型式检验执行标准参照表 7-26，保温材料及其制品工程现场复检项目参照表 7-27。

保温材料及其制品出厂检验和型式检验执行标准　　　　　　　　表 7-26

序号	标准编号	保温材料标准名称
1	GB/T 10303	膨胀珍珠岩及其绝热制品
2	GB/T 10699	硅酸钙制品
3	GB/T 11835	绝热用岩棉、矿渣棉及其制品
4	GB/T 13350	绝热用玻璃棉及其制品
5	GB/T 16400	绝热用硅酸铝棉及其制品

序号	标准编号	保温材料标准名称
6	GB/T 17371	硅酸盐复合绝热涂料及硅酸盐复合绝热制品
7	GB/T 17794	柔性泡沫橡塑绝热制品
8	GB/T 20974	硬质酚醛泡沫制品
9	GB/T 25997	聚异氰脲酸酯泡沫制品
10	GB/T 29047	硬质聚氨酯泡沫塑料
11	GB/T 34336	纳米孔气凝胶复合绝热制品
12	JC/T 647—2005	泡沫玻璃制品
13	JIS K6767	高压聚乙烯泡沫（PEF）制品

保温材料及其制品工程现场复检项目 表 7-27

保温材料	现场复检项目
膨胀珍珠岩及其绝热制品	密度，导热系数，抗压强度，憎水率（燃烧性能，腐蚀性）
硅酸钙制品	密度，导热系数，抗压强度，含水率（燃烧性能，腐蚀性）
绝热用岩棉、矿渣棉及其制品	密度，导热系数，质量含水率，（燃烧性能，腐蚀性）
绝热用玻璃棉及其制品	密度，导热系数，质量含水率，（燃烧性能，腐蚀性）
绝热用硅酸铝棉及其制品	密度，导热系数，质量含水率，（燃烧性能，腐蚀性）
硅酸盐复合绝热涂料及硅酸盐复合绝热制品	密度，导热系数，含水率，（燃烧性能，腐蚀性）
硬质聚氨酯泡沫塑料	密度，导热系数，抗压强度，吸水率，闭孔率，（燃烧性能）
聚异氰脲酸酯泡沫制品	密度，导热系数，抗压强度，吸水率，燃烧性能
硬质酚醛泡沫制品	密度，导热系数，抗压强度，吸水率，燃烧性能
柔性泡沫橡塑绝热制品	密度，导热系数，真空吸水率，燃烧性能
高压聚乙烯泡沫（PEF）制品	密度，导热系数，吸水率，燃烧性能
泡沫玻璃制品	密度，导热系数，抗压强度，吸水率（燃烧性能，腐蚀性）
纳米孔气凝胶制品	密度，导热系数，吸湿率，体积吸水率（燃烧性能，腐蚀性）

注：括号内项目根据使用环境条件和委托方要求选做。

7.4 材料选用要求

城镇供热保温材料根据其不同的使用条件和选用材料种类的不同，对其密度、导热系数、最高使用温度、腐蚀性、燃烧性能专门提出选用要求。

7.4.1 绝热保温材料的密度

根据其使用的材料种类不同，对城镇供热保温材料密度做出具体规定如下：
（1）无机硬质保温材料制品密度不应大于 250kg/m³；
（2）无机纤维类保温材料制品密度不应大于 200kg/m³；
（3）无机松散材料密度不应大于 250kg/m³；
（4）有机聚合物保温材料制品密度不应大于 100kg/m³。

7.4.2 绝热保温材料的导热系数

（1）当供热介质温度为150℃～350℃时，无机硬质、无机纤维、无极松散保温材料导热系数应符合表 7-2 的规定。

（2）当供热介质温度小于150℃时，无机硬质、无机纤维、无极松散保温材料在70℃±1℃的测试条件下导热系数不应大于 0.09W/(m·K)。

（3）有机保温材料导热系数应满足不同产品的技术要求。

（4）保温材料及其制品导热系数的测试可按现行国家标准《绝热材料稳态热阻及有关特性的测定 防护热板法》GB/T 10294、《绝热材料稳态热阻及有关特性的测定 热流计法》GB/T 10295、《绝热层稳态传热性质的测定 圆管法》GB/T 10296、《非金属固体材料导热系数的测定 热线法》GB/T 10297 的方法执行，当供热管道或异型结构的保温材料产品，制取平板试样困难时，宜采用现行国家标准《绝热层稳态传热性质的测定 圆管法》GB/T 10296、《非金属固体材料导热系数的测定 热线法》GB/T 10297 的方法进行测试，仲裁方法应符合国家现行标准《绝热层稳态传热性质的测定 圆管法》GB/T 10296 的有关规定。

7.4.3 燃烧性能等级

（1）当绝热保温材料选用无机材料时，其燃烧性能不应低于国家标准《建筑材料及制品燃烧性能分级》GB 8624—2012 规定的 A（A_2）级。

（2）当保温材料选用有机材料时，燃烧性能等级应满足使用场所的防火等级。

7.5 相关标准

城镇供热保温材料相关工程标准详见表7-28。

城镇供热保温材料相关工程标准 表7-28

标准编号	标准名称	相关条款内容
CJJ 28—2014	城镇供热管网工程施工及验收规范	4.2.11 直埋保温管接头处应设置工作坑，工作坑的尺寸应能满足接口安装操作
		5.4 预制直埋管道
		7.2 保温
		9.2.3 保温工程在第一个采暖季结束后，应由建设单位组织监理单位、施工单位、设计单位和管理单位对设备及管道保温效果行测定与评价，并应符合现行国家标准《设备及管道保温效果的测试与评价》GB/T 8174 的相关规定，并应提出测定与评价报告
CJJ 34—2010	城镇供热管网设计规范	8.2.5 当蒸汽管道采用直埋敷设时，应采用保温性能良好、防水性能可靠、保护管耐腐蚀的预制保温管直埋敷设，其设计寿命不应低于25年
		8.2.6 直埋敷设热水管道应采用钢管、保温层、保护外壳结合成一体的预制保温管道，其性能应符合本规范第11章的有关规定
		11 保温与防腐涂层
		14.4.2 直埋保温管的技术要求应符合国家现行标准《高密度聚乙烯外护管聚氨酯泡沫塑料预制直埋保温管及管件》GB/T 29047 或《玻璃纤维增强塑料外护层聚氨酯泡沫塑料预制直埋保温管及管件》GB/T 38097 的规定。直埋喷涂聚氨酯缠绕聚乙烯保温管的技术要求应符合国家现行标准《硬质聚氨酯喷涂聚乙烯缠绕预制直埋保温管》GB/T 34611 的规定
		14.4.3 热力管道及管路附件均应保温。在综合管沟内敷设的管道，当同沟敷设的其他管道要求控制沟内温度时，应按管沟温度条件校核保温层厚度

续表

标准编号	标准名称	相关条款内容
CJJ/T 81—2013	城镇供热直埋热水管道技术规程	3　保温管及管件
		5　管道应力验算
		7.1.9　直埋保温管和管件应采用工厂预制的产品。直埋保温管和管路附件应符合现行的国家有关产品标准，并应具有生产厂质量检验部门的产品合格文件
CJJ/T 104—2014	城镇供热直埋蒸汽管道技术规程	6　保温结构和保温层
		8.1.3　对生产厂提供的各种规格的管材、管件及保温制品，应抽取不少于一组试件的材质，进行材质化学成分分析和机械性能检验

7.6　使用、管理及维护

（1）保温材料运输中应符合下列规定：

1）保温材料应采用装卸搬运方式，过程中不应造成损坏；

2）在装卸过程中不应碰撞、抛摔或在地面直接拖、拉、拽；

3）长途运输过程中，应固定牢靠，不应损伤外包装层及保温材料本体。

（2）保温材料堆放场地应符合下列规定：

1）地面应平整，且应无碎石等坚硬杂物；

2）地面应有足够的承载能力，并应采取防止发生地面塌陷和堆垛倾倒的措施；

3）堆放场地应设排水沟，场地内不应积水；

4）露天堆放场地应设置托架，材料不应受雨水浸泡；

5）贮存时应采取防止产品滑落、倒塌的措施。

（3）保温材料施工应符合下列规定：

1）不应受烈日照射、雨淋和浸泡，露天存放时应用篷布遮盖。堆放处应远离热源和火源。当环境温度低于−20℃时，不宜露天存放，应放置于库房内；

2）出厂保温材料应符合产品标准的规定，并应具有产品合格证明文件；

3）在入库和进入施工现场安装前应进行进场验收，其材质、规格、型号等应符合设计文件和合同的要求；

4）应对到货现场的保温材料进行性能复检，由具备产品检测资质（CMA）的第三方检测单位提供复检并出具检测报告作为合格证明；

5）复检项目应包括：保温材料的密度、导热系数、压缩强度、吸水率、闭孔率、厚度、空洞及泡孔尺寸等；

6）在地下水位较高的地区或雨季施工时，应采取防雨、降低水位或排水措施，并应及时清除沟（槽）内积水。

7.7　主要问题分析

（1）保温材料及其制品在供热管道使用时的长期耐温性是其重要性能指标，与原材料质量及生产工艺相关，原材料需要通过满足热水系统 30 年预期寿命和蒸汽系统 25 年预期寿命的测试，同时产成品型式检验数据达到相关产品标准规定的技术要求。

（2）有机保温材料及其制品在地沟和综合管廊使用时，具备较好的防水和隔热保温性能，但燃烧性能等级往往很难达标，如何提高其防火阻燃等级目前属于技术难点，正在开展相应研发工作。无机材料水溶性浸出物离子对碳钢和不锈钢管道和管件的腐蚀问题，在设计选用中应引起重视。

第8章 仪表与监控系统

8.1 概述

供热系统的管道及设备分布在城市的各个角落，运行人员需要根据测量仪表的测量数据，随时掌握供热系统的运行状态，来指导供热系统的运行，进行供热运行决策、运行调节及运行控制；同时，需要利用现代通信技术将检测的供热设备及管道的运行状态参数，传输到控制中心，用于及时发现供热系统的故障或事故，制定合理的事故处理策略，保证系统的运行安全。本章主要介绍下述三部分内容：供热系统的仪表、供热监控系统和管网泄漏监测系统。

仪表部分主要介绍供热系统所用仪表的性能、设计选用依据及施工安装要求。目前安装使用在供热系统中的仪器仪表不是单一的仪表，而是由测量温度、压力、流量和物位等物理量的电子仪表，加上分析仪表，以及机械仪表组成的一整套供热系统仪器仪表。这套仪表构成的传感网络不仅起到监测、控制和维护的作用，而且其显示、存储、上传的大量数据成为宝贵的大数据资源，这些大数据将提升供热系统的数据感知能力，为能源企业实现智慧供热、数字化转型提供最基础的数字来源。

城镇供热监控系统综合了自动化控制、通信工程、计算机、仪表、机电、暖通等多个专业，是在供热系统的基础上建立起来的监控系统。城镇供热监控系统部分对应标准为《城镇供热监测与调控系统技术规程》CJJ/T 241—2016，主要介绍了管网监控的规划、设计及监控设备的选用和安装要求，对监控系统的施工、验收、运行与维护进行规范指导，是实现智慧供热、精准供热及安全供热的基础。

管网泄漏监测系统可以实时监控直埋热力管网中泄漏的发生，在管网出现内漏（工作管泄漏）和外漏（外护管泄漏）时，可以及时报警并且定位故障点，为及时制定维护方案提供参照依据，提升管网的安全性。管网泄漏监测系统对应标准为《城镇供热直埋热水管道泄漏监测系统技术规程》CJJ/T 254—2016，其中对管网泄漏监测系统的设计、施工、验收、运行与维护进行了规范指导。

8.1.1 相关标准

（1）仪表的相关标准见表8-1。表8-1中所列的供热系统用的测量仪表（传感器）标准有以下几类：

1）温度测量仪表（传感器）：涉及温度传感器、温度变送器、膨胀式测温仪表的产品标准及检定规程；

2）压力测量仪表（传感器）：涉及压力变送器、压力传感器、机械类测压仪表的产品标准及检定规程；

3）流量、热量 测量仪表（传感器）：涉及流量计、热量表的产品标准及检定规程；

4）物位液位测量仪表：涉及液位传感器及现场显示液位计的产品标准及检定规程；

5）气体分析类仪表：涉及气体分析及报警仪表检定规程。

仪表的相关标准   表 8-1

典型产品	标准编号	标准名称
温度变送器	GB/T 28473.1—2012	工业过程测量和控制系统用温度变送器　第 1 部分：通用技术条件
	GB/T 28473.2—2012	工业过程测量和控制系统用温度变送器　第 2 部分：性能评定方法
	GB/T 34072—2017	物联网温度变送器规范
	GB/T 30121—2013	工业铂热电阻及铂感温元件
	JJG 229—2010	工业铂、铜热电阻检定规程
	JJF 1183—2007	温度变送器校准规范
压力变送器、差压变送器	GB/T 28474.1—2012	工业过程测量和控制系统用压力/差压变送器　第 1 部分：通用技术条件
	GB/T 28474.2—2012	工业过程测量和控制系统用压力/差压变送器　第 2 部分：性能评定方法
	GB/T 34037—2017	物联网差压变送器规范
	GB/T 34073—2017	物联网压力变送器规范
	GB/T 29817—2013	基于 HART 协议的压力/差压变送器通用技术条件
	JB/T 10726—2007	扩散硅式压力变送器
	JJG 882—2019	压力变送器检定规程
	JJF 1789—2019	压力变送器型式评价大纲
电磁流量计、超声流量计和涡街流量计等	GB/T 18659—2002	封闭管道中导电液体流量的测量　电磁流量计的性能评定方法
	GB/T 18660—2002	封闭管道中导电液体流量的测量　电磁流量计的使用方法
	GB/T 20729—2006	封闭管道中导电液体流量的测量 法兰安装电磁流量计 总长度
	GB/T 29815—2013	基于 HART 协议的电磁流量计通用技术条件
	GB/T 25922—2010	封闭管道中流体流量的测量 用安装在充满流体的圆形截面管道中的涡街流量计测量流量的方法
	JJG 1029—2007	涡街流量计检定规程
	JJG 1030—2007	超声流量计检定规程
	JJG 1033—2007	电磁流量计检定规程
流量计算机、流量积算仪	JJG 1003—2016	流量积算仪检定规程
热量表	GB/T 32224—2020	热量表
	CJ/T 357—2010	热量表检定装置
	JJG 225—2001	热量表检定规程
液位变送器	GB/T 11828.1—2019	水位测量仪器　第 1 部分：浮子式水位计
	GB/T 11828.2—2005	水位测量仪器　第 2 部分：压力式水位计
	JJG（化）18—1989	DDZ-Ⅱ系列电动单组合仪表 浮筒液位变送器检定规程
	JJG 971—2019	液位计检定规程
阀门定位器	GB/T 22137.1—2008	工业过程控制系统用阀门定位器　第 1 部分：气动输出阀门定位器性能评定方法
	GB/T 22137.2—2018	工业过程控制系统用阀门定位器　第 2 部分：智能阀门定位器性能评定方法
	GB/T 29816—2013	基于 HART 协议的阀门定位器通用技术条件
	JB/T 7368—2015	工业过程控制系统用阀门定位器
	JJG（化）24—1989	DDZ-Ⅱ系列电动单组合仪表 电气阀门定位器检定规程

续表

典型产品	标准编号	标准名称
烟气分析仪	JJG 968—2002	烟气分析仪检定规程
气相色谱仪	JJG 700—2016	气相色谱仪检定规程
	JJG 1055—2009	在线气相色谱仪
可燃气体报警器	JJG 693—2011	可燃气体检测报警器
温度计	JJG 226—2001	双金属温度计检定规程
	JJG 229—2010	工业铂、铜热电阻检定规程
	JJG 161—2010	标准水银温度计检定规程
	JB/T 9262—1999	工业玻璃温度计和实验玻璃温度计
压力表	GB/T 1226—2017	一般压力表
	JJG 52—2013	弹性元件式一般压力表、压力真空表和真空表检定规程
压力计、差压计	JJG 1086—2013	气体活塞式压力
	JJG 59—2007	活塞式压力计检定规程
	JJG 241—2002	精密杯形和 U 型液体压力计检定规程
液位计	GB/T 11828.1—2019	水位测量仪器 第 1 部分：浮子式水位计
	GB/T 11828.2—2005	水位测量仪器 第 2 部分：压力式水位计
	JB/T 9244—1999	玻璃板液位计
	GB/T 13969—2008	浮筒式液位仪表
	HG/T 5226—2017	浮球液位计
	JJG 971—2019	液位计检定规程

（2）与监控的相关标准见表 8-2。其中包括与工艺设计有关的标准；施工验收以及运行维护类标准。

监控的相关标准 表 8-2

标准编号	标准名称
GB 50041—2020	锅炉房设计标准
GB 50093—2013	自动化仪表工程施工及质量验收规范
GB 50174—2017	数据中心设计规范
GB/T 51274—2017	城镇综合管廊监控与报警系统工程技术标准
CJJ 342010	城镇供热管网设计规范
CJJ 88—2014	城镇供热系统运行维护技术规程
CJJ/T 241—2016	城镇供热监测与调控系统技术规程

（3）泄漏监测系统的相关标准见表 8-3。其中包括与管道及附件有关的产品标准及检验方法；与工艺有关的设计标准；泄漏监测系统标准。

泄漏监测系统的相关标准 表 8-3

标准编号	标准名称
GB/T 29047—2021	高密度聚乙烯外护管硬质聚氨酯泡沫塑料预制直埋保温管及管件
GB/T 34611—2017	硬质聚氨酯喷涂聚乙烯缠绕预制直埋保温管
GB/T 29046—2012	城镇供热预制直埋保温管道技术指标检验方法
CJJ 28—2014	城镇供热管网工程施工及验收规范

标准编号	标准名称
CJJ/T 81—2013	城镇供热直埋热水管道技术规程
EN 14419	预制直埋热水保温管道泄漏监测系统
EN 489	用于区域供热热水管网-由工作钢管、聚氨酯保温层和高密度聚乙烯外护管组成的预制直埋保温接头
EN 448	用于区域供热热水管网-由工作钢管、聚氨酯保温层和高密度聚乙烯外护管组成的预制直埋保温管件
EN 253	用于区域供热热水管网-由工作钢管、聚氨酯保温层和高密度聚乙烯外护管组成的预制直埋保温管
T/CDHA ×××	长输供热热水管网技术标准

8.1.2 相关工程标准的对应关系

（1）仪表与相关工程标准的对应关系见表 8-4 及表 8-5。

仪表与相关工程标准的对应关系　　表 8-4

标准编号	标准名称	章节条款	相关内容
GB 50093—2013	自动化仪表工程施工及验收规范	4	仪表设备和材料检验及保管
		5	取源部件安装
		6	仪表设备安装
		7	仪表线路安装
		8	仪表管道安装
		10	电气防爆和接地
		11	防护
		12	仪表试验
		13	工程交接验收
CJJ 28—2014	城镇供热管网工程施工及验收规范	6.1.3	自动化仪表的施工及验收应按现行国家标准《自动化仪表工程施工及验收规范》GB 50093 的相关规定执行
		8.2.4 2	不与管道同时清洗的设备、容器及仪表管等应隔开或拆除
		8.4.3 4	在试运行期间仪表等处的螺栓应进行热拧紧。热拧紧时的运行压力应降低至 0.3MPa 以下
CJJ 34—2010	城镇供热管网设计规范	13.2	热源及供热管线参数检测与控制
		13.4	热力站参数检测与控制
CJJ/T 81—2013	城镇供热直埋热水管道技术规程	7.2.6 2	管道清洗应符合不与管道同时清洗的设备、容器及仪表应与清洗管道隔离或拆除
CJJ 88—2014	城镇供热系统运行维护技术规程	2.3.7	对各类仪器、仪表应定期进行检查和校验
		3.2.9	锅炉安全附件、仪表及自控设备检查应符合下列规定
		3.2.11	锅炉试运行前，锅炉、辅助设备、电气、仪表以及监控系统等应达到正常运行条件
		3.2.16 2	燃气系统检查应符合下列规定：计量仪表应准确
		3.3.1 3	锅炉启动前应完成下列准备工作：仪表及操作装置置于工作状态

续表

标准编号	标准名称	章节条款	相关内容
CJJ 88—2014	城镇供热系统运行维护技术规程	4.2.3　2	供热管网投入运行前应对系统进行全面检查，并应符合下列规定：仪表应齐全、准确，安全装置应可靠、有效
		5.2.1　3	泵站与热力站运行前应进行检查，并应符合下列规定：仪器和仪表应齐全、有效
		7.2	参数检测
CJJ/T 146—2011	城镇燃气报警控制系统技术规程	3	设计
		4	安装
		5	验收
		6	使用和维护
HG/T 20507—2014	自动化仪表选型设计规范	3	一般规定
		4	温度仪表
		5	压力仪表
		6	流量仪表
		7	物位仪表
		8	在线分析仪表

智能电子仪表专用特性的相关标准 表 8-5

标准编号	标准名称	章节条款	相关内容
GB/T 34069—2017	物联网总体技术 智能传感器特性与分类	5	特性
		6	分类
GB/T 3369.1—2008	过程控制系统用模拟信号　第 1 部分：直流电流信号	3	技术要求
GB/T 3369.2—2008	过程控制系统用模拟信号　第 2 部分：直流电压信号	3	技术要求
GB/T 34068—2017	物联网总体技术 智能传感器接口规范	5	智能传感器数据格式
		6	智能传感器数通信接口
GB/T 36951—2018	信息安全技术 物联网感知终端应用安全技术要求	5.3	通信安全要求
		5.5	数据安全要求

（2）供热监控系统与相关工程标准的对应关系见表 8-6。

供热系统监控系统与相关工程标准对应关系汇总表 表 8-6

标准编号	标准名称	章节条款	相关内容
CJJ 28—2014	城镇供热管网工程施工及验收规范	6.4.17	站内监控和数据传输系统安装应符合设计要求，安装完成后应进行调试
CJJ 34—2010	城镇供热管网设计规范	13.1.1	城镇供热管网应具备必要的热工参数检测与控制装置。规模较大的城镇供热管网应建立完备的计算机监控系统
		13.2.6	供热管网干线的分段阀门处、除污器的前后以及重要分支节点处，应设压力检测点。对于具有计算机监控系统的热力网应实时监测管网干线运行的压力工况
		13.5.1	城镇供热管网宜建立包括监控中心和本地监控站的计算机监控系统

201

标准编号	标准名称	章节条款	相关内容
CJJ 34—2010	城镇供热管网设计规范	13.5.2	本地监控装置应具备检测参数的显示、存储、打印功能，参数超限、设备事故的报警功能，并应将以上信息向上级监控中心传送。本地监控装置还应具备供热参数的调节控制功能和执行上级控制指令的功能。 监控中心应具备显示、存储及打印热源、供热管线、热力站等站、点的参数检测信息和显示各本地监控站的运行状态图形、报警信息等功能，并应具备向下级监控装置发送控制指令的能力。监控中心还应具备分析计算和优化调度的功能
		13.5.3	供热管网计算机监控系统的通信网络，宜利用公共通信网络
CJJ 88—2014	城镇供热系统运行维护技术规程	2.1.5	热源厂、热力站、泵站应配置相应的实时在线监测装置
		7.6.2 5	调度管理应包括下列内容： 提出远景规划和监测、通信规划，并参加审核工作

（3）泄漏监测系统与相关工程标准的对应关系见表 8-7。

泄漏监测系统与相关工程标准的对应关系　　　　　　　　表 8-7

标准编号	标准名称	章节条款	相关内容
CJJ/T 81—2013	城镇供热直埋热水管道技术规程	3.1.9	保温管道工程宜设置泄漏监测系统，泄漏监测系统应与管网同时设计、施工及验收。当管网设计发生变更时，应同时进行泄漏监测系统的设计变更
		7.1.13 6	6 带泄漏监测系统的保温管的安装还应符合下列规定： 1）信号线的位置应在管道的上方，相同颜色的信号线应对齐； 2）工作钢管焊接前应测试信号线的通断状况和电阻值，合格后方可对口焊接
CJJ 28—2014	城镇供热管网工程施工及验收规范	5.4.17	监测系统的安装应符合现行行业标准《城镇供热直埋热水管道技术规程》CJJ/T81 的相关要求，并应符合下列规定： 1 监测系统应与管道安装同时进行； 2 在安装接头处的信号线前，应清除直埋管两端潮湿的保温材料； 3 接头处的信号线应在连接完毕并检测合格后进行接头保温

8.2　仪表

供热系统的仪器仪表应符合下列规定：

（1）仪器仪表选型应根据工艺流程、压力等级、测量范围及仪表特性等因素综合确定；

（2）仪器仪表的精度应符合现行国家标准《工业过程测量和控制用检测仪表和显示仪表精确度等级》GB/T 13283 的有关规定。

8.2.1　分类

按被测物理量对有关仪表进行分类，详见表 8-8。

仪表分类　表 8-8

分类	分类原则	典型产品
电子仪表	被测物理量：温度仪表	温度变送器
	被测物理量：压力仪表	压力变送器、差压变送器
	被测物理量：流量仪表	电磁流量计、超声流量计和涡街流量计等
		流量计算机
	被测物理量：物位仪表	液位变送器
		阀门定位器
分析仪表	烟气分析仪表	烟气分析仪
	燃气分析仪表	气相色谱仪
	浓度报警器	可燃气体报警器
机械仪表	被测物理量：温度仪表	温度计
	被测物理量：压力仪表	压力计、差压计
	被测物理量：物位仪表	液位计

8.2.2　性能要求

供热系统本地监控站的仪表应符合下列规定：

（1）仪表选型应根据工艺流程、压力等级、测量范围及仪表特性等因素综合确定；

（2）仪表的准确度等级应符合现行国家标准《工业过程测量和控制用检测仪表和显示仪表精确度等级》GB/T 13283 的有关规定；

（3）仪表的性能和检测应符合本指南表 8-1 所示的产品标准和检测标准。

此外，温度、压力、流量、物位等智能电子仪表的特性还应符合表 8-9 的要求。

智能电子仪表专用特性相关标准汇总表　表 8-9

标准编号	标准名称	章节条款	相关内容
GB/T 3369.1—2008	过程控制系统用模拟信号　第 1 部分：直流电流信号	3	技术要求
GB/T 3369.2—2008	过程控制系统用模拟信号　第 2 部分：直流电压信号	3	技术要求
GB/T 34068—2017	物联网总体技术 智能传感器接口规范	5	智能传感器数据格式
		6	智能传感器数通信接口
GB/T 34069—2017	物联网总体技术 智能传感器特性与分类	5	特性
		6	分类
GB/T 36951—2018	信息安全技术 物联网感知终端应用安全技术要求	5.3	通信安全要求
		5.5	数据安全要求

8.2.2.1　温度变送器

热电阻可以根据测温要求制成各种规格的温度传感器，一般不单独构成测温仪表，它只是显示仪表、变送仪表或计算机测量系统的测温元件。

供热系统所用的电子类测温仪表，一般为采用铂电阻（JJG 229 A 级的工业铂电阻，PRT）作为测温元件，就地将热电阻传感器的测温信号通过转换电路变换成标准信号（4～20mA电流信号、0～5V/0～10V电压信号）、RS485 等数字信号输出。

传统型温度变送器量程调节过程较繁琐，综合性能指标较差，已无法满足现场用户的需求。近些年智能型温度变送器彻底克服了传统温度变送器线性差的缺点，由于内部采用数字化调校、无零点及满度电位器、自动动态校准零点、温度飘移自动补偿、状态自诊断等诸多先进技术，使产品的稳定性及可靠性得到进一步的保证。

温度变送器在环境温度适用范围为 $-30℃～70℃$ 时，环境温度变化影响应满足 $0.015℃/1℃$。在爆炸性区域使用的压力变送器应具有相应的防爆等级。防护等级不应低于 IP65。

8.2.2.2 压力（差压）变送器

压力变送器测量原理宜为电容式或单晶硅谐振式等，测量准确度应优于满量程的 $\pm0.075\%$，回差应不大于 0.06%（首次检定）或 0.075%（后续检定或使用中检查），信号分辨率应优于 0.025%。变送器应具有承受最大量程的 100% 的过载能力。供电电源应为 24VDC。

压力（差压）变送器应具备自诊断功能，长期稳定性不应少于 5 年，量程比不应低于 $100:1$。

环境温度适用范围为 $-40℃～75℃$。环境温度变化影响应满足每变化 $28℃$，测量误差影响不大于 $\pm$（0.025 量程上限 $+0.125\%$ 量程）。在爆炸性区域使用的压力变送器应具有相应的防爆等级，防护等级不应低于 IP65。

压力变送器测量范围选择常用压力通常在变送器量程的 $20\%～80\%$ 范围内，临时测量压力可扩展至变送器量程的 $10\%～90\%$ 范围内。

差压变送器静压零点变化量和量程变化量均不大于 $0.15\%/10MPa$，单向静压零点变化量和量程变化量均不大于 0.15%。

8.2.2.3 流量计

流量计由流量变送器和积算仪组成，有分体式和整体式两种。供热管线中的热水流量采用超声流量计或电磁流量计进行计量，热水流量计的准确度等级不低于 1.0 级，其中，电磁流量计的计量性能应满足现行行业标准《电磁流量计检定规程》JJG 1033 的有关规定；超声流量计的计量性能应满足现行行业标准《超声流量计检定规程》JJG 1030 的有关规定。高温水蒸气的流量通常采用涡街流量计进行计量，蒸汽流量计的准确度等级不应低于 2.0 级。涡街流量计的计量性能应满足现行行业标准《涡街流量计检定规程》JJG 1029。

典型流量计准确度等级见表 8-10。

典型流量计准确度等级　　　　　　　　　　　表 8-10

执行标准		准确度等级				
《涡街流量计检定规程》JJG 1029		0.5	1.0	1.5	2.0	2.5
《超声流量计检定规程》JJG 1030		0.2	0.5	1.0	1.5	2.0
《电磁流量计检定规程》JJG 1033		0.2	0.5	1.0	1.5	2.5
《涡轮流量计检定规程》JJG 1037	气体	—	0.2	0.5	1.0	1.5
	液体	0.1	0.2	0.5	1.0	—

8.2.2.4　流量计算机

流量计算机选用 32 位或 64 位的 CPU，其内存不少于 2M，可根据流量计的不同类型选择计算方法，计量性能应符合现行行业标准《流量积算仪检定规程》JJG 1003 的要求。

8.2.2.5　液位计和液位变送器

储水箱、锅炉和换热器等配置的液位计的计量性能应满足现行行业标准《液位计检定规程》JJG 971 的要求。

8.2.2.6　烟气分析仪

烟气分析仪应可测量烟气中二氧化硫、氮氧化物、一氧化碳等有害气体及氧气的浓度，除了可在现场显示测量数据外，还应具备远程传输功能，使得监控中心能实施监控烟气数据，其计量性能应符合现行行业标准《烟气分析仪检定规程》JJG 968 的要求。

8.2.2.7　压力（差压）表

压力（差压）表应适合连续测量，满足现场安装、使用环境的需求。测量元件为弹簧管式，准确度等级一般采用 1.0 级和 1.6 级。能长期承受与最大刻度值相等的压力，且能短期承受最大刻度值 1.25 倍的压力。

8.2.2.8　温度计

通常采用双金属温度计，准确度等级一般采用 1.0 级和 1.5 级。计量性能应满足现行行业标准《双金属温度计检定规程》JJG 226 的要求。

8.2.3　工程设计选用要求

仪器仪表选型应根据仪表特性、压力等级、安装条件及环境条件等因素综合确定。所选仪表的精度应符合现行国家标准《工业过程测量和控制用检测仪表和显示仪表精确度等级》GB/T 13283 的有关规定；所选仪表的重复性、量程范围和信号传输特性等计量特性均应满足计量需求；所选仪表要求的压力等级、管路安装条件和环境条件均应符合供热系统的实际工作条件。在满足上述条件的基础上，选用性价比较高的仪表。供热系统仪表依据各自的国家、行业标准要求进行生产，依据检定规程或校准规范进行检测。具体有如下要求：

（1）测量和控制仪表应宜选用电子式和智能型；

（2）现场的电子式仪表若安装在爆炸性气体环境中，则应根据现行国家标准《爆炸性环境 第 14 部分：场所分类 爆炸性气体环境》GB 3836.14 规定的危险等级划分，选择满足该危险区域的相应仪表，所选电子仪表的防爆性能应符合《爆炸性环境》GB 3836 的要求，并取得相应的防爆证；

（3）仪表的防护等级应符合现行国家标准《外壳防护等级（IP 代码）》GB/T 4208 的有关规定，现场安装的电子仪表不宜低于 IP65 的防护等级，在现场安装的非电子仪表防护等级不宜低于 IP54；

（4）管道安装仪表过程连接的压力等级应满足管道材料等级表的要求；当仪表选用的材质与管道等级不同时，应保证所选材料能承受测量介质的设计温度和设计压力以及温压曲线的相应要求；

（5）压力表（压力变送器）、差压变送器的设计选型应满足行业标准《自动化仪表选型设计规范》HG/T 20507—2014 第 5 章的有关要求；压力变送器的量程应为工作量程的

1.5 倍至 2 倍；

（6）温度计（温度变送器）的设计选型应满足行业标准《自动化仪表选型设计规范》HG/T 20507—2014 第 4 章的有关要求；

（7）流量计的设计选型应满足行业标准《自动化仪表选型设计规范》HG/T 20507—2014 第 6 章的有关要求；用于供热企业与热源企业进行贸易结算的流量仪表的系统准确度，热水流量仪表不应低于 1%；蒸汽流量仪表不应低于 2%；

（8）设置过滤器是为了保护控制装置及仪表，过滤网的规格应符合控制装置及仪表的要求；

（9）液位计（变送器）的设计选型应满足行业标准《自动化仪表选型设计规范》HG/T 20507—2014 第 7 章的相关要求；

（10）烟气分析仪的设计选型应满足行业标准《自动化仪表选型设计规范》HG/T 20507—2014 第 8 章的相关要求；

（11）可燃气体报警系统设计应满足行业标准《城镇燃气报警控制系统技术规程》CJJ/T 146—2011 第 3 章的相关要求；

（12）仪表依据行业标准《城镇供热管网设计规范》CJJ 34—2010 的 13.2 节和 13.4 节进行设置，供热系统仪表设置详见表 8-11。

供热系统仪表设置　　　　　　　　　　　　　　　　　　表 8-11

参数名称		现场显示	控制室		
			显示	记录或累计	报警连锁
热源厂	热水锅炉房供水总管的温度、压力、流量	+	+	+	—
	热水锅炉房回水总管的温度、压力、流量	+	+	+	—
	外供瞬时和累计热量	+	+	+	—
	锅炉房热力系统瞬时和累计补水量	+	+	+	—
	锅炉房瞬时和累计原水流量	+	+	+	—
	锅炉房生产和生活用电量	+	+	+	—
	进厂燃料量和入炉燃料量，燃气和燃油锅炉房燃料的瞬时流量和累计流量	+	+	+	—
	燃气锅炉燃烧器前的燃气压力	+	+	—	+
	每台热水锅炉的出水流量，热水锅炉产热量（瞬间和累计）	+	+	+	—
	每台热水锅炉的进、出口水温高限值、水压	+	+	—	+
	除污器前后的压力	+	+	—	+
	各类水箱的液位	+	+	—	+
	生产和生活耗电量	+	+	+	—
	锅炉的排烟温度	+	+	—	—
	锅炉烟气的污染物排放浓度	+	+	+	+
	锅炉紧急（事故）停炉的报警信号，热水锅炉出水温超高、压力超高超低的报警信号	+	+	+	+
	燃油、燃气锅炉房可燃气体浓度报警信号	+	+	—	+
	循环水泵、风机故障报警	+	—	—	+
	循环水系统定压限值报警	+	—	—	+
	锅炉熄火报警	+	+	—	+

参数名称		现场显示	控制室		
			显示	记录或累计	报警连锁
中继泵站	前端热源厂出口压力、流量、温度	＋	＋	＋	－
	管网末端最不利点压差值	＋	＋	－	＋
	中继泵站进口和出口压力	＋	＋	－	＋
	中继泵进口和出口压力	＋	＋	－	＋
	中继泵站的配电柜综合电参量	＋	＋	＋	－
	水泵间、变频柜间、变配电室的环境温度和相对湿度	＋	＋	－	－
热水蓄热器	热源厂进口和出口压力、流量、温度等参数	＋	＋	＋	＋
	热网供水和回水压力、压差	＋	＋	－	＋
	蓄热温度	＋	＋	－	＋
	蓄热回水温度	＋	＋	－	－
	蓄热水位	＋	＋	－	＋
	蓄热瞬时和累计流量、瞬时和累计热量等	＋	＋	＋	－
	蒸汽发生器水位、温度、压力	＋	＋	＋	＋
	蓄热器顶部蒸汽压力或氮气压力、顶部温度	＋	＋	＋	＋
	放热泵吸入口压力、蓄热泵吸入口压力	＋	＋	＋	＋
	水泵间、变配电室等环境温度和相对湿度	＋	＋	＋	－
储水罐	热网供水和回水压力、压差	＋	＋	－	＋
	储水罐液位高度	＋	＋	－	＋
	储水罐温度	＋	＋	－	＋
	储水、放水瞬时和累计流量	＋	＋	＋	－
热力站	一次侧总供水和回水温度、压力	＋	＋	－	＋
	一次侧总瞬时和累计流量、热量	＋	＋	－	＋
	二次侧总供水温度、压力	＋	＋	－	＋
	二次侧总回水温度、压力，二次侧各分支回水温度	＋	＋	＋	－
	供暖系统二次侧各分支回水压力	＋	＋	－	－
	蒸汽压力、温度	＋	＋	－	＋
	蒸汽瞬时和累计流量	＋	＋	＋	－
	凝结水流量	＋	＋	＋	－
	总凝结水温度	＋	＋	＋	－
	自来水箱、软化水箱水位	＋	＋	－	＋
	总补水量、各系统补水量	＋	＋	＋	－
	室外温度	＋	＋	－	－

注：表中"＋"为应规定设置。

8.2.4　施工安装

8.2.4.1　安装前检验

（1）随机文件

1）产品样本；

2）安装、操作和维护手册；

3）检定、校准报告；

4）其他相关资料（如防爆合格证）。

（2）开箱检查

仪表设备和材料的开箱外观检查应符合下列要求：

1）包装和密封应良好；

2）型号、规格、材质、数量与设计文件的规定应一致，并应无残损和短缺；

3）铭牌标志、附件、备件应齐全；

4）产品的技术文件和质量证明书应齐全。

8.2.4.2 施工和安装

（1）仪表安装和施工应按照国家标准《自动化仪表工程施工及质量验收规范》GB 50093—2013 的第 5 章～第 8 章、第 10 章～第 11 章和行业标准《城镇供热管网工程施工及验收规范》CJJ 28—2014 的第 6.1.3 条、第 8.2.4 条第 2 款和第 8.4.3 条第 4 款有关规定执行。

（2）可燃气报警器安装和施工应按行业标准《城镇燃气报警控制系统技术规程》CJJ/T 146—2011 第 4 章的有关规定执行。

（3）依据行业标准《城镇供热直埋热水管道技术规程》CJJ/T 81—2013 第 7.2.6 条第 2 款规定：管道清洗时将仪表隔离或拆除。

8.2.4.3 验收

工程竣工验收应以批准的设计文件、国家现行有关标准、施工承包合同和工程施工许可文件为依据进行验收。

（1）仪表验收应按照国家标准《自动化仪表工程施工及质量验收规范》GB 50093—2013 的第 12 章、第 13 章的有关规定执行。

（2）可燃气体报警器验收应按行业标准《城镇燃气报警控制系统技术规程》CJJ/T 146—2011 的第 5 章有关规定执行。

8.2.5 使用、管理及维护

依据行业标准《城镇供热系统运行维护技术规程》CJJ 88—2014 的第 2.3.7 条、第 3.2.9 条、第 3.2.11 条、第 3.2.16 条第 2 款、第 3.3.1 条第 3 款、第 4.2.3 条第 2 款、第 5.2.1 条第 3 款、第 7.2 节进行供热前调试，确保温度变送器、压力变送器等仪表工作正常，并定期对仪表进行周期检定或校准，以确保其计量性能满足检定规程或校准规范的要求。

8.2.5.1 温度变送器

（1）温度变送器的运行

1）按端子接线图检查信号线连接是否正确，然后接通变送器供电电源。

2）接通电源后变送器即开始工作。

（2）温度变送器的维护

1）外观检查：看仪表外壳是否有破损，连接仪表的防爆软管是否有松动、开裂、破损等现象，一旦发现现场立即更换破损的防爆软管，仪表设备电气接口处需要做防水处理。

2）盖和 O 形圈的检查：变送器的防水、防尘结构，应确认盖与垫圈有无损坏和老化，另外不允许有异物附着螺纹处。

3）管道的泄漏检查：定期用肥皂水检查静密封点有无流体的泄漏。

8.2.5.2　压力（差压）变送器

（1）压力（差压）变送器的运行

1）按端子接线图检查信号线连接是否正确，然后接通变送器供电电源。

2）在控制内进行零点和满度的调校。

3）缓慢打开截止阀，压力变送器投入使用。差压变送器的投入使用应按照下列步骤进行：打开平衡阀；缓慢打开低压侧截止阀；关闭平衡阀；缓慢打开高压侧截止阀。

4）用肥皂水检查过程接口等连接处的气体是否泄漏。

（2）压力（差压）变送器的停止

1）压力变送器的停止：缓慢关闭截止阀，压力变送器即处于停止状态。

2）差压变送器的停止：缓慢关闭高压侧截止阀；打开平衡阀；缓慢关闭低压侧截止阀；关闭平衡阀。

（3）压力（差压）变送器的维护

1）外观检查：看仪表外壳是否有破损，连接仪表的防爆软管是否有松动、开裂、破损等现象，一旦发现，现场立即更换破损的防爆软管，仪表设备电气接口处需要做防水处理。

2）盖和 O 形圈的检查：变送器的防水、防尘结构，应确认盖与垫圈有无损坏和老化，另外不允许有异物附着螺纹处。

3）管道的泄漏检查：定期用肥皂水检查静密封点有无流体的泄漏。

4）检定周期：压力（差压）变送器的检定周期可检定周期可根据使用环境条件、频繁程度和重要性来确定。根据行业标准《压力变送器检定规程》JJG 882—2004 的有关规定，压力（差压）变送器的检定周期一般不超过 1 年。

8.2.5.3　流量计/变送器

（1）流量变送器的运行

1）依据流量计的检定规程或校准规范进行首次检定或校准。

2）供电设施运行状况良好。

3）观察运行异常的迹象，如噪声过高、数字显示不正常。

（2）流量变送器的维护

1）依据流量计的检定规程或校准规范进行定期检定或校准。

2）各计量仪表运行状态良好。

3）计量管路中的流量计、阀门、取压管、卡套连接部件、管座和温度套筒无泄漏，防爆挠性连接管连接正常。

4）应对计量系统定期进行巡查，发现异常情况应及时上报和处理。巡查后应详细填写巡查单，每月月初报送月统计表电子版。

5）应定期对系统中的流量计进行维护保养。

6）计量数据应每日统计一次并上报，每月月初报送月统计表电子版。

7）运行与维护工作应建立并保存档案，档案中应包括系统操作维修、维护所需的全部记录资料。

8）纸质记录资料应至少保存三年。

8.2.5.4 液位变送器

依据行业标准《液位计检定规程》JJG 971—2019 定期检查其工作状态和计量性能。

8.2.5.5 阀门定位器

定期对阀门定位器进行调校。

8.2.5.6 烟气分析仪

烟气分析仪应依据现行行业标准《烟气分析仪检定规程》JJG 968 进行首次检定和周期检定。监测其上传数据是否出现异常，定期进行零点校准，定期进行气密性检查，定期检查仪表间的通风状态。

8.2.5.7 气相色谱仪

气相色谱仪应依据现行行业标准《在线气相色谱仪检定规程》JJG 1055 进行首次检定和周期检定。监测其上传数据是否出现异常，日常应定期进行校准，定期进行性能评价。

8.2.5.8 可燃气体检测报警器

可燃气体报警器验收应按行业标准《城镇燃气报警控制系统技术规程》CJJ/T 146—2011 的第 5 章有关规定使用和维护。依据现行行业标准《可燃气体检测报警器检定规程》JJG 693 进行首次检定和周期检定。监测其上传数据是否出现异常。

8.2.5.9 压力表

压力表的选用应根据其工作状态来选择，在稳定的静压下，被测压力的最大值不超过压力表测量上限值的 3/4；在波动交变压力下，被测压力的最大值不超过压力表测量上限值的 2/3 或 1/2；任何情况下，工作压力应不低于测量上限的 1/3；测量真空时，可用全部测量范围。

压力表安装前应进行首次检定，使用中应按照检定规程定期进行检定。

8.2.5.10 温度计

温度计应安装在便于观察的位置，要注意避免受辐射、环境温度及振动的影响。探头应依据产品说明正确安装。

温度计应保持清洁、完好，并依据行业标准《双金属温度计检定规程》JJG 226—2001 定期进行检定或校准，检定或校准周期为每年至少一次。

8.2.6 故障处理

8.2.6.1 温度、压力、差压变送器

温度、压力、差压变送器常见故障处理方法见表 8-12。

温度、压力、差压变送器常见故障及处理方法　　　　　表 8-12

名称	故障现象	故障原因	处理方法
温度变送器	不显示	供电可能不正常	检查供电接线
	读数与实际不符	1. 监控温度变量是否与现场仪表对应；2. 量程转换是否正确；3. 漂移	1. 检查仪表端子回路，确保对应；2. 按照温度变送器提供的量程进行正确换算；3. 重新校准

续表

名称	故障现象	故障原因	处理方法
压力变送器	不显示	供电可能不正常	检查供电接线
	读数与实际不符	1. 二阀组是否在正确的状态; 2. 根部针阀是否打开; 3. 漂移	1. 检查二阀组; 2. 打开二阀组与管道连接处根部针阀; 3. 重新校准
	监控数据与现场数据不一致	1. 监控压力变量是否与现场仪表对应; 2. 量程转换是否正确	1. 检查仪表段子回路,确保监控变量与仪表对应; 2. 正确换算压力变送器的量程
差压变送器	不显示	供电可能不正常	检查供电接线
	读数与实际不符	1. 两个取样口根部阀是否都打开; 2. 五阀组是否在正确工作状态; 3. 漂移	1. 检查二阀组; 2. 打开二阀组与管道连接处根部针阀; 3. 重新校准
	监控数据与现场数据不一致	1. 监控压力变量是否与现场仪表对应; 2. 量程转换是否正确	1. 检查仪表段子回路,确保监控变量与仪表对应; 2. 正确换算差压变送器的量程

8.2.6.2　流量计

流量计常见故障及处理方法见表 8-13。

流量计常见故障及处理方法 表 8-13

名称	故障现象	故障原因	处理方法
电磁流量计	测量值波动大	1. 可能不满管; 2. 管道中憋气; 3. 流量计前端阀门没有全开	1. 必须要保证满管; 2. 安装排气阀; 3. 前端阀门要全开
	有介质流动仪表显示为零	1. 连接线可能不正常,有可能中间线路中断; 2. 可能不满管	1. 检查连接线,确保连接正常; 2. 必须要保证满管
	无显示或者有显示无输出	1. 供电不正常; 2. 输出线连接不正常; 3. 显示器损坏	1. 确保供电正常; 2. 检查输出线; 3. 更换显示器
超声流量计	瞬时流量波动过大	1. 介质流量超出传感器的可测流量范围; 2. 管道收到振动干扰; 3. 前后直管段长度不够; 4. 周围是否有较强电干扰信号	1. 检查介质流量是否超出传感器的可测流量范围; 2. 采取减震措施; 3. 延长前后直管段长度; 4. 加强屏蔽和接地
	信号低	1. 探头结垢严重; 2. 探头位置偏移	1. 清除污垢; 2. 重新调整探头位置
	无显示或者有显示无输出	1. 供电不正常; 2. 输出线连接不正常; 3. 显示器损坏	1. 确保供电正常; 2. 检查输出线; 3. 更换显示器

211

名称	故障现象	故障原因	处理方法
涡街流量计	管道中没有介质流动而有信号输出或瞬时流量有显示	1. 管道振动强度过大; 2. 灵敏度过大	1. 实施管道减震措施; 2. 零点调整
	瞬时流量波动过大	1. 介质流量超出传感器的可测流量范围; 2. 前后直管段长度不够; 3. 管道振动强度过大; 4. 探头被污染; 5. 安装不同轴或密封垫是否凸入管内	1. 选择合适的流量计,避免出现超量程范围; 2. 延长前后直管段长度; 3. 排除振动等干扰; 4. 清洗探头; 5. 重新安装,确保同轴和密封垫不突出
	无显示或者有显示无输出	1. 供电不正常; 2. 输出线连接不正常; 3. 显示器损坏	1. 确保供电正常; 2. 检查输出线; 3. 更换显示器
流量计算机	显示与实际不符	1. 温度或压力或流量变送器故障; 2. 端子连线不正确	1. 修理或更换变送器; 2. 检查连线
	监控与显示不一致	1. 串行通信接线故障; 2. 供电不正常	1. 检查通信线路; 2. 确保供电正常
	无显示或者有显示无输出	1. 供电不正常; 2. 输出线连接不正常; 3. 显示器损坏	1. 确保供电正常; 2. 检查输出线; 3. 更换显示器

8.2.6.3 物位仪表

物位测量仪表常见故障及处理方法见表8-14。

物位仪表常见故障及处理方法 表8-14

名称	故障现象	故障原因	处理方法
液位变送器	显示与实际不符	1. 液位变送器故障; 2. 信号线脱落	1. 修理或更换变送器; 2. 检查连线
	无显示或者有显示无输出	1. 供电不正常; 2. 输出线连接不正常; 3. 显示器损坏	1. 确保供电正常; 2. 检查输出线; 3. 更换显示器
阀门定位器	无显示无动作	1. 输入信号线,短接线故障; 2. 主板故障	1. 检查信号线; 2. 更换主板
	有显示无动作	1. 主板故障; 2. 信号线连接错	1. 更换主板; 2. 检查接线
	不能达到 0 ～ 100%	1. 控制信号不精; 2. 主控版采样电流未校准	1. 调整控制信号; 2. 重新校准
	控制中阀门波动	1. 控制信号波动; 2. 控制参数变化	1. 稳定控制信号; 2. 重新自整定

8.2.6.4 分析仪表

分析仪表常见故障及处理方法见表8-15。

分析仪表常见故障及处理方法 表 8-15

序号	故障现象	故障原因	处理方法
烟气分析仪	显示过低	1. 漏气； 2. 取样泵堵塞； 3. 电磁阀	1. 排除漏气； 2. 检查取样泵
	显示结果中氧气含量高而二氧化硫和氮氧化物含量低	1. 采样管路泄漏； 2. 蠕动泵接头松动而导致漏气	1. 检查样气取样回路； 2. 重新旋紧蠕动泵接头即可
	零点标定后二氧化硫显示负值	零点漂移	零点校准
	烟气分析仪检测结果误差偏大	1. 烟气分析仪长期没有标定；造成分析误差越来越大； 2. 所用标准气体超过有效期； 3. 传感器气室内有脏物	1. 对烟气分析仪进行标定； 2. 更换标准气体； 3. 清洗传感器气室
气相色谱仪	没有峰	1. 放大器电源断开； 2. 没有载气流过； 3. 记录器故障； 4. 微量注射器堵塞； 5. 进样器硅胶泄漏； 6. 色谱柱连接松开； 7. 无火（FID）； 8. FID极化电压未接或接触不良	1. 检测放大器保险丝； 2. 检查载气流路是否堵塞或气瓶中气源是否用完； 3. 检查记录器接线； 4. 更换注射器； 5. 更换硅橡胶； 6. 拧紧层析柱； 7. 点火； 8. 接上极化电压或排除接触不良
	正常滞留时间而灵敏度下降	1. 衰减太大； 2. 没有足够样品； 3. 注射器漏或堵塞； 4. 载气漏特别是进样器漏	1. 降低衰减； 2. 增加进样量； 3. 更换注射器； 4. 检漏
浓度报警器	对检测气体无反应	1. 延时未结束； 2. 电路故障	1. 等待延时结束； 2. 解决方法：维修或更换
	开机后一直报警	1. 断电时间过长； 2. 所处环境中存在大量油烟、汽油、油漆等挥发性气体； 3. 电路故障	1. 继续通电 2h 以上； 2. 解决方法：在洁净空气中试验； 3. 解决方法：维修或更换
	电源指示灯不亮	1. 电源线未正确连接； 2. 电路故障	1. 重新接好电源线； 2. 维修或更换

8.2.6.5 机械仪表

机械类仪表常见故障及处理方法见表 8-16。

机械仪表常见故障及处理方法 表 8-16

名称	故障现象	故障原因	处理方法
压力表	当压力升高后，压力表指针不动	1. 可能是旋塞未开； 2. 旋塞.压力连管或存水管堵塞； 3. 指针与中心轴松动或指针卡住	1. 打开旋塞； 2. 清理堵塞； 3. 排除卡滞
	指针抖动	1. 游丝损坏； 2. 旋塞、压力连管或存水管堵塞； 3. 中心轴两端弯曲，轴两端转动不同心	1. 更换游丝； 2. 清理堵塞； 3. 更换中心轴

213

续表

名称	故障现象	故障原因	处理方法
压力表	指针在无压时回不到零位	1. 弹簧弯管产生永久变形失去弹性； 2. 指针与中心轴松动； 3. 指针卡住	1. 更换弹簧弯管； 2. 拧紧中心轴； 3. 排除卡滞
	指示不正确，超过允许误差	1. 弹簧管因高温或过载而产生过量变形； 2. 齿轮磨损松动； 3. 游丝紊乱	1. 更换弹簧管； 2. 更换齿轮； 3. 更换游丝
温度计	指示值比实际值低或示值不稳	1. 热电阻元件插深不够； 2. 清理保护套管内的铁屑、灰尘	1. 查明套管长度，选用合适长度的热电阻元件，直至顶到保护套管端部； 2. 保护套管内积水
	显示仪表指示偏大	1. 热电阻测量回路断路； 2. 热电阻接线端子虚接或接触不良	1. 如外回路断路，用万用表检查短路或接地部位并加以消除，如热电阻元件内部断路，应更换热电阻； 2. 检查接线端子及导线，去除氧化部分
	显示值为负	1. 热电阻测量回路错误； 2. 热电阻测量回路有干扰	1. 使用万用表检查热电阻回路，恢复正确接线顺序； 2. 检查屏蔽电缆、接地以及与动力电缆之间最小距离应符合电缆敷设规定
液位计	磁翻板液位计显示面板显示异常	1. 翻片与导轨间的间隙设计不合理或过小，从而导致摩擦力过大，翻片不翻转； 2. 显示面板与浮筒的距离过大，浮子的磁钢驱动力动力不足，导致翻片不翻转； 3. 浮子损坏	1. 解决间隙过小问题； 2. 调整面板与浮筒距离； 3. 更换浮子

8.3 监控系统

8.3.1 组成

监控系统由监控中心、通信网络和本地监控站组成。

监控中心与本地监控站通过通信网络形成分散监控、集中管理的运行模式。监控中心通常按供热规模、管理需求等因素分级设置，监控中心硬件应由服务器、工作站、集中显示系统、电源系统和网络通信设备组成；监控中心软件应由系统软件、应用管理软件与支持软件组成。

本地监控站的硬件应由控制器、传感器、变送器、执行机构、网络通信设备和人机界面组成。监控对象包括热源厂、中继泵站、热水蓄热罐、储水罐、热力站等。本地监控站的监测与调控系统应能独立运行。

监控中心与本地监控站之间应采用专用通信网络。通信网络应符合实时性要求，带宽应留有余量，且余量不宜小于 20%；具备备用信道的通信网络应采用与主信道性质不同的信道类型。为了提高监控系统的兼容性和拓展性，监控中心与本地监控站的数据通信宜采用国际标准通用协议。监控中心与本地监控站之间宜采用统一的通信协议。

8.3.2　性能要求

（1）监控系统的硬件选型和软件设计应满足运行控制调节及生产调度要求，并应安全可靠、操作简便和便于维护管理。

（2）网络通信设备应支持 DDN 专线、DSL、LAN、无线公网等接入方式，并应能支持 VPN 远程访问技术及相关加密协议；宜采用冗余模式。

（3）监控中心软件应安全、可靠，且兼容性及扩展性好。

（4）监控中心与本地监控站应采用专用的城市公共通信网络，特殊场合应配备应急通信系统。

（5）通信网络的数据延迟一般小于 20s，监控数据上传时间间隔可根据生产运行自行设定，一般为 5~10min。

（6）监控中心机房环境需满足计算机长期工作的要求，现行国家标准《数据中心设计规范》GB 50174 对环境要求、建筑与结构、空气调节、电气技术、给排水、消防进行了规定。

（7）本地监控站与服务器之间应采用客户机/服务器结构。服务器与远程客户端应采用浏览器/服务器结构，服务器应支持 Web 服务器。

8.3.3　工程设计选用要求

8.3.3.1　系统设计

（1）城镇供热需具备必要的热工参数监测与控制装置，并建立完善的计算机监控系统。

（2）新建供热工程的监测与调控系统宜与供热主体工程同时设计、同时施工、同时调试。

（3）监控系统设计，需按现行行业标准《城镇供热监测与调控系统技术规程》CJJ/T 241 的规定执行。

（4）监控系统的设置应结合管理单位的自身需要和供热系统的规模进行设计。

（5）监控系统硬件选型和软件设计需满足运行控制调节及生产调度要求，并安全可靠、操作简便和便于维护管理。

（6）监控中心需具备显示、存储及打印热源、供热管网、热力站等的设备信息、参数监测信息和显示各本地监控站的运行状态图形、报警信息等功能，向下级监控装置发送控制指令以及分析计算和优化调度的功能。

（7）本地监控站需有独立运行的能力，具备监测参数的显示、存储、打印功能，参数超限、设备事故的报警功能，并将以上信息向监控中心传送。本地监控装置需具备调节控制供热参数和执行上级控制指令的功能。

（8）热源厂、中继泵站、热水蓄热器本地监控站应满足 3 个供暖季的在线数据存储要求，并应每年进行备份；其他本地监控站应满足 1 个供暖季的数据存储要求，并应每年进

行备份

（9）监控系统的通信网络需采用专用通信网络，宜利用公共通信网。

（10）监控系统中的仪表、设备、元件，需选用标准系列产品。安装在管道上的监控部件，需采用不停热检修的产品。供热管网自动调节装置需具备信号中断或供电中断时维持当前值的功能。综合管廊敷设管网的监控设计需按现行国家标准《城镇综合管廊监控与报警系统工程技术标准》GB/T 51274 的规定执行，并设置与综合管廊监控与报警系统连通的信号传输接口。

（11）多热源供热系统需按热源的运行经济性实现优化调度。

8.3.3.2　监控中心

（1）监控中心的设置应符合现行国家标准《数据中心设计规范》GB 50174 的有关规定。

（2）规模较小单热源的供热公司，只设一级监控中心即可，实行区域化管理或者分类管理的供热单位，宜设立集中监控中心和区域（或分类）监控中心两级监控。

（3）监控中心应具有监控运行，调度管理，能耗管理，故障诊断、报警处理，数据存储、统计及分析，以及集中显示。监控中心最基本的功能是监控整个供热系统的正常运行。监控运行和故障诊断、报警处理 2 个模块，可实现系统正常运转的管理，是最根本的模块。调度管理和能耗管理是设置监控系统所能达到的更高一层次要求。

（4）监控中心监控运行模块应具备的功能有：

1）显示工艺流程画面及运行参数；

2）实时监测本地监控站的运行状态；

3）实时接收、记录本地监控站的报警信息，并应形成报警日志；

4）多级权限管理；

5）支持满足标准的工业型数据接口及协议，实现数据共享；

6）采用 Web 浏览器/服务器的方式对外开放；

7）自动校时。

（5）调度管理模块应具有制定供热方案，可设定系统运行参数及控制策略的功能。还应具有预测供热负荷，制定供热计划，优化供热调度的能力，具有管网平衡分析及管网平衡调节的能力，具有根据气象参数指导系统运行的能力。

（6）能耗管理模块应具备能源计划管理、能耗统计分析、成本分析、能效分析的功能。能源计划管理功能，可按日、周、月、供暖季及年度等建立能源消耗计划，并应支持修改、保存和下发；能耗统计分析功能，可按生产单位统计水、电、热及燃料等的消耗量，建立管理台账，统计历年能源消耗量，生成报表和图表；成本统计分析功能，可对供热能耗成本进行分析；能效分析功能，对系统、主要设备等的能效进行分析。

（7）故障诊断、报警处理模块应具备参数超限报警和故障报警、报警提示、直观显示设备通信线路运行状态、故障原因诊断等功能。

（8）集中显示模块宜具有以地图或管网图等全貌显示供热系统运行状态的功能，全貌显示供暖区域、热源厂、一级管网、中继泵站、热水储热器和储水罐、热力站等的地理分布、运行参数及设备状态、视频监控等信息；供热管理单位应根据需求对集中显示内容进行预览、切换。

8.3.3.3　热源厂

（1）锅炉房本地监控站不宜接受上级控制系统的远程控制。

（2）锅炉房本地监控站工艺参数的采集和控制参考表 8-11。

（3）锅炉房本地监控站对锅炉及辅助设备的监测和调控应符合现行国家标准《锅炉房设计标准》GB 50041 的规定。

（4）锅炉房本地监控站应设置工艺参数超限报警及设备故障报警。

（5）锅炉房本地监控站应设置下列联锁保护，包括：

1）锅炉循环水压力过低、温度过高，或循环水泵突然停止运行，应自动停止燃料供应和停止鼓风机、引风机运行；

2）煤粉、燃油或燃气锅炉应设置熄火保护装置以及电气联锁装置，包括：引风机故障时，应自动切断鼓风机和燃料供应；鼓风机故障时，应自动切断燃料供应；燃油、燃气压力低于规定值时，应自动切断燃油、燃气供应；室内空气中燃气浓度或煤粉浓度超出规定限值时，应自动切断燃气供应或煤粉供应并开启事故排风机；

3）层燃锅炉的引风机、鼓风机和锅炉抛煤机、炉排减速箱等加煤设备之间应装设电气联锁装置；

4）制粉系统各设备之间，应设置电气联锁装置；

5）连续机械化运煤系统、除灰渣系统各设备之间应设置电气联锁装置；

6）运煤和煤的制备设备应与其局部排风和除尘装置联锁。

（6）锅炉房本地监控站应具备下列控制功能，包括：

1）热水系统补水自动调节；

2）燃用煤粉、油、气体的锅炉燃烧过程自动调节；

3）循环流化床锅炉炉床温度控制，并宜具备料层差压控制；

4）燃用煤粉、油或气体的锅炉点火程序控制；

5）真空除氧设备水位自动调节和进水温度自动调节；

6）解析除氧设备的反应器温度自动调节；

7）电动设备、阀门和烟、风道门远程控制。

（7）供热首站要监测热源侧和冷源侧的温度、压力、流量、各类水箱的液位等参数，监测原水总管的流量、管网补水量。采用蒸汽换热的，要监测瞬时和累计供热量。监测生产和生活耗电量。

（8）热源厂本地监控站应对下列设备状态信号进行采集和监测：

1）水泵转速、轴承温度、泵轴温、电机轴温、电机线圈温度；

2）变频器运行参数及故障信号、变频器柜内温度；

3）液力耦合器进出口油温、油压和转速；

4）电动阀的运行状态；

5）锅炉房本地监控站还应监测锅炉鼓、引风机转速、轴承温度、泵轴温、电机轴温、电机线圈温度。

（9）供热首站本地监控站应设置联锁保护，包括：蒸汽和一次供回水压力过高联锁自动保护；一次供水压力过低、温度过高联锁自动保护；凝结水箱、管壳式换热器内凝结水液位过低与凝结水泵的联锁保护；断电保护。

（10）供热首站本地监控站应具备下列控制功能：

1）供水流量、温度自动调节；

2）定压自动调节；

3）供、回水压差自动调节；

4）减压减温装置蒸汽压力和温度自动调节。

8.3.3.4　中继泵站

（1）根据工艺要求中继泵站的监测参数，可参考表 8-11，对中继泵站的设备参数监测可参考本章第 8.3.3.3 节第（8）条。

（2）中继泵站本地监控站应具有工艺参数超限和设备故障报警机制。发生故障，需自动报警，控制与连锁动作需有相应的声光信号传至泵站值班室。报警内容包括：中继泵站进、出口压力、压差超限报警、中继泵站故障报警、变频器故障报警和停电报警。

（3）为避免因中继泵发生故障导致大范围停热，本地监控站应具备联锁保护功能，包括：输送干线的中继水泵需采用工作泵与备用泵自动连锁切换的控制方式；设有循环冷却水系统的中继泵站，循环冷却水泵工作泵与备用泵自动切换；中继泵的入口和出口压力异常联锁装置。

（4）中继泵站本地监控站应具备下列功能：

1）中继泵需采用自动或手动控制泵转速的方式，维持其供热范围内管网最不利资用压头为给定值；

2）控制电动阀门的运行。

（5）中继泵站周边需设置视频监视等安防措施，信息需上传至本地监控站。

8.3.3.5　热力站和隔压站

（1）热力站本地监控站所需监测的参数可参考表 8-11。

（2）热力站本地监控站还需监测关键设备的状态参数，包括：变频器启/停状态和频率反馈信号、电动调节阀阀位、自来水箱和软化水箱高、低液位。

（3）热力站本地监控站还需具有报警功能，能够对超限工艺参数和设备故障报警，包括：一次侧回水温度超温报警；二次侧供水超温、超压报警；蒸汽温度、压力超高、超低报警；定压点压力超高、超低报警；自来水箱、软化水箱水位超高、超低报警；变频器故障信号报警；电动调节阀故障信号报警。

（4）热力站本地监控站还应具有补水泵与软化水箱水位超低联锁保护功能。

（5）热力站本地监控站应能实现自动控制功能，包括：

1）供暖系统供热量调节：供热量调控可根据供热系统及热用户情况采用不同的调控手段，常用方法包括质调节、分阶段改变流量质调节、质量综合调节、定水温调节等；

2）供暖、空调系统二次侧循环水泵变频调速和补水自动调节；

3）空调、生活热水及游泳池系统二次侧供水温度自动调节，二次侧供水温度应为定值调节；

4）生活热水循环泵应根据生活热水回水温度或设定时间间隔实现自动启停。

（6）热力站本地监控站宜具有下列自动控制功能：

1）宜具有一次侧总供回水压差、流量调节功能压差调节功能；为了保证管网系统合理的运行压差，流量调节是为了在向全部热用户供热时，对热用户合理用热量进行调控，或者实现二者功能合一；可根据实际运行要求确定采用何种调节装置；

2）公建供暖系统宜具有分时控制功能，可按建筑用热时间进行调控，在温度控制回路的基础上加入时间程序、假日程序等控制方式。

（7）蒸汽热力站本地监控站需根据监测减压、减温前后的温度、压力等运行参数，具有第（5）条所述控制功能，还应具有循环泵停泵联锁自动关闭进汽阀门自动的联锁保护功能。

（8）无人值守热力站需设置视频监控，宜设置闯入报警系统，信息需上传至监控中心。

8.3.3.6　热水蓄热器

（1）热水蓄热器本地监控系统需监测的工艺参数可参考表 8-11，还需对下列设备参数进行监测：

1）热水蓄热器蓄热运行、放热运行状态；

2）蓄热泵、放热泵的启/停状态和手动/自动状态；

3）蒸汽发生器、蒸汽发生器水泵的启/停状态和手动/自动状态；

4）电动阀门的开/关状态、开度状态和手动/自动状态。

（2）热水蓄热器本地监控站应设置工艺参数超限和设备故障报警，包括热网供水和回水压力、压差限值报警；热水蓄热器温度限值报警；热水蓄热器液位限值报警；蓄热泵、放热泵故障报警；电动阀门故障报警；变频器故障报警和断电报警。

（3）热水蓄热器本地监控站设置的联锁保护，包括蓄热泵、放热泵的进口和出口超压联锁保护；蓄放热状态切换过程中，水泵和电动阀门的联锁保护；热水蓄热器的温度联锁保护；热水蓄热器的液位联锁保护。

（4）热水蓄热器监控站控制功能，包括蓄热泵和放热泵的启、停，蓄热和放热速度；蓄热控制阀、放热控制阀、热网关断阀、蓄热泵旁通阀等设备的运行；给水、补水系统的启、停和流量。

8.3.3.7　储水罐

（1）储水罐本地监控站采集和监测的工艺参数可参考表 8-11，还应监测设备运行状态，包括：储水罐储水运行、放水运行状态；储水泵、放水泵启或停状态和手动或自动状态；电动阀门的开或关状态、开度和手动或自动状态。

（2）储水罐监控站需设置下列工艺参数超限和设备故障报警，包括热网供水和回水压力、压差超限报警；储水罐温度超限报警；储水罐液位超限报警；储水泵、放水泵故障报警；电动阀门故障报警；断电报警。

（3）储水罐监控站需设置下列联锁保护：

1）储水泵、放水泵的进口和出口超压联锁保护；

2）储放水状态切换过程中，水泵和电动阀门的联锁保护；

3）储水罐的温度联锁保护；

4）储水罐的液位联锁保护。

（4）储水罐监控站需具备下列控制功能：

1）储水和放水泵的启、停，储水和放水速度；

2）电动阀门的开启、关闭及开度。

8.3.3.8 供热管网

(1) 热水管网在热源与供热管网的分界处参数监测及记录可包括：

1) 监测并记录供水压力、回水压力、供水温度、回水温度、供水流量、回水流量、瞬时热量和累计热量以及热源处供热管网补水的瞬时流量、累计流量、温度和压力；

2) 供回水压力、温度和流量应采用记录仪表连续记录瞬时值，其他参数应定时记录。

(2) 蒸汽管网在热源与供热管网的分界处参数监测及记录可包括：

1) 检测并记录供汽压力、供汽温度、供汽瞬时流量和累计流量（热量）、返回热源的凝结水温度、压力、瞬时流量和累计流量；

2) 供汽压力和温度、供汽瞬时流量需采用记录仪表连续记录瞬时值，其他参数应定时记录。

(3) 供热介质流量的监测需包括压力和温度补偿。部分热力站的供暖季负荷和非供暖季负荷差别很大，如果仅按采暖季流量选择检测仪表，当进入非供暖季后，其流量过小而超出了仪表的量程，难以保证计量精度，所以必要时需安装适应不同季节负荷的两套仪表。

(4) 热源的调速循环水泵需采用自动或手动控制水泵转速的方式运行，维持管网最不利资用压头为给定值。多热源联网运行时，基本热源的循环泵转速需保持基本热源满负荷运行，调峰热源的循环泵转速需满足供热管网最不利资用压头。

(5) 循环泵的入口和出口需设置超压监控连锁装置。

(6) 供热管网干线的分段阀门处以及重要分支节点处，需设置压力检测点。监控系统需实时监测供热管网干线运行的压力工况。

(7) 建筑物热力入口处的温度、压力、流量、热量及户内温度等按需求传至监控中心。

(8) 当公共建筑室内系统间歇运行时，在建筑物热力入口需设置自动启停控制装置，并按预定时间分区分时控制。

(9) 按供热企业需求做好下述运行记录：

1) 静态数据记录：维修记录、保养记录；

2) 动态记录：管网侧漏、管网计量；

3) 稳态态据记录：抢修记录、维修记录。

8.3.4 施工安装

(1) 监控系统仪表的施工按现行国家标准《自动化仪表工程施工及质量验收规范》GB 50093 等的有关规定执行。

(2) 通信网络需根据设计文件确定的通信方案建设，信号质量需符合专业技术要求。

(3) 不间断电源及其附属设备安装前，需依据随机提供的数据检查电压、电流、输入及输出特性等参数，并需符合设计要求。

(4) 电磁兼容装置和屏蔽接地线需按设计文件的规定安装。

(5) 室外温度传感器应安装于建筑背阴侧远离门窗、距离地面一定高度的位置，并宜安装在空气流通的百叶箱内。

(6) 调试前应制定完整的调试方案并确定调试目标。调试包括：设备调试、本地监控站调试、通信网络调试、监控中心调试及系统联调。调试结果与调试目标一致视为合格。

（7）监控系统调试完成并连续无故障运行 168h 后，可由施工单位提出验收申请，由建设单位组织各相关方参加。

8.3.5　使用、管理及维护

8.3.5.1　一般规定

（1）监控系统需制定相应的运行管理及维护制度，明确专责维护人员。

（2）监控中心服务器机房需建立人员进出登记制度。

（3）运行维护人员发现故障或接到设备故障报告后，需及时进行处理。

（4）监控系统升级改造时，需以经批准的书面通知为准，作重大修改时需经技术论证。

（5）监控系统的运行维护需按现行行业标准《城镇供热系统运行维护技术规程》CJJ 88 的有关规定执行。

8.3.5.2　运行

（1）由于供热的季节性，在供热开始前，运行人员应对监控系统进行全面检查与调试，确保控制柜内设备工作正常，网络传输正常，电动阀门、水泵等设备调控正常，热量表、温度变送器、压力变送器等仪表工作正常。

（2）监控系统的运行模式需符合供热运行的要求。供热运行初期，本地监控站宜为手动控制模式，供热升温后逐步切入自动控制模式；自动控制模式按需求采用全网平衡模式，也可采用单系统的自动控制或远程手动控制模式。

（3）监控系统需对运行参数进行分析，指导供热系统的运行及调节，并需对控制曲线进行修正。

（4）监控中心的运行需符合下列规定：

1）需根据控制曲线，对本地站下发控制指令；

2）需对本地监控站的上传数据进行准确性核查，并需对异常数据进行处理；

3）需确认与处理报警信息；

4）需记录并备份每日运行数据、报警信息处理记录等。

（5）本地监控站的运行需符合下列规定：

1）需对各种仪器仪表等硬件设备的运行状态进行检查；

2）需对就地显示数据与上传数据进行核查，并需填写运行记录；

3）需分析与处理现场报警故障。

（6）由于监控仪器、仪表的老化及接线的松动等原因，监控系统显示的数据有可能与实际数据有较大偏差，进行准确性核查以便校正异常数据，保证上传数据的可靠性。运行人员需在供热运行期间对本地监控站的上传数据进行准确性核查，并需对异常数据进行处理。

（7）监测与调控系统的设置主要是为了远程监测与调控系统的运行，减少人力投入，在正常情况下，不需要人为干预。无人值守热力站的监测与调控均可由监控中心控制，但是为了系统的正常运行，需要对现场监测及调控设备及附件进行检查维护，以防出现问题，根据部分供热管理单位的运行经验，要定期进行巡查。

（8）监控系统的报警处理应及时查明报警原因，有针对性地进行快速恢复解决，并符合下列规定：

1）运行人员需及时对报警信息、数据异常进行核实、处理，并将结果上报至监控中心；

2）当运行人员不能自行排除故障时，需及时逐级上报，并按上级指令进行应急处理。

8.3.5.3　维护

（1）监控中心需定期检查、维护硬件设备和设施并定期进行 UPS 电源断电保持测试。

（2）监控中心需定期检查软件系统的运行状态，定期进行病毒查杀与安全漏洞排查，定期进行杀毒软件病毒代码库升级，定期备份应用系统软件，定期维护和备份系统数据库。系统新模块开发、调试及投入运行不能影响原系统正常运行。

（3）本地监控站的硬件维护需符合下列规定：

1）非供暖期，特别是在夏季汛期，因空气湿度大，在停运的设备中可能产生结露现象，这种状况对电气设备很有可能造成短路故障，烧毁电气设备，给电气设备通电就是为了防止电气设备内产生结露现象、保证设备电气性能良好，停止运行的本地监控站设备宜每月通电运行 1 次，通电时间不应小于 2h；

2）为了保持供暖期硬件设备良好，需建立设备运行状态台账，设备台账要及时更新，做到账物相符，并确保其时效性与完整性；

3）为了确保仪器仪表的溯源性和运行的稳定性，要定期对监控系统的仪器仪表进行检定。双金属温度计的检定需符合现行行业标准《双金属温度计检定规程》JJG 226 的有关规定；一般压力表的检定需符合现行行业标准《弹性元件式一般压力表、压力真空表和真空表检定规程》JJG 52 的有关规定。

（4）本地监控站的软件监控运行模块的专业性较强，要由专业技术人员正确安装及进行条件设置，并做好相应记录；监控运行模块需集中备份、定期整理，并做好更新时间记录；软件修改、升级不当会对整个监控系统造成较大的影响，应报有关部门，同意后方可实施。

（5）通信设备要求防水和防尘，潮湿和灰尘对通信设备损害大。通信网络维护需定期检查通信设备、设施、通信线路。

（6）本地监控站需建立监测与调控系统的 IP 地址明细表，IP 地址更新前需进行应急备案。IP 地址明细表需内容全面，及时更新，备注历史 IP 地址，并注明更新时间。

8.3.6　故障处理

监控系统常见故障有通信中断、指令下发失败、监控系统无法访问等。由于监控系统的专业性较强，当发生故障时，应立即联系专业技术人员，对计算机硬件、软件及网络进行检查维修。在系统恢复功能前，本地监控站应不间断有人值守，按监控中心的指令进行手动调节。故障处理应以快速恢复系统稳定运行为原则，必要情况下利用备份资料对软件系统进行修复、对数据进行恢复。

8.4　管网泄漏监测系统

供热直埋保温管道具有节能、造价低、占地少、施工方便等优点，因此，近年来在我国得到迅速发展。由于直埋热力管网是埋地隐蔽工程，如果泄漏不及时发现并处理，往往会导致管网保温层碳化，钢管腐蚀，管网失效，甚至路面塌陷或管网爆裂，造成恶劣的社会影响。近年来我国各大城市热力管网爆裂事故时有发生，其危害性和社会影响都很大，尤其在冬季，除产生人员伤亡等安全事故外，还会导致大面积停暖，严重影响居民的生活，产生不良的社会影响。

直埋热水管道泄漏分为内泄漏和外泄漏两种。内泄漏是由于钢管出现质量问题，导致内部介质水泄漏到保温层中。外泄漏是指管道外部的水进入到保温层中。产生泄漏的原因包括制造缺陷（如介质输送钢管的缺陷，外部防水层的缺陷）；施工缺陷；管道老化、锈蚀；外力破坏（如机械损伤，管沟结构坍塌）；地质因素、突发性自然灾害；运行误操作；人为破坏等。

针对直埋热水管网的泄漏监测，目前应用较早且比较成熟的技术是阻抗/电阻式泄漏监测系统，此技术在欧洲已经过多年的应用，并形成相关标准《集中供热管道-直埋热水预制保温管道系统-监控系统》EN 14419：2009。我国从欧洲引进直埋保温管生产技术时，将此监测技术一同引进，并在供热管网中推广应用。针对阻抗/电阻式的泄漏监测系统行业标准《城镇供热直埋热水管道泄漏监测系统技术规程》CJJ/T 254 于 2016 年发布。近年来，随着我国长输管网的发展，光纤泄漏监测系统在长输管网工程项目中开始应用。团体标准《直埋供热管道光纤监测系统技术条件》正在制定过程中。

管道泄漏监测技术在国外最早用于油气管线的泄漏检测，目前有效的办法是采用两种以上不同的监测方法配合使用。德国 TRFL（长输管道设备技术规范）中明确规定了所有新建输送污染、有毒和易燃的气体和液体管道在稳态运行情况下，必须至少安装两套独立运行的泄漏监测系统进行连续的泄漏监测，其中一套必须能够在瞬变运行条件下进行泄漏监测，还需要能够进行管道存有输送介质时（即静态时）的泄漏检测、缓慢泄漏的检测以及泄漏点的快速定位。美国交通部的管道安全办公室要求所有从事危险液体管道泄漏监测的控制人员通晓"计算管道监测"（CPM）的应用，并为此颁布标准《API 1130—计算管道监测》，该标准是一部综合全面的标准，规定了利用采集数据与软件相结合的计算方法进行液体管道泄漏计算的七种基本技术方法。它不仅陈述了要采用一种以上的泄漏检测方法来进行有效的管道泄漏监测工作，还建议要使用一套能够在瞬变运行条件下进行泄漏监测的泄漏监测系统。

目前，作为管网智能化的重要标志之一，泄漏监测系统在我国已由早期的便携式监控，逐步发展成为智能化自动监控，已实现监测数据的自动传输，维护人员在控制中心即可获取管网的实时监测信息并进行故障诊断，为管网的安全稳定运行提供保障。

8.4.1　分类

管道泄漏监测方法可分为管内检测法和外部检测法。

外部检测法又分为直接检测法和间接检测法。直接检测法是对泄漏物带来的影响进行直接检测的方法；间接检测法是根据因泄漏而造成的流体压力、流量、温度等的变化来判断泄漏位置的方法。

不同监测方法的技术路线、适用情况及特点参见表 8-17。

不同监测方法的技术路线、适用情况及特点　　　　表 8-17

方法		技术路线	适用情况	优劣势
管内检测法		基于磁通、超声、涡流、录像等技术	大口径管道，在钢管内部无介质的情况下。一般用于管网建设初期，运行前，或管网大修前	投资大，实时性差，易发生管道堵塞
外部检测法	直接检测法	人工巡检	仅适用于地面管线	依靠人的敏感性，可靠性低
		1. 探测器 2. 红外检测	仅适用于地面管线和埋深浅的管线	灵敏度和精度较好，响应时间短，但不能实时监测
		1. 阻抗/电阻式监测系统 2. 专用监测光纤 3. 专用传感器	适用于所有地面和埋地管线	灵敏度高，精度高，响应时间短，能连续监测，误报率较低
		卫星监测	适用于所有地面和埋地管线	灵敏度高，精度高，能连续监测，但对埋地管线的泄漏的灵敏度会降低，连续监测的时间间隔较大
	间接检测法	基于物质平衡的监测方法，是利用动态体积或质量平衡原理以及管道进、出口流量差来检漏	适用于所有地面和埋地管线	灵敏度高，精度高，能连续监测，但易受流量计精度等影响，有误报率和漏报
		基于压力和流量突变法	适用于所有管线，但是需要管道正常平稳工作时，不适合于动态过程的泄漏监测	能检漏，但不能定位。有误报和漏报
		基于体积或质量平衡法	适用于所有管线但管道需正常工作时稳定流动的情况下	能检漏，但不能定位。有误报和漏报
		基于建立管道数学模型	适用于所有管线	模型建设的系统误差
		基于 SCADA 系统的统计监测法	适用于所有管线	能连续监测，灵敏度和精度较好，响应时间中等，误报率较低

　　对应于直接检测方法中阻抗/电阻式监测系统和专用光纤技术是目前在供热行业应用比较多的两类技术。专用光纤技术主要是分布式测温光纤泄漏监测系统和分布式测振动光纤泄漏监测系统，比较表见表 8-18。

阻抗/电阻式泄漏监测系统与光纤泄漏监测系统比较表　　　　表 8-18

序号	监测系统名称	阻抗式监测系统	电阻式监测系统	分布式测振动光纤监测系统	分布式测温光纤监测系统
1	技术原理	利用预制在保温层中的信号线的与钢管之间的电阻值/阻抗值出现泄漏时的变化来判定泄漏和定位	利用预制在保温层中的信号线在出现泄漏时的电阻变化来判定泄漏和定位	利用泄漏时产生的振动，光纤能够感应到并传递到中枢系统报警和定位	利用泄漏时保温管外部的温度变化，光纤能够感应到并传递到中枢系统报警和定位

序号	监测系统名称	阻抗式监测系统	电阻式监测系统	分布式测振动光纤监测系统	分布式测温光纤监测系统
2	灵敏度（监测最小泄漏量的能力）	Ⅰ	Ⅱ	Ⅲ	Ⅲ
3	精度（定位的准确度）	Ⅱ	Ⅱ	Ⅰ	Ⅰ
4	故障发现	每个监测回路只能同时报警 2 个故障，多个漏点监测受影响	每个监测回路只能同时报警 2 个故障，多个漏点监测受影响	能同时报警多个故障，不会漏报	能同时报警多个故障，不会漏报
5	工程实施便捷性	Ⅱ	Ⅲ	Ⅱ	Ⅱ

注：Ⅰ＞Ⅱ＞Ⅲ；Ⅰ代表灵敏度最高，精度最高，工程实施便捷度高。

（1）阻抗/电阻式泄漏监测系统优缺点如下：

1）接头保温施工期间，可以通过监测信号线监督接头施工质量，可及时发现接头密封不合格或者接头施工时进水进潮气的情况；

2）灵敏度高，报警及时，即使保温层中仅有少量水进入，也能及时报警；但由于灵敏度要求高，对接头干燥度要求高，导致恶劣雨雪天气时，接头返修率会提高；

3）同时出现超过 2 个的泄漏点情况时，只能定位 2 个，第 3 个泄漏点只能在修复好前两个的基础上才能定位。

（2）光纤泄漏监测系统的优缺点如下：

1）光缆可与防开挖破坏的安全监控系统集成应用，一根光缆里可设置若干根不同功能的监测光纤以及备用光纤；

2）针对同时出现多个泄漏点的情况，光纤监测系统都可准确定位；

3）由于光缆敷设于保温管道外壁，因此，当管道出现微小泄漏时，光纤监测系统不能立即报警，只有当泄漏点的保温管外表面温度发生变化时报警。

（3）现行行业标准《城镇供热直埋热水管道泄漏监测系统技术规程》CJJ/T 254 对阻抗/电阻式监测系统要求：

1）信号线应采用专用金属线，保证足够的强度及定位精度。不同形式的监测系统根据其监测原理对信号线有不同的要求。非专用的金属线会影响监测系统报警及定位的准确性，甚至会影响其功能实现，所以不能随意全部或部分地将非专用的金属线用于监测回路中。信号线沿管道的纵向延伸率应满足管道运行时的延展性要求。

2）连接电缆及配件的材料、性能及安装方式不应影响直埋热水管道及管件的产品质量、保温效果、防水密封性能和预期使用寿命。

8.4.2　性能要求

（1）泄漏监测系统的监测性能包括：

1）灵敏度：指能检测到的最小的泄漏量；

2）及时性：指从泄漏发生到被检测到的最短时间；

3）连续性：指持续实时监测管道是否泄漏的能力；

4）分布性：指管道沿线的监测点的最小间距，分为间断分布和连续分布；

5）误报和漏报：误报指系统没有发生泄漏而被错误判定有泄漏；漏报是指系统有泄漏发生但没有被检测出来；

6）抗干扰性：指监测系统在存有噪声、干扰、建模误差等情况下能正确完成泄漏监测的能力；

7）自适应性：指监测系统自身对于变化的状况能适应，并正常工作的能力；

（2）泄漏监测系统的定位性能包括：

定位精度：指判定泄漏的位置与实际位置的最小距离。

8.4.3 工程设计选用要求

（1）对于管网泄漏监测系统建设过程中有一个重要原则就是三同时原则：泄漏监测系统应与直埋供热管网同时设计、同时施工验收、同时运行使用。如果管网的设计出现变更，泄漏监测系统的设计需要同时变更。

（2）供热管道的泄漏监测系统在设计时，可根据工程特点选择；针对长输管线，高后果区管线或地下水位较高的管线，可同时选择两种独立运行的系统进行互补性的泄漏监测。

（3）针对目前供热行业主要应用的阻抗/电阻式泄漏监测和专用光纤两种不同技术路线的泄漏监测系统，参见表 8-18。可根据实际情况和需要进行工程设计选用。

8.4.4 施工安装

现行行业标准《城镇供热直埋热水管道泄漏监测系统技术规程》CJJ/T 254 中关于在施工安装过程中要重点关注的相关内容如下：

（1）信号连接过程中应边连线边检测，出现问题及时发现，尽早解决，避免回填后再破路面开挖修复。

（2）管道施工对口时，应将信号线置于管道的正上方，信号线宜拉直并与钢管平行，不得交叉连接。否则影响泄漏精确定位。

（3）保温接头的施工质量对监测系统是否能建成至关重要。国内一些管网的监测系统无法运行及发挥作用，很大一部分是由于接头施工质量出现问题，导致管网建成后，多处出现报警点，最终无法开挖修复，系统无法运行。因此，泄漏监测系统的建立对保温接头的施工质量和施工管理水平要求较高，如果接头的工艺水平及施工质量达不到要求，则将导致建设的监测系统无法运行。另外，信号线在施工过程中接线要牢固，避免管网运行期间在轴向变形移动时将其拉断。

（4）安装监测系统设备的热力站必须保证保温管进到站内，避免光管进站导致信号线与监测设备无法连接安装。

（5）现行国家标准《高密度聚乙烯外护管硬质聚氨酯泡沫塑料预制直埋保温管及管件》GB/T 29047 中涉及的信号线要求如下：

信号线与信号线、信号线与工作钢管之间的电阻值不应小于 $500M\Omega$。其他保温管道产品如果设计采用这种泄漏监测系统，信号线都应按照上述要求实施。

8.4.5 使用、管理及维护

（1）监测系统安装完毕，应及时调试验收，尽快投入使用。早期的监测数据对管网后期运行有重要的指导作用。

（2）泄漏监测系统的建立与应用是一个系统工程，需从设计、施工、维护与运行管理全方位控制，以保证系统的建成与发挥作用。

（3）阻抗/电阻式泄漏监测系统在使用过程中同时出现多个漏点，影响监测与定位，产生问题的原因有如下几种可能：保温接头密封性问题导致进水；信号线质量问题；安装不正确，导致信号线与钢管搭接短路。应通过提升保温管及保温接头质量及施工管理水平，避免多个漏点的产生。

8.4.6　故障处理

（1）阻抗/电阻式泄漏监测系统，在故障处理方面需要关注如下几点：

1）出现漏点应及时定位，并对管网泄漏处进行修复，避免出现多个漏点影响监测系统的定位精度；

2）保温管道生产过程中，信号线应与钢管平直，保持 10mm 以上的距离，同时避免信号线被拉断；

3）避免雨天施工，保温接头施工过程中避免保温层进水，以免形成报警点；如果保温管被水浸泡，应在保温层干燥或挖除潮湿保温层后再进行接头保温。

（2）光纤泄漏监测系统在故障处理方面需关注以下几点：

1）尽可能减少施工分段，以减少光纤融接点数量，以免影响定位精度；减少光纤融接点数量，否则监测的有效距离将缩短；

2）采用铠装光缆，以防施工过程中被砸断；施工及回填过程严格按要求进行，避免损伤光缆；光缆边安装边检测，如出现砸断的现象，应及时修复，避免回填后开挖修复，影响监测；

3）遇过河段、过公路或铁路施工，提前制定光缆施工方案并提前准备相关材料，以免影响施工进度。

8.4.7　主要问题分析

（1）监测系统设计完成后，在工程实施过程中，出现管道设计变更时，监测系统未及时进行相应的设计变更，可能导致最终建立监测系统的失败。因此，"三同时"的原则里，"同时设计"包含了监测系统的设计变更也必须同步执行。

（2）"同时施工"环节会出现各种情况导致监测系统的实施困难。因此在施工单位制定施工方案时，要充分考虑泄漏监测系统实施与管道工程实施的协调配合，因地制宜地制定施工方案。监理单位监督时，也要高度关注泄漏监测系统的实施环节及衔接配合事宜，尤其是分段施工的工程项目，要特别注意泄漏监测系统的分段实施的衔接问题。

（3）"同时验收"会被忽略，因为泄漏监测系统涉及最终调试，可能滞后于管道工程验收。因此，如果没有和管道工程验收同时实施，也要单独组织验收，并且相关文件资料进入竣工验收资料。

（4）泄漏监测系统的定位不准确。如果泄漏监测系统技术本身具备设计需要的定位精度，但实际检测定位不准确，往往是因为管线的实际竣工图纸和监测系统的实际监测传感器长度没有匹配图——对应，导致出现较大偏差。因此竣工验收图纸里必须要有实际管线长度与泄漏监测系统的实际监测长度的对照图。

第9章 供热技术展望及标准需求

9.1 供热技术发展趋势

我国的集中供热始于新中国成立后第一个5年计划期间，经过几十年的发展，集中供热规模越来越大，经历了从人工运行到自动化运行的过程，部分企业完成了信息化建设。根据表9-1所示集中供热时代的划分，目前我国供热的整体水平处于第2代和第3代之间。面对供热区域不断扩大、提高供暖室温标准呼声增加、各地供暖期延长、环境保护压力增大、供热成本增加的现状，我国供热行业需要更加重视供热技术的进步，加大研究力度，研究城际供热技术、多种形式能源共网技术、城市能源网输配技术和智慧供热技术，为应对供热的未来发展做技术储备。要加快科技成果的转化和应用，整体提升行业的水平，提高供热系统工艺、设备、设计、施工和管理的技术水平，缩小与供热发达国家的差距，早日进入第4代供热时期。

集中供热时代的划分 表 9-1

时代	第1代	第2代	第3代	第4代
热源	分散小锅炉房	热电联产和区域锅炉房	热电联产大型区域锅炉房以化石能源为主导的多热源联网运行	可再生能源为主导的多种能源形式的热源联网运行
调节方式	热源集中调节	热源、热力站独立调节	热源、热力站联合调节热用户独立调节	热源、热力站、热用户联合调节
运行	人工	自动化	物联网无人值守热力站	智能化 云服务 大数据

9.1.1 热源

目前我国的集中供热热源形成了以热电联产为主、区域锅炉房为辅，热泵、太阳能、地热、生物质能、余热等多种形式的热源为补充的供热热源格局，各种形式热源大多相互独立。

近年来我国在电厂冷凝水利用、烟气余热回收、工业生产余热回收等领域开展余热供热，降低热网回水温度、利用低品位余热的技术已在多个城市的工程中应用，并将得到大力发展。余热利用及低品位热量的利用，促进了高效耐腐的换热技术和热泵技术的进步。大规模城市污水源热泵利用技术已经成熟，利用规模将越来越大；低温空气源热泵已经成功地解决了低温环境应用的技术难题，将在我国严寒地区得到更多的应用；中深层土壤源热泵利用项目在寒冷及严寒地区均有成功应用案例，应用规模将更大。

我国风力资源丰富，在风电发展的同时，为减少冬季风电弃发，国家能源局要求在北方具备条件的地区推广风电清洁供暖技术。随着输配技术的进步和电力改革的深入，风电和火电联合调度问题和异地利用风电供暖问题的解决，部分条件具备的地区将越来越多地采用风电供热。

我国有大量的太阳能供暖的成功案例。我国太阳能资源最丰富的地区（青藏高原、甘肃北部、宁夏北部和新疆南部等地）和太阳能资源较丰富地区（河北西北部、山西北部、内蒙古南部、宁夏南部、甘肃中部、青海东部、西藏东南部和新疆南部等地）将减少化石能源利用，加快开发利用太阳能资源供暖、供生活热水和供冷。信息技术和现代控制技术的利用，将提升太阳能产品的性能和太阳能综合利用技术的水平，集太阳能供暖、供生活热水和供冷的一体化设备与调峰能源共同组成的复合系统将走向成熟，得到更多的应用。

我国西藏、新疆、陕西、华北、山东半岛、辽东半岛、松辽平原等地区蕴藏有地热资源，合理开发利用其供热，将对改善供热能源结构、减少污染起巨大作用。地热开发将与城镇化建设相结合、与节能减排相结合、与发展清洁能源相结合，逐渐形成完善的地热能开发利用技术和产业体系。

随着我国城市规模扩大和城市化进程的加速，城镇垃圾的产生量和堆积量逐年增加，各种难以及时处理的工业垃圾和城市生活垃圾已对人们的生存环境构成巨大的威胁。垃圾焚烧可实现垃圾的无害化、降量化及资源化，垃圾焚烧处理渐成为主流处理方式。将城市垃圾变成为一种新的能源来源，这既有利于环境保护，又可获得较好的经济效益。我国在利用垃圾焚烧产生的热能用于供热或发电方面已经积累了很多经验，发展城市垃圾发电与供热的热电联产也将成为行业主要趋势之一。

核能作为一种有广泛应用前景的新能源，近几年开始逐步应用于供热，目前已有核能供热项目投入运行。核供热规模将不断加大，核供热在集中供热中所占的比例将不断增加。

未来由多种能源构成的城市能源网将成为区域能源系统的主要形式。我国将推进绿色电力（指由风能、太阳能、核能、地热能、潮汐能、生物质能等生产的电力）的发展和以终端高比例电气化为特征的能源消费。随着超低能耗和近零能耗建筑的大量建设，这些建筑供热将更多地采用绿色电能来供热。未来城市能源系统，将不断有新技术应用，进一步减少污染物排放、提高环境质量，提高能源综合利用率，实现能源梯级利用。城镇供热产品将伴随着能源结构的调整而不断革新，提供丰富、多样化的能源支持服务和解决方案，助力我国实现碳中和目标。

9.1.2　能源输送系统

未来的城市供热，将是城市能源网的一个组成部分，多种形式的能源（热电厂、区域锅炉房、热泵、太阳能、地热、核供热、生物质能、余热等）将都连接到城市能源网上。供热行业将分为能源生产、能源输送和能源利用三个部分。能源生产企业，负责生产用户所需要的能源，生产的不仅仅是热量，还有冷量和电，冷热电三联供技术将得到快速发展，分布式发电将进入微电网，除满足用户需求外，将与城市大电网相连；能源输送企业，负责进入能源网的能源的输送。能源利用企业仅负责冷热用户的服务。能源生产企业与能源输送企业之间、能源输送企业与能源服务企业之间、能源服务企业与用户之间的热量交换，通过计量仪表实现贸易结算。

为降低城市的环境压力，市区内的热源逐渐向郊区转移，城际供热模式将得到应用。近些年热水长距离输送发展较快，热水长距离输送系统正在石家庄、济南、太原、呼和浩特、鹤岗等地建设和运行。建成及在建项目中，输送距离已达百公里，实现了大高差、大温差输送；供热管道规格已达 DN1600，输送热水温度为 130℃～150℃，回水温度可降至30℃。蒸汽长距离技术进步较快，输送距离已达 53km；蒸汽管道规格已达 DN800，蒸汽温度达 600℃。

随着城市供热规模扩大，城市热网将越来越多的实现跨区域联合，除直埋敷设外，管廊敷设已经在部分城市应用。未来的城市管网敷设将更多采用地下综合管廊，解决城市反复开挖路面、架空线网密集、管线事故频发等问题。

供热蓄热器发展较快，将在热网中得到更多的应用；城市级的多热源联合调度将走向智能，输送系统的能耗将不断降低。一级管网、二级管网及用户系统的水力平衡将由人工调节，变为基于信息系统的远程调节，并逐渐转变为基于智慧供热平台的智能调节，在线实现水力平衡。分布式变频水泵技术改变了传统系统水泵设计模式和水力平衡的方法，减少了阀门节流造成的能耗损失，不但在枝状管网中应用较多，也在环状管网系统中得到应用。

9.1.3　供热计量及核查技术

供热计量的实施可以促进供热节能。鉴于我国的居住建筑供热系统的复杂性，以贸易结算表计量的数据为基础的热用户热费分摊方法将得到发展，多栋联合计量技术将得到应用。热用户的计量信息将成为智慧供热的决策依据。在未来的供热系统中，热源的作用是保障供热需求，热力站的作用是调节供热参数，热用户将实现计量、调节、控制及平衡一体化，并参与热网的运行，用户可根据需求适当调节室内温度。

目前，我国热计量仪表的质量保障体系为：通过许可证制度，控制热计量仪表制造企业的资质；通过出厂检验，保证计量仪表的制造质量；通过贸易结算表的首检，控制选用的贸易结算表的质量；通过竣工验收，保证计量仪表的安装质量。这一质量保障体系仅能解决所安装热量表的质量及安装使用条件，而无法知道使用中的热计量仪表的工作状态是否良好，无法保障热计量数据的质量。未来的供热计量质量保障体系中将增加运行核查（对热量表及传感器的完好状态进行的检查核对）环节，利用供热系统的管件及设备在现场对热量表进行在线核查的技术已在我国北方城市应用；随着研究深入，将会发明更多的运行核查方法用来保障数据质量。未来通过供热企业对热计量设施实施的运行核查，可保证计量设备的正常工作及数据可信，为热计量收费提供技术保障。

9.1.4　安全供热

随着城市发展的需要，供热规模的扩大，安全供热已经成为现代城市的核心热点之一。近些年，不断出现供热管网泄漏、爆裂，甚至导致路面坍塌等，带来了不少负面的社会效应。安全供热是供热事业的基础，只有在安全的基础上，才能谈绿色供热、智慧供热；没有安全供热的基石，绿色供热和智慧供热都将是空中楼阁。

安全供热主要表现在三个方面，一方面是供热设施的安全，即供热设施的设计、制作、施工等都是在标准的指导下，符合安全要求，才能形成一个安全的静态供热系统；第二方面是热源安全稳定，在应对极端天气时供热能力差，在一些极端情况下甚至会引起群体事件；第三方面是供热运行的安全，即对一个安全的静态供热系统进行热运行时，调整工况参数的每一个瞬态也应该在安全范围内。

安全供热的可靠性表现在运行监控上，一方面监控热网的运行数据如温度、压力、流量等，以保证供热的质量；另一方面是监控供热系统设施是否处于正常状态，以预判潜在风险。

目前为了保证供暖的质量，热源可通过备用锅炉来预防意外和风险。而输配系统只有一套管网，一般没有冗余备用，尽管环状热网已经有效预防了一部分风险，但仍然会面临管网抢修的状况。因此，针对当下的供热技术，要使用监控系统来实时监测，让供热系统的变化在受控状态，让风险被发现并遏制在萌芽期，让管理方提前有应急预案。对于供热系统的热源、输配系统、热力站，加强输配系统的风险预防及监测意义重大。

近十年来，光纤传感技术飞速发展，光纤集传输和传感功能于一身，分布式光纤传感技术可对管道的安全健康状态数据进行时间和空间两个维度的无盲区采集。而且光缆本身不需要使用电，也不受电磁干扰，针对野外没有电网覆盖的长距离管道区域以及一些恶劣的应用环境如高温高压、强电磁场、高压强、有毒、易燃、易爆、腐蚀、潮湿等都可以正常工作，这是传统电信号传感器不具备的优势。只要有工况状态的变化，光纤监测系统都能实时连续记录温度、压力、振动等的差异变化。针对远郊区外的热源厂、无人值守的换热站等安装供热设备设施的场所，防入侵防盗抢的周界安防也可采用分布式光纤振动监测技术。分布式光纤技术针对供热管网不同泄漏情况下的应用情况如表 9-2 所列。

分布式光纤技术应用情况　　　　　　　　　　　　　　　　　　　表 9-2

类别	功能
分布式光纤测振技术	第三方开挖破坏、人为破坏
分布式光纤测温技术	管道泄漏、管路附件泄漏
分布式测光纤应变监测技术	管沟、管廊结构脱落坍塌、地质灾害

光纤监测系统，不仅能采集信息，而且能够通过不断积累的信息库，提取有效数据进行罗列、归类、分析、比较、逻辑组合、智能计算等一系列数据处理，给出预警、风险评估等，这一系列的信息技术不仅是安全供热的保障，还是智慧供热的一部分。因此，为了适应供热技术发展，我们需要加强安全监测系统的新技术开发和应用。

9.1.5　智慧供热

随着城镇供热的发展，供热系统的复杂度在提升，供热精细化运营和个性化服务的需求越来越高。近些年以互联网、大数据、人工智能为代表的新一代信息技术发展日新月异，加速向供热领域渗透融合，促使供热过程逐步向智慧化提升，以解决供热系统复杂化问题，适应供热运营精细化、供热服务个性化需求。

智慧供热是以数字化、网络化、智能化的信息技术与先进供热技术的深度融合为基础，以用户需求为目标，以低碳、舒适、高效为主要特征，具有自感知、自分析、自诊断、自决策、自学习等技术特点的现代供热模式。广义智慧供热包括热力系统的智能设计、热力系统的智能建造及热力系统的智能运行三大部分；目前涉及的智慧供热为狭义智慧供热，主要是指供热系统的智能运行和智能管理。

从物理形态角度看，供热物理设备网（由供热热源、供热管网、供热设备、热力站、热用户及就地显示仪表和控制调节设备组成的网络）、供热物联网（由传感器、数据采集设备、传输设备、调控设备等组成的供热信息网络）和智慧供热平台（在传统供热信息系统平台的基础上叠加大数据、人工智能等新兴技术，实现海量异构数据汇聚与建模分析、供热知识软件化与模块化、创新应用开发与运行，支持供热智能决策、智能调度、智能调节、智能控制、智能诊断、智能维护、智能管理及智能服务的软件集合）是构成智慧供热的三个物理实体（图9-1）。

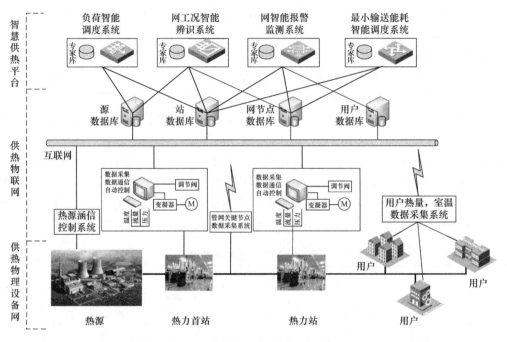

图 9-1　智能热网系统构成

智慧供热以数据分析为切入点，通过数据发现问题、分析问题、解决问题，从经验和流程驱动转向数据驱动、自动决策，追求供热运行决策环节的科学。系统制定运行策略及控制策略时均需利用人工智能技术实现决策过程的智慧化。决策中所应用的模型或来自于人工智能分析结果，或来自于机理模型＋人工智能方法，形成一定约束条件下供热系统运行调节最优决策方案，用来控制供热物理设备网实体。供热系统智能化追求的是供热系统的柔性运行，本质是"人机协同"，强调供热系统能够自主配合外部条件变化、用户需求变化和人的工作，实现人工付诸的精力和时间的最小化，利用人工智能提升工作效率和系统安全，可在保证室内舒适度的前提下，降低供热能耗，实现闭环运行。无论是热源的变化、管网输送能力的提升，还是智慧供热的实现，最终的目标是为了使得物理网安全可靠，供热系统可调、可控，满足不同用户的个性化需求；测量的数据准确、传输的数据稳定可靠；系统运行成本低，环境友好、服务周到。

我国的智慧供热处于起步阶段，实现智慧供热所必需的智能决策模型、智能控制模型、智能管理模型缺乏，整体智慧化水平较低。但是智慧供热将给供热行业带来以下变革：①将改变传统的设计思想，由追求实现设计目标转向追求运行目标；由静态设计转向动态设计；②产品标准将提出对设备的新要求，除要求对设计工况的性能进行检验外，还将对设备性能曲线检验、智能化水平提出要求；③设备制造行业将提升设备功能，设备将向具有通信功能、状态诊断功能、自动控制等功能的智能化设备转换；④设备配置方法将由保障最不利工况向优化配置转变；⑤供热系统的运行，将由人工决策向智能决策转变；由集中调节，按照均衡的目标供热，向分散调节，用户控制，个性供热转变；供热计量系统，将成为智慧供热系统的基本组成部分；供热系统将实现调度科学、运行经济、安全可靠、满足个性化需求；⑥智慧供热对人的知识结构提出更高的要求，现有的人才培养模式将发生变化。

针对长输管网的运行有更高的安全性要求，对管网的泄漏监测将越来越受到关注。对管网统的监控也将提出新的要求，如井盖防盗自动监控，井室内温度、湿度及水位的自动监测，针对长输管网特殊地理条件的应力监测、地质灾害监测等。通过对上述监测数据自动采集与传输、集成，提升管网的安全性及运行效率。目前已有热力管网采用无人机对管网进行监测，无人机巡检对部分城市内的管网有一定的空域限制，对野外的长输管网进行巡检更便捷。

9.1.6　供热新产品、新材料

9.1.6.1　智能二级网调节阀

目前在供热实践中，引起居民投诉率最高的多是因为二级网不平衡引起的末端不热造成的，和欧洲一些供热先进且人口少的国家的小二级网（小机组）相比，我们国家的二级网往往都比较大，单机组供热面积 5 万平方米、10 万平方米的比比皆是，这就要求我们要提高对二级网的调节能力，所以对二级网自动调节的需求逐渐显现出来。

未来机组的控制系统应能与云平台相结合，实现二级网平衡管理的功能。通过公用通信网络采集用户室内温度、户或单元回水温度或热量等数据，经云平台计算后，通过网络调节户阀或单元阀开度。通过对户阀或单元阀的调节，实现二级网平衡，提高整体的供热质量。目前这一技术的瓶颈在于户用调节阀的成本高、体积大、施工推广困难等。待新一代的物联网户用调节阀出现后，可对二级网进行平衡调节的物联网供热机组也就产生了。

9.1.6.2　管网安全监测系统

目前供热管道被开挖损坏的情况时有发生，虽然通过工程施工中预埋的警示带等标识功能做了预防，但是不能有效规避被挖坏的风险。因此在直埋供热管道的外部正上方位置布置分布式测振光纤监测系统，能有效监测到开挖时的异常振动信号，并及时预警。而且供热管道出现内泄漏时，产生的异常振动信息也会辅助判断管道泄漏情况。针对供热管道泄漏会导致管道外壁的周边土壤温度升高的情况，可以利用分布式光纤测温技术，发现管道泄漏和爆管，及时预警并定位。上述两种光纤可以组合到一根光缆里，同时实现监测泄漏和防开挖破坏两个功能。

光纤监测系统可针对不同需求进行功能组合，从而实现以下功能目标：泄漏监测、爆管预警（温度、振动、声音传感，可两种技术复合判断）；第三方施工开挖破坏预警（振动、声音传感）；路面塌陷、地质沉降等自然灾害监测预警（应变、变形传感）；井盖状态在线监测预警等。

9.1.6.3 周界安防系统

无人值守的换热站、高后果区的换热站所、远郊区的热源厂等重要区域，都要考虑防入侵防盗抢、防恶意破坏的周界安防系统。周界安防技术是一个成熟的技术，例如光纤监测、红外监测，无人机巡逻等。供热领域随着跨界长距离供热模式的发展，这些必要的安防要求要进入到智能供热技术发展的视野里，并且考虑结合供热系统安全的特点，形成适合供热的安防技术和标准。

9.1.6.4 楼前混水机组

楼前混水机组可调节局部水力失调，针对末端不热用户进行精细化调节。用大流量小温差的方式，保证二级网温度稳定，提升供热水平。

9.1.6.5 供热管网内减阻技术

供热管网内减阻技术通过降低工作钢管内表面的粗糙度，减小介质输送阻力，可降低管网的运行费用，增大泵站的间距或减少泵站的数量，提升输配系统的节能效果，减少管网的投资。目前此项技术在国内供热管网上有少量的试用，主要是在工作管内壁增加涂层。随着耐高温高压涂层材料的技术突破或新的减阻技术的出现，内减阻技术将在供热管网上有广阔的应用前景。

9.2 供热标准化需求及展望

9.2.1 供热标准化发展新机遇

2015 年，国务院印发了《深化标准化工作改革方案的通知》（国发〔2015〕13 号）、《贯彻实施深化标准化工作改革行动计划（2015—2016 年）》（国办发〔2015〕67 号）、《强制性标准整合精简工作方案》（国办发〔2016〕3 号）等文件，明确了标准化工作改革目标、任务、职责分工及保障措施等；住房和城乡建设部随之印发了《印发深化工程建设标准化工作改革的意见》（建标〔2016〕166 号）等文件，提出了改革的总体要求、具体任务和保障措施，明确相关领域要发布实施强制性标准，有效精简整合政府推荐性标准，发展自愿性社团标准。改革的总体目标是建立与国际接轨的标准体系。

在国家"一带一路"倡议背景下，随着《标准联通共建"一带一路"行动计划（2018—2020 年）》等政策文件的实施，标准作为世界通用语言，在推进"一带一路"建设中，与政策、规则相辅相成、共同推进，为基础设施互联互通提供重要的机制保障。产品标准不仅需要与国际技术接轨，还面临着国际化发展新趋势。2018 年 1 月 1 日，新修订的《中华人民共和国标准化法》正式颁布。2018 年 12 月，住房和城乡建设部标准定额司印发了《国际化工程建设规范标准体系》，该体系由工程建设规范、术语标准、方法类和引领性标准构成。工程建设规范部分为全文强制国家工程建设规范项目，即"保障人身健康和生命财产安全、国家安全、生态环境安全以及满足经济社会管理基本需要的技术要求"。其中，城镇供热领域唯一的全文强制规范《供热工程项目规范》已于 2020 年 6 月报批。

以全文强制规范为底线，推荐性标准为支撑，团体标准作补充的全新标准化格局正在逐步呈现。城镇供热标准将持续为供热工程建设提供有力的技术支撑，在保障工程质量安全、促进产业转型和经济提质增效等方面发挥重要作用。

9.2.2 供热标准需求展望

供热产品标准是供热行业高质量发展的重要基础，也是供热产品质量检验的重要依据。随着供热技术的不断发展，在新的局势下，我们要着眼于行业发展，完善供热产品标准体系，适应国内供热发展需求并与国际接轨，促进供热行业高质量发展。

（1）加快推进供热法律法规及全文强制标准的制定

健全城市供热法制建设，加强全文强制标准的制定，完善供热标准体系顶层建设。目前城镇供热领域的全文强制标准包括拟发布的工程规范《供热工程项目规范》与产品标准《城镇供热产品及设备技术要求》（在编），在此基础上仍需要加强供热系统相关推荐性标准的有效衔接，强化产品质量安全保障。

（2）完善供热标准体系

完善供热标准体系，需从以下几方面给予支持：

1）及时修订现行供热产品标准及工程标准，基础标准如术语、单位和符号尽快与国际对接；

2）加强供热安全管理方面标准供给，为行业监管提供技术底线。在产品标准方面注重关键供热产品、引领性技术、智能控制类产品或设备标准供给。供热标准需求情况见表 9-3。

供热标准需求情况

表 9-3

序号	标准名称	标准类型
1	供热运营数据与统计方法	基础标准
2	城镇供热系统标识编码	基础标准
3	城镇供热管道安全评估方法	安全标准
4	预制架空和综合管廊热水保温管及管件	产品标准
5	预制架空和综合管廊蒸汽保温管及管件	产品标准
6	直埋供热管道光纤监测系统技术条件	产品标准
7	供热用塑料球阀	产品标准
8	供热系统在线水力分析技术标准	产品标准
9	楼前混水机组	产品标准
10	供热营业收费系统技术条件	产品标准
11	热用户室内温度智能控制系统技术条件	产品标准
12	城镇智慧供热技术通则	产品标准

（3）推进供热标准国际化，支撑"一带一路"倡议实施。

积极研究国外先进供热技术动向，及时跟踪国外先进供热产品标准制修订进展，保持供热标准技术水平与国际接轨。2019 年，住房和城乡建设部经研究整理了《城乡建设领域标准国际化英文版清单》，构建了城乡建设领域标准英文版体系，其中梳理了城镇供热领域英文版标准清单。此后将稳步推进供热标准外文版翻译，为实现标准互联互通提供基础性支持。